高等学校教材

化学工程与工艺专业实验

（精细化工方向）

王培义　张春霞　尹志刚　编

化学工业出版社

·北京·

本书共分6部分，包括绪论、表面化学实验、工艺合成及质量控制实验、产品制备及质量控制实验、化工开发实验和文献实验。所选实验涉及表面化学、有机中间体、表面活性剂、洗涤剂、化妆品、涂料、催化剂以及化学工程等。涵盖了原料选择及质量分析、合成工艺路线选择、装置安装及操作规程制定、精细化工产品配方的确定、配制操作规程制定、产品质量控制和性能分析等内容。

本书既考虑到化学工程与工艺专业的普遍性，又考虑到精细化工方向的典型性，所选实验具有一定的代表性，可作为高等院校化学工程与工艺专业（精细化工方向）的实验教材和教学参考书，也可为从事精细化工产品研究、开发和生产的科研人员和工程技术人员提供参考。

图书在版编目（CIP）数据

化学工程与工艺专业实验/王培义，张春霞，尹志刚编．—北京：化学工业出版社，2008.7（2022.1重印）
高等学校教材
ISBN 978-7-122-03313-0

Ⅰ.化…　Ⅱ.①王…②张…③尹…　Ⅲ.化学工程-化学实验-高等学校-教材　Ⅳ.TQ016

中国版本图书馆CIP数据核字（2008）第103609号

责任编辑：徐雅妮　　文字编辑：张　艳
责任校对：战河红　　装帧设计：史利平

出版发行：化学工业出版社（北京市东城区青年湖南街13号　邮政编码100011）
印　　装：北京虎彩文化传播有限公司
787mm×1092mm　1/16　印张11¼　字数282千字　2022年1月北京第1版第7次印刷

购书咨询：010-64518888　售后服务：010-64518899
网　　址：http://www.cip.com.cn
凡购买本书，如有缺损质量问题，本社销售中心负责调换。

定　　价：28.00元

前　言

本科教育作为整个高等教育的重中之重，是高校人才培养的基础和关键所在，是高校的立校之本。只有实实在在提高本科教育质量，高等教育才有可能为国家建设培养出数以千万计的高素质专门人才和一大批拔尖创新人才。为此，“十一五”期间，中央财政将斥资 25 亿元实施“高等学校本科教学质量与教学改革工程”。

实践教学是培养学生分析问题、解决问题和动手能力的主要手段，是全面提高本科教育质量的重要环节。因此，改革实验教学，使学生得到专业实验各种基本操作和技能的锻炼，提高学生综合素质，增强学生专业适应能力和社会适应能力，是高校教育工作者应该思考的问题。为满足实践教学的需要，我们以郑州轻工业学院《化学工程与工艺专业实验》（精细化工方向）讲义为基础，修订和补充了部分内容，增加了在实验教学中已证明是较好的一些实验，编写了《化学工程与工艺专业实验》（精细化工方向）一书。

化学工程与工艺专业涉及面较广，各学校专业方向不尽相同，考虑到化学工程与工艺专业（精细化工方向）的典型性，专业实验应与开设课程相结合。通过专业实验，使学生在专业基础理论、基本有机合成、化学工程和精细化工产品制备以及测试手段等方面得到全面锻炼；使学生学到系统的专业知识，起到以点带线、以线带面、举一反三、融会贯通的效果；使学生的化工开发和化学应用的意识得到进一步启发和加强。

所选实验涉及表面化学、有机中间体、表面活性剂、洗涤剂、化妆品、涂料、催化剂以及化学工程等。涵盖了原料选择及质量分析、合成工艺路线选择、装置安装及操作规程制定、精细化工产品配方的确定、配制操作规程制定、产品质量控制和性能分析等内容。为便于实验安排，书中将大型综合性实验分成若干个小型实验来进行，如将“烷醇酰胺的合成、性能、应用实验”分成了“脂肪酸甲酯的合成”、“皂化值、碘值、酸值等的测定”、“椰油酸二乙醇酰胺的合成”、“烷醇酰胺中游离胺含量的测定”、“餐具洗涤剂的制备”和“洗发香波的制备”等。为培养学生独立开展科研工作的能力，本教材还增设了文献实验，使学生在查阅文献资料的基础上，自己制定实验方案后进行实验，通过文献实验有利于培养学生独立进行实验和初步科学研究的能力，是提高实验质量的一个有力措施。

由于化学工程与工艺专业涉及内容相当广泛，书中不能包罗所有内容，仅介绍较重要和较常用而且必须掌握的内容，以及在学时安排、原料供应、设备条件等方面普遍可行的典型实验。实验教学过程中，可采用必修和选修方式进行。开设实验的方式可选择以学生参加操作为主的单项实验和综合实验，也可适当选择一些以教师为主的示范演示实验和录像教学。因此，编入教材的实验项目较多，供实验选用。

参加本书实验复核和编写工作的有郑州轻工业学院王培义、张春霞和尹志刚等，全书由王培义统稿。另外，朱学文、杨许召、钱恒玉、李刚森、张应军等也参与了本书实验复核工作。本书在编写过程中参考了有关文献资料，在此向相关作者致谢！

限于编者水平，书中不当之处恳请读者批评指正。

编者

2008 年 4 月 10 日

目　录

第1部分　绪　　论

1　实验须知

1.1　实验目的

《化学工程与工艺专业实验》（精细化工方向）是学生修完基础课、技术基础课之后在开设有关精细化学品等理论课程的同时所设置的专业必修课之一，是学习精细化学品相关知识的重要实践环节。该实验课程与其他专业必修课密切配合，相辅相成，共同完成必需的专业课教学。本课程主要通过实验教学形式，达到以下目的。

① 使学生在前修实验课的基础上，进一步巩固和提高实验操作技能。

② 培养学生综合运用前修课程的知识，正确观察、思考和分析实验过程，提高分析问题和解决问题的能力。

③ 培养学生理论联系实际，树立实事求是、严格认真的科学态度，并养成良好的工作习惯。

④ 帮助学生巩固所学专业知识，掌握精细化学品生产与应用的基本原理和基本技能，为从事科学研究、产品开发、工程设计和解决生产中的技术问题奠定坚实的实验基础。

1.2　实验要求

为了保证实验的顺利进行，以达到预期的目的，要求学生必须做到以下几点。

① 充分预习。实验前要充分预习教材，同时要查阅有关手册和参考资料，记录各种原料和产品的物性数据，并写出预习报告。实验前教师要检查和提问，未写预习报告者和提问时回答不出问题者不得进行实验。

② 认真操作。实验时注意力要集中，操作要认真，仔细观察各种现象，积极思考，注意安全，保持整洁，不要随意走动和离开实验室。

③ 做好记录。学生必须准备一个实验记录本，及时且如实地记录实验现象和数据，以便对实验现象作出正确的分析和解释。要养成随做随记的良好习惯，切不可等实验结束后凭回忆补写实验记录，更不允许编造实验数据。

④ 书写实验报告。实验结束后应写出实验报告，其内容可根据各个实验的具体情况自行组织。一般应包括：实验日期，实验名称，同组同学姓名，实验仪器、设备，原料规格，实验原理，操作步骤，结果处理和问题讨论等。报告应力求条理清楚、文字简练、结论明确、书写整洁。

1.3　实验室注意事项

① 必须遵守实验室的各项规章制度。

② 听从指导教师的安排，尊重实验室工作人员的工作。

③ 实验过程中应保持桌面和仪器设备的整洁，应使水槽保持清洁畅通，严禁向水槽内丢入固体物或易固化物；废物和垃圾应投入专用的废物箱内；废酸和废碱液应小心地分别倒入废液缸内。

④ 爱护公物，注意节约水、电和药品等。

⑤ 实验结束后，应做好清洁工作，检查水、电等是否关好。在得到教师同意后方可离开实验室。

2 实验室安全

2.1 安全用电

① 进行实验之前必须了解室内总电闸与分电闸的位置，以便出现用电事故时能及时切断各电源。

② 电器设备维修时必须停电作业。

③ 带金属外壳的电器设备都应作接零保护，定期检查是否连接良好。

④ 导线的接头应紧密牢固，接触电阻要小，裸露的接头部分必须用绝缘胶布包好，或者用塑料绝缘管套好。

⑤ 所有电器设备在带电时不能用湿布擦拭，更不能有水落于其上。

⑥ 电源或电器设备上的保护熔断丝或保险管，都应按规定电流标准使用，不能任意加大，更不允许用铜丝或铝丝代替。

⑦ 电热设备不能直接放在木制实验台上使用，必须用隔热材料垫在实验台上，以防引起火灾。

⑧ 发生停电现象必须切断所有的电闸。防止操作人员离开现场后，因突然供电而导致电器设备在无人监视下运行。

⑨ 合电闸时如发生保险丝熔断，应立刻拉开电闸并检查带电设备是否有问题，切忌不经检查便换上熔断丝或保险管就再次合闸，这样会造成设备损坏。

2.2 易燃易爆物品的安全使用

各种易燃液体、有机化合物蒸气和易燃气体在空气中含量达到一定浓度时，就能与空气（实际是氧）构成爆炸性的混合气体。这种混合气体若遇到明火就发生闪燃爆炸。

任何一种可燃气体在空气中构成爆炸性混合气体时，该气体所占的最低体积百分比称爆炸下限；该气体所占的最高体积百分比称爆炸上限。在下限与上限之间称爆炸范围。低于爆炸下限或高于爆炸上限的可燃性气体和空气构成的混合气体都不会发生爆炸。体积比超过上限的混合气体遇明火会发生燃烧，但不会爆炸。例如，甲苯蒸气在空气中的浓度为1.2%～7.1%时就构成爆炸性的混合气体，在这个浓度范围遇明火（火红的热表面、火花等各种火源）即发生爆炸，低于1.2%或高于7.1%时都不会发生爆炸。

这类具有爆炸性的混合气体在使用时应倍加重视，但并不可怕，若能认真而严格地按安全规程操作，是不会有危险的。因为构成爆炸应具备两个条件：①可燃物在空气中的浓度在爆炸限范围内；②有明火存在。故防止方法就是不使浓度进入爆炸极限以内或禁止明火。

实验室内领用易燃易爆药品应根据实验的需用量按照规定数量领取，不能在实验场所存放大量该类物品。存放易燃品应严禁明火，远离热源，避免日光直射。有条件的实验室应设专用贮放室或存放柜。

易燃易爆物品在实验前应结合实验具体情况，制定出安全操作规程。如使用可燃气体时，必须在系统中充氮吹扫空气，同时还必须保证装置严密不漏气。实验室要保证有良好通风，并禁止在室内有明火和敞开式的电热设备，也不能让室内有产生火花的条件存在等。此外应注意某些剧烈的放热反应操作，避免引起自燃或爆炸。在进行蒸馏易燃液体、有机物品或在高压釜内进行液相反应时，加料的数量绝对不允许超过容器的三分之二。在加热和操作过程中，操作人员不得离岗，不允许在无操作人员监视下加热。对沸点低的易燃有机物品（如乙醚、丙酮、乙酸、苯等）不能直接用火加热，也不能加热过快，致使急剧汽化而冲开瓶塞，引起火灾或造成爆炸。总之，只要严格掌握和遵守有关安全操作规程就不会发生事故。

2.3 毒性药品的安全使用

很少量就能使人中毒受害的药品都称为毒性药品。中毒途径有误服或吸入呼吸道或皮肤被污染等。其中有的蒸气有毒，如汞蒸气通过呼吸道或皮肤会使人体中毒，若汞散落在地，应用吸管将汞吸起，剩余的汞用硫黄粉覆盖并摩擦，使之成为硫化汞而消除。有些固体或液体有毒，如氯化汞、钡盐、农药等。根据毒性药品对人身的毒害程度分为剧毒药品（如氰化钾、砒霜等）和有毒药品（农药等），使用这类物质应十分小心，以防止中毒。实验室所用毒性药品应有专人管理，建立保存与使用档案。

许多有机化合物通过人体皮肤、呼吸道与消化道逐渐侵入血液系统以至全身各部，会引起各种疾病。如苯对肝和肾脏有害，使红细胞和血小板下降；苯酚对皮肤与黏膜有强烈腐蚀作用；三氯甲烷对肝、肾有特殊毒性；硝基苯、苯胺等可与血红蛋白结合产生中毒症状；联苯胺、2-萘胺、亚硝胺等均属致癌物质，因此操作时要特别注意。

强酸（如硫酸、盐酸、硝酸、氢氟酸）、强碱（如氢氧化钾、氢氧化钠等）对皮肤和衣物都有腐蚀作用，特别是在浓度和温度都较高的情况下，作用更甚，使用中应防止与人体和衣物直接接触。使用发烟硫酸、氯磺酸等应在通风橱中进行，并戴好防护眼镜和橡皮手套。它们的稀释应在充分搅拌和良好冷却的条件下进行。

有腐蚀性或毒性气体产生的实验，应在通风橱中进行，产生的气体必须用吸收装置吸收。

2.4 压缩气体钢瓶的安全使用

压缩气体通常都是充装在耐压钢瓶中。瓶内有一定压力。氢、氧、氮等压缩气体最高压力可达15MPa。若受日光直晒或靠近热源，由于瓶内气体受热膨胀，压力迅速上升，当超过钢瓶耐压强度时，容易引起钢瓶破裂而发生爆炸。另外，可燃性压缩气体的泄漏也会造成危险。如氢气泄漏或含氢尾气排放时，当氢气与空气混合后浓度达到4.1%～74.2%时，遇明火会发生爆炸。氢与氧、氯与乙炔、氧与油脂相遇会发生危险事故。为此，压缩气体钢瓶要用不同颜色加以区分，并标明气体名称。标注方法见表1。

表1 压缩气体钢瓶的标注方法

气瓶名称	外表面颜色	字样	字样颜色	横条颜色	阀门出口螺纹
氧气瓶	天蓝	氧	黑		正扣
氢气瓶	深绿	氢	红	红	反扣
氮气瓶	黑	氮	黄	棕	正扣
氦气瓶	棕	氦	白		正扣
压缩空气瓶	黑	压缩空气	白		正扣
石油气体瓶	灰	石油气体	红		反扣
氯气瓶	草绿	氯	白	白	正扣
氨气瓶	黄	氨	黑		正扣
丁烯气瓶	红	丁烯	黄	黑	反扣
二氧化碳气瓶	黑	二氧化碳	黄		正扣
乙烯气瓶	紫	乙烯	红		反扣
其他可燃性气体气瓶	红	气体名称	白		反扣
其他非可燃性气体气瓶	黑	气体名称	黄		正扣

按规定，可燃性气体钢瓶与明火距离应在10m以上。使用时，钢瓶必须牢靠地固定在架子上、墙上或实验台旁。运送钢瓶时，应戴好钢瓶帽和橡胶安全圈。输送或使用时都应严防钢瓶摔倒或受到撞击，以免发生意外爆炸事故。

使用氧气钢瓶时，任何情况下都应严禁在钢瓶附件或连接管路上黏附油脂等物。氧气钢瓶的阀门和减压阀都不能用可燃性（橡胶）垫片连接。因为在急速的氧气流冲击下可能着火，甚至引起爆炸。

使用压缩气体钢瓶必须连接减压阀或高压调节阀，不经上述部件直接与钢瓶连接是十分危险的。因为在钢瓶上安装的阀门是截止阀，它不能调节气体的流量和压力，这就常常会因不能控制气体排出量而造成大量气体冲出，从而造成一系列安全事故。例如，压力不能控制则使系统内的设备超压破裂；大量氧气冲出引起着火事故；大量氢或可燃气体冲出引起爆炸；大量氮气或二氧化碳冲出使实验室缺氧，致使工作人员呼吸困难甚至窒息。

当压缩气体钢瓶使用到瓶内压力为0.5MPa时，应停止使用。压力过低会给充气带来不安全因素，当钢瓶内压力与外界大气压力相同时，会造成空气的进入。对危险性气体来说，由于上述情况在充气时发生爆炸事故已有许多教训。乙炔钢瓶的剩余压力与室温有关，详见表2。

表2　乙炔钢瓶的剩余压力与室温的关系

室温/℃	<−5	−5～5	5～15	15～25	25～35
剩余压力/MPa	0.05	0.1	0.15	0.2	0.3

2.5　实验室消防

实验操作人员必须了解消防知识。实验室内应准备一定数量的消防器材。工作人员应熟悉消防器材的存放位置和使用方法，绝不允许将消防器材移做他用。实验室常用的消防器材包括以下几种。

（1）灭火沙箱　易燃液体和其他不能用水灭火的危险品，着火时可用沙子来扑灭。它能隔断空气并起降温作用而灭火。但沙中不能混有可燃性杂物，并且要干燥些。潮湿的沙子遇火后因水分蒸发，致使燃着的液体飞溅。沙箱中存沙有限，实验室内又不能存放过多沙箱，故这种灭火工具只能扑灭局部小规模的火源。对于不能覆盖的大面积火源，因沙量少而作用不大。此外还可用不燃性固体粉末灭火。

（2）石棉布、毛毡或湿布　这些器材适于迅速扑灭火源区域不大的火灾，也是扑灭衣服着火的常用方法。其作用是隔绝空气达到灭火目的。

（3）泡沫灭火器　实验室多用手提式泡沫灭火器，它的外壳用薄钢板制成。内有一个玻璃胆，其中盛有硫酸铝。胆外装有碳酸氢钠溶液和发泡剂（甘草精）。灭火液由50份硫酸铝和50份碳酸氢钠及5份甘草精组成。使用时将灭火器倒置，马上发生化学反应生成含CO_2的泡沫。

$$6NaHCO_3 + Al_2(SO_4)_3 \longrightarrow 3Na_2SO_4 + Al_2O_3 + 3H_2O + 6CO_2$$

此泡沫黏附在燃烧物表面上，形成与空气隔绝的薄层而达到灭火目的。它适用于扑灭实验室的一般火灾。油类着火在开始时可使用。但不能用于扑灭电线和电器设备火灾，因为泡沫本身是导电的，这样会使扑火人发生触电事故。

（4）四氯化碳灭火器　该灭火器是在钢筒内装有四氯化碳并压入0.7MPa的空气，使灭火器充有一定压力。使用时将灭火器倒置，旋开手阀即喷出四氯化碳。它是不燃液体，其蒸气比空气重，能覆盖在燃烧物表面使其与空气隔绝而灭火。它适用于扑灭电器设备的火灾，但使用时要站在上风侧，因四氯化碳是有毒的。室内灭火后应打开门窗通风一段时间，以免中毒。

(5) 二氧化碳灭火器　钢筒内装有压缩的二氧化碳。使用时，旋开手阀，二氧化碳就能急剧喷出，使燃烧物与空气隔绝，同时降低空气中含氧量。当空气中含有12%～15%的二氧化碳时，燃烧即停止。但使用时要注意防止现场人员窒息。

(6) 其他灭火剂　干粉灭火剂可扑灭易燃液体、气体、带电设备引起的火灾。1211灭火剂适用于扑救油类、电器类、精密仪器等火灾，在一般实验室内使用不多，对大型及大量使用可燃物的实验场所应备用此类灭火剂。

2.6 实验防毒和防污染

实验用的毒性药品必须按规定手续领用与保管。剧毒药品要登记造册，并有专人负责管理。使用后的废液必须妥善处理，不允许倒入下水道和酸缸中。凡是产生有害气体的实验操作，必须在通风橱内进行。但应注意不使毒性药品洒落在实验台或地面上，一旦洒落必须彻底清理干净。绝不允许用实验室内任何容器作食具，也不准在实验室内吃食品，实验完毕必须多次洗手，确保人身安全。

对具有污染性质的化学药品不能与一般化学试剂放在一起。对有污染性物质的操作必须在规定的防护装置内进行。违反规程造成他人人身伤害的应负法律责任。

实验室内防毒防污染的操作常采用防毒面具、防护罩及其他防毒防污染工具，可根据具体情况选择使用。

3 常用实验技术

3.1 加热技术

在室温下，许多精细化工反应或物理操作（如酰胺化、酯化、蒸馏、热配料等）难于进行，通常需要加热。这就涉及加热操作技术。

(1) 明火加热　最原始的加热方法就是明火（酒精灯或电炉）直接加热，适合于稳定、不易燃烧（如无机盐、水等）且可盛在金属容器、坩埚或试管中的物料。通常玻璃仪器都要通过石棉铁丝网加热，以免仪器受热不均而破裂，同时防止物料局部过热分解。

(2) 水浴锅加热　当加热温度不超过100℃时，最好用电热水浴锅加热。可将盛物料的容器部分浸在水中（注意勿使容器接触水浴锅底部），调节水浴锅的电阻把水温控制在需要的范围以内。如果需加热到100℃，可用沸水浴；加热温度在90℃以下时，为避免水蒸发，可以在水浴中加入适量液体石蜡或油酸。

(3) 油浴加热　加热温度在100～250℃时，可以用油浴。油浴的优点在于温度易于控制在一定范围内，容器内的反应物受热均匀。油浴的温度应比容器内反应物的温度高10～20℃。常用的导热油有液体石蜡、豆油、棉子油、硬化油（如氢化棉子油）、甘油、硅油等。选用导热油应注意使用温度应该低于其沸点80～100℃为宜。用油浴加热时，切忌明火；当油冒烟严重时，应停止加热；万一着火，先关闭加热电器，再移去周围易燃物，然后用石棉板盖住油浴口，火即可熄灭。油浴中应悬挂温度计，以便随时调节温度。

(4) 沙浴加热　当实验操作温度在300℃以上时，一般用沙浴加热，将容器半埋在沙中，注意容器底部的沙层要薄，沙的热传导能力较差，沙浴温度分布不均，且不易控制。沙浴中应插温度计，且温度计的水银球应紧靠容器。使用沙浴时，桌面要铺石棉板，以防辐射热烤焦桌面。

(5) 电热套加热　电热套使用方便，温度可控（20～300℃），加热均匀，是精细化工实验室最常用的加热设备。加热套一般有两种：一种是通过调节电阻控温（适用于温度要求不太严格的加热）；另一种是与控温仪联用通过触电温度计控温（适用于要求精密控温的加热）。不同型号的加热套，使用方法有所不同，使用时可参照说明书操作。

3.2　冷却技术

精细化工实验操作（如磺化、硫酸化、蒸馏、重氮化、偶合、重结晶等）中经常需要将系统及时降温，这就需要冷却操作。

(1) 空气或自来水　有些精细化工反应，放热效应不大，只需将反应的加热体系及时移开，直接用空气或自来水冷却即可，例如酯化反应、结晶操作等。

(2) 冰水浴　许多精细化工操作需要在0～20℃左右进行，这时可采用冰水浴（即将盛有反应物的容器适时地浸入冷水中）或采用循环冷却水冷却。

(3) 冰盐浴　某些反应需在低于0℃下进行，则可用食盐、氯化钙等无机盐和碎冰按照一定比例（参见基础有机化学实验）所得的混合物作冷却剂，其冷却温度为－15～0℃，如果水的存在不妨碍反应进行，则可把碎冰直接投入反应物中，这样能更好地保持低温。

(4) 干冰/液氮-有机溶剂　有些精细化学品合成反应需要在超低温（≤－40℃）下进行，一般可将反应体系置于超低温反应器中即可，但是超低温反应器价格较高。实验室中比较好的方法就是采用干冰/液氮-有机溶剂（见表3）浴液冷却。如选用优质敞口保温桶，在里面加入有机溶剂（常用的有甲醇、丙酮、正己烷等），并将碎干冰或液氮慢慢加入即可，然后将反应体系浸入冷浴中。

表3　常见超低温干冰/液氮-有机溶剂冷浴及其所能达到的超低温范围

干冰/液氮-有机溶剂	熔点/℃	超低温范围/℃	干冰/液氮-有机溶剂	熔点/℃	超低温范围/℃
干冰/液氮-甲醇	－112	－20～－78	干冰/液氮-正己烷	－116	－20～－92
干冰/液氮-丙酮	－100	－20～－75	干冰/液氮-环己烷	－104	－20～－78

3.3　回流与分水技术

(1) 回流　许多精细化工反应需要使反应物在较长的时间内保持沸腾才能完成。为了防止蒸气溢出，常用回流冷凝装置，使蒸气不断地在冷凝管内冷凝，返回反应器中，以防损失反应物。为了防止空气中的湿气侵入反应器或吸收反应中放出的有毒气体，可在冷凝管上口连接氯化钙干燥管或气体吸收装置。有些反应进行剧烈，放热很多，或反应速率太快，如将反应物质一次加入会使反应失控而导致失败，在这种情况下可采用带滴液漏斗的回流冷凝装置，将一种试剂逐渐滴加进去，也可根据需要在烧瓶外用冷水浴或冰水浴冷却。为了使冷凝管的套管内充满冷却水，应从下面的入口通入冷却水。水流速度能保持蒸气充分冷凝即可。进行回流操作时，要控制加热蒸气上升的高度一般以不超过冷凝管长的1/3为宜。

(2) 分水　进行某项可逆平衡性质的反应时，为了使正向反应进行到底，可将反应产物之一不断地从反应混合物体系中除去。回流下来的蒸气冷凝液进入分水器分层后，有机层自动被送回反应烧瓶，而生成的水可从分水器（假如没有分水器，可以用一个磨口分液漏斗、一个蒸馏头和一个135°的尾接管拼装而成；也可以由两个蒸馏头和一个圆底烧瓶拼装，见图1）中放出去，这样可使某些生成水的可逆反应进行到底。

3.4　搅拌和振荡技术

为了加速反应体系的传热、传质和混合，经常需要采取搅拌或振荡操作。如固体-液体

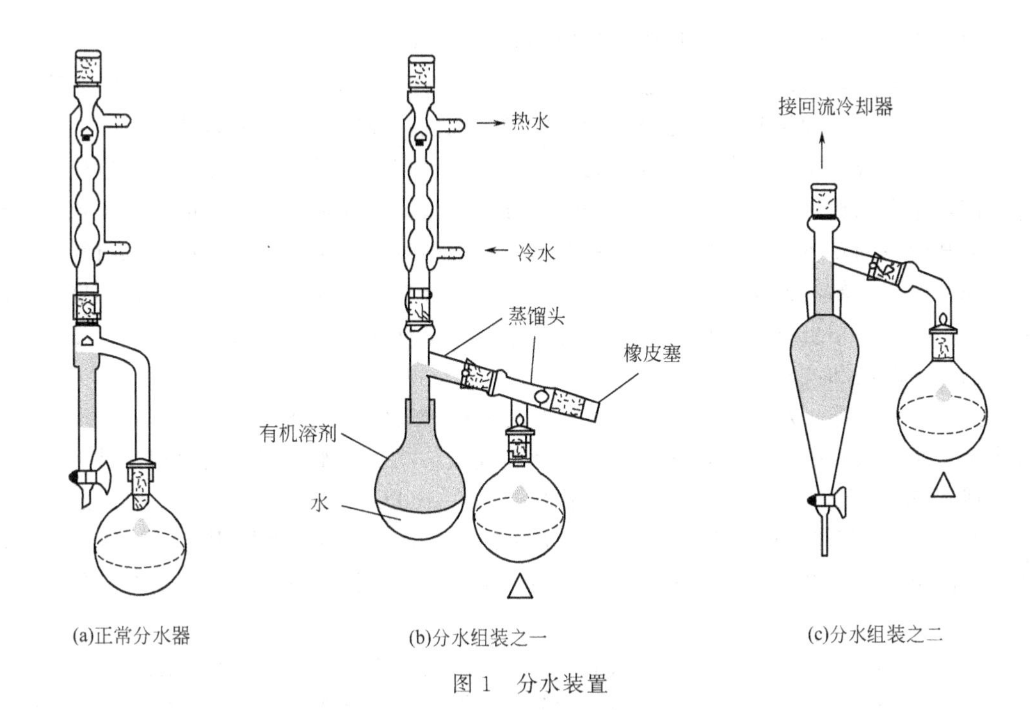

图 1　分水装置

或互不相溶的液体进行反应时，为了使反应混合物能充分接触，应该进行强烈的搅拌或振荡；在反应过程中，当把一种反应物料添加或分批小量地加入另一种物料时，也应该使二者尽快地均匀接触，这也需要进行强烈的搅拌或振荡；对于放热反应和吸热反应，为了加速传热，保持反应体系温度一致，也需要进行强烈的搅拌。否则，由于物料混合不均、浓度局部增大、温度局部增高等，会使反应进行不彻底、转化率不高，发生更多的副反应。

(1) 人工搅拌和振荡　在反应物量小、反应时间短且不需要加热或温度不太高的操作中，用手摇动容器就可达到充分混合的目的。也可用两端烧光滑的玻璃棒沿着器壁均匀地搅动，但必须避免玻璃棒碰撞器壁。若在搅拌的同时还需要控制反应温度（如化妆品热配料），则可用橡皮圈把玻璃棒和温度计套在一起，为了避免温度计水银球触及反应器的底部而损坏，玻璃棒的下端宜稍伸出一些。

在反应过程中回流冷凝装置往往需做间歇振荡，振荡时把固定烧瓶和冷凝管的铁夹暂时松开，一手靠在铁夹上并扶住冷凝管，另一手拿住瓶颈做圆周运动，每次摇匀后应把仪器重新夹好，也可以用振荡整个铁台的方法使容器内的反应物充分混合。

(2) 机械搅拌　需要较长时间搅拌的实验，最好用电动搅拌器（如酰胺化、酯化、磺化等）。在反应过程中，若在搅拌的同时还需要进行回流，则最好用三口瓶，中间瓶口装配搅拌棒，一个侧口安装回流冷凝管，另一个安装温度计或滴液漏斗。若无三口瓶，也可以在广口圆底烧瓶上安装一个二通连接管代替。

(3) 电磁搅拌　当反应物料黏度较小时，根据容器大小与形状选择合适的搅拌转子，小心地将搅拌转子放入盛有物料的容器内，然后将容器放在电磁搅拌装置托盘上，将转速调节合适。若物料需要加热，可选用加热型电磁搅拌器。

3.5　蒸馏技术

蒸馏是分离和提纯液态有机混合物最常用的方法之一，可借蒸馏的方法来测定物质的沸点和定性检测物质的纯度。某些有机混合物往往形成二元或三元恒沸混合物，它们也有一定沸点，因此不能认为沸点一定的物质都是纯物质。

（1）蒸馏装置与蒸馏操作　一般有机化学实验教材中都有蒸馏装置（主要包括蒸馏烧瓶、蒸馏头、冷凝管和接收器）与蒸馏操作的详细论述，在此不再一一赘述。

（2）分馏　分馏操作和蒸馏大致相同，不同之处仅在于二者的装置。蒸馏装置中，冷却器与蒸馏烧瓶之间通过蒸馏头连接，而分馏装置中，蒸馏头为带有分馏柱的蒸馏头或克氏蒸馏头。为减少柱内热量的散发以及风和室温对分馏的影响，常常将分馏柱用绝热材料包裹起来，其他操作与简单蒸馏操作相同。但必须注意：①分馏一定要缓慢进行，要控制好恒定的蒸馏速度；②要使相当量的液体自柱流回烧瓶中，即要选择合适的回流比；③必须尽量减少分馏柱的热量散失和波动。

（3）水蒸气蒸馏　水蒸气蒸馏是分离和纯化有机物的常用方法之一，尤其是在反应产物中有大量树脂状杂质的情况下，效果比一般蒸馏或重结晶好。水蒸气蒸馏要求：被蒸馏物质不溶（或微溶）于水，与水共存而不起化学变化，100℃左右时必须具有一定的蒸气压（$\geqslant$1.33kPa）。水蒸气蒸馏与简单蒸馏的差异在于：简单蒸馏中，直接用热浴将蒸馏烧瓶加热使其中的组分蒸发馏出，而水蒸气蒸馏主要用水蒸气作热源将其中易挥发的组分带出反应体系。

（4）减压蒸馏　减压蒸馏也是分离和提纯有机化合物的一种重要方法。它特别适用于那些在常压蒸馏时未达沸点既已受热分解、氧化或聚合的物质。减压蒸馏的装置由蒸馏、减压及测压装置三部分组成。蒸馏部分用减压蒸馏瓶，又称克氏（Claisen）蒸馏瓶，可以用克氏蒸馏头配圆底烧瓶代替，在与减压蒸馏瓶直线连通的一颈中插入一根毛细管直至距瓶底1～2mm，毛细管上端连有一段带螺旋夹的橡皮管以调节进入空气作为液体沸腾的汽化中心，使蒸馏平稳进行。另一颈插入合适温度计。接受器通过多尾接液管与冷却器相连。

冷却器的选择则根据蒸出液体沸点不同而定。如果蒸出液体量少且沸点高或是低熔点固体，可不用冷却器，直接将克氏支管通过接液管插入接受瓶；蒸馏高沸点物质时，最好用石棉绳或石棉布包裹蒸馏瓶颈，以减少散热。控制热浴温度高于液体沸点20～30℃。

蒸馏部分与减压部分（水泵/油泵）应该与缓冲装置连接，防止蒸馏物质进入减压系统，整个操作中要特别注意真空泵的转动方向，否则有可能导致水银冲出压力计，污染实验室。蒸馏完毕时，应该先移开热浴，待稍冷后缓缓解除真空，使系统内外压力平衡后，方可关闭油泵。

3.6 重结晶技术

在精细化工合成反应中，往往需要较纯的有机化合物，为此需要进行重结晶操作以除去有机化合物中的杂质。其一般过程为：①将不纯的有机化合物溶解在接近沸点（低于有机化合物的熔点）的溶剂中，制成饱和或接近饱和的浓溶液；②若溶液含有色杂质，可加适量活性炭煮沸脱色，热过滤除去活性炭；③滤液缓缓冷却，使有机化合物结晶析出，抽滤；④所得晶体测定熔点，若不符合条件，可重复上述操作，直至熔点不再改变。

在进行重结晶时，选择理想的溶剂是一个关键，理想的溶剂必须：①不与被提纯物起化学反应；②在较高温度时能溶解大量的被提纯物；而在室温或更低温度时，只能溶解很少量的该种物质；③对杂质的溶解度非常大或非常小（前一种情况是使杂质留在母液中不随提纯物晶体一同析出；后一种情况是使杂质在热过滤时被滤去）；④容易挥发（溶剂的沸点较低），无毒或毒性很小，能给出较好的结晶体，易与结晶体分离。

3.7 升华技术

升华是指物质自固态不经过液态直接转变成蒸气的现象，它是纯化固体有机化合物的主要方法之一，它所需的温度一般较蒸馏时低，但是只有在其熔点温度以下具有一定蒸气压（≥2.67kPa）的固态物质，才可用升华来提纯。利用升华可除去不挥发性杂质，或分离不同挥发度的固体混合物。升华常可得到较高纯度的产物，但操作时间长，损失也较大，只用于较少量精细化学品（1～2g）的纯化。一般来说，对称性较高的固态物质，具有较高的熔点，且在熔点温度以下具有较高的蒸气压，易于用升华来提纯。为了掌握和控制升华条件，就必须研究物质的相图与固、液、气三相平衡条件。

（1）常压升华　最简单的常压升华操作是在蒸发皿中放置粗产物，上面覆盖一张刺有许多小孔的滤纸（最好在蒸发皿的边缘上先放置大小合适的用石棉纸做成的窄圈，用以支持此滤纸）。然后将大小合适的玻璃漏斗倒盖在上面，漏斗的颈部塞有玻璃毛或脱脂棉花团，以减少蒸气逃逸。在石棉网上渐渐加热蒸发皿（最好能用沙浴），小心调节火焰，控制浴温低于被升华物质的熔点，使其慢慢升华。蒸气通过滤纸小孔上升，冷却后凝结在滤纸上或漏斗壁上。必要时外壁可用湿布冷却。

在空气或惰性气体流中进行升华操作：在锥形瓶上配有二孔塞，一孔插入玻管以导入空气或惰性气体；另一孔插入接液管，接液管的另一端伸入圆底烧瓶中，烧瓶口塞一些棉花或玻璃毛。当物质开始升华时，通入空气或惰性气体，带出的升华物质，遇到冷水冷却的烧瓶壁就凝结在壁上。

（2）减压升华　减压升华操作是将固体物质放在吸滤管中，然后将装有“冷凝阱”的橡皮塞紧密塞住管口，利用水泵或油泵减压，接通冷凝水流，将吸滤管浸在水浴或油浴中加热，使之升华。

3.8 干燥技术

在进行精细化学品合成时，常常遇到中间体或产物的定性与定量分析，这些中间体或产物必须充分干燥才能够用于分析，因此必须对其进行干燥；有时也是为了破坏某些液体物质与水生成的共沸混合物；另外，很多化学反应需要在“绝对”无水条件下进行，不但所用的原料及溶剂要干燥，而且还要防止空气中的潮气侵入反应容器。

（1）液体干燥　液体干燥方法大致可分为物理法和化学法两种。物理法有吸附、分馏、利用共沸蒸馏将水分带走等方法，近年来还常用离子交换树脂和分子筛等来进行脱水干燥；化学法是利用干燥剂能与水可逆地结合生成水合物（如用氯化钙、硫酸镁等干燥酯类中间体）或新化合物（如金属钠、五氧化二磷干燥苯或环已烷等惰性溶剂）。无论物理方法还是化学方法，在选择干燥剂时，要求干燥剂必须不与该物质发生化学反应或催化作用，不溶解于该液体中；要求干燥剂吸水容量大和干燥效能高；还要考虑干燥速率和价格；此外必须注意干燥剂的用量，太多容易吸附产品，太少则干燥不完全。

（2）固体干燥　对固体干燥主要在干燥器中进行，包括普通干燥器、真空干燥器、烘箱及真空控温干燥箱等。①用普通干燥器干燥固体时，一般将被干燥的固体放在表面皿上，再将表面皿置于干燥器的多孔瓷板（瓷板下面放置干燥剂）上，盖上干燥器的盖子即可；②用真空干燥器时，先将被干燥的物质放在小烧杯中，将小烧杯置于干燥器的多孔瓷板（瓷板下面放置干燥剂）上，盖上干燥器的盖子，关闭盖子上的玻璃活塞，与水泵或油泵连接好之后，开启真空泵，缓缓打开干燥器上的玻璃旋塞，直至真空表读数不再降低时关闭玻璃活塞，断开真空泵与干燥器连接，关闭真空泵；③用烘箱干燥，将温度调节至低于熔点，将被干燥的固体放在表面皿上，再将表面皿置于烘箱托架上；④真空控温干燥箱等，将温度控制在所需温度，其他操作与使用真空干燥器相同。

（3）仪器干燥　仪器干燥主要指的是实验室所用玻璃仪器的干燥，最常用的方法就是将洗净的玻璃仪器放入烘箱干燥，其次是用电吹风吹干。但是，在精细化学品实验操作中，经常需要对玻璃仪器进行快速干燥，这时即使用电吹风也不能够马上将其干燥，最好的办法，就是用少量丙酮或乙醇先将仪器中的水洗掉，然后用电吹风吹干。

3.9　萃取技术

萃取是用来提取或纯化有机化合物的常用操作之一。应用萃取可以从固体或液体混合物中提取出所需要的物质，也可以用来洗去混合物中少量杂质。通常称前者为“抽提”或“萃取”；后者为“洗涤”。

（1）液-液萃取　将要萃取的溶液（一般为水溶液）和萃取剂（一般为溶液体积的1/3）依次自上口倒入分液漏斗中，塞紧塞子按照分液漏斗使用规范把漏斗放平前后由慢到快摇振，将漏斗的上口向下倾斜，下部支管指向斜上方，朝向无人处“放气”，静置，待两层液体完全分开后，收集萃取剂层溶液，重复此操作3～5次，合并萃取剂溶液，干燥后，回收萃取剂，即得到产品。

在液-液萃取时，特别是当溶液呈碱性时，常常会产生乳化现象；有时由于存在少量轻质的沉淀、溶剂互溶、两液相的相对密度相差较小等原因，也可能使两液相不能很清晰地分开，这样很难将它们完全分离。这时可以采用：①较长时间静置；②加入少量电解质（如氯化钠），利用盐析作用加速破乳；③加入少量稀硫酸或采用过滤等方法破乳；④根据不同情况，还可以加入其他破坏乳化的物质，如乙醇、磺化蓖麻油等。

（2）固体物质的萃取　固体物质的萃取，通常是用长期浸出法或采用脂肪提取器（索氏提取器）。前者是靠溶剂长期的浸润溶解而将固体物质中的需要物质浸出来。这种方法虽不需要任何特殊器皿，但效率不高，而且溶剂的需要量较大。

脂肪提取器是利用溶剂回流及虹吸原理，使固体物质连续不断地为纯的溶剂所萃取，因而效率较高。萃取前应先将固体物质研细，以增加溶剂浸润的面积，然后将固体物质放在滤纸套内，置于提取器中。提取器的下端通过木塞（或磨口）和盛有溶剂的烧瓶连接，上端接冷凝管。当溶剂沸腾时，蒸气通过玻璃管上升，被冷凝管冷却成为液体，滴入提取器中，当溶剂液面超过虹吸管的最高处时，即虹吸流回烧瓶，因而萃取出溶于溶剂的部分物质。就这样利用溶剂回流和虹吸原理，使固体的可溶物质富集到烧瓶中。然后用其他方法将萃取到的物质从溶液中分离出来。

3.10　空气敏感试剂的转移技术

在精细化学品实验操作中，常常用到诸如碘甲烷、烷基锂/己烷溶液、硼烷/THF溶液、格林雅试剂/乙醚溶液等一些对空气敏感试剂的转移（加入反应体系或转移到较小的容器中）。这种现况下要借助惰性气体高纯氮气或氩气，一般用氮气。当需要把试剂加入反应体系时，先将密闭反应体系一端出口连接一个带有细不锈钢空心针头，用氮气将管内空气赶走，然后迅速将其插入试剂瓶液面下面，同时用另一根与高纯氮钢瓶连接好的不锈钢空心针头插入试剂瓶（插入前，管内空气已经被氮气置换），并保持在液面上方。打开减压阀，即可将液体缓缓压入反应体系。当需要将对空气敏感的试剂转移到另一个试剂瓶时，也可以用一个较大的玻璃漏斗倒置在铁架台上，将要转移的试剂以及空试剂瓶都置于漏斗下面，漏斗与氮气钢瓶通过橡胶管相连接，打开氮气钢瓶减压阀，以适当流速，将漏斗下面空气尽可能赶走，迅速将试剂瓶打开，并转移至空试剂瓶中，盖上瓶盖，在氮气流下将它们密封，然后关闭氮气即可。试验过程中，加入试剂对空气敏感程度较低，也可直接用玻璃注射器，从试剂瓶中抽取，然后加入反应体系或其他试剂瓶中，整个操作与医院进行肌肉注射过程完全一样。

第2部分　表面化学实验

实验1　滴体积法测定表（界）面张力

1. 实验目的

（1）了解滴体积法测定表（界）面张力的原理。

（2）掌握测定表面活性剂水溶液表面张力的方法。

2. 实验原理

如图1-1(a)所示，当液体从毛细管管口滴落时，落滴大小与管口半径及液体表面张力有关。若液滴自管口完全脱落，则落滴质量与表面张力有如下关系：

$$mg=2\pi R\gamma \tag{1-1}$$

式中　m——落滴质量，g；

g——重力加速度，980.7cm/s^2；

R——管口半径，cm；

γ——液体表面张力，dyn/cm，1dyn=10^{-5}N；

π——圆周率。

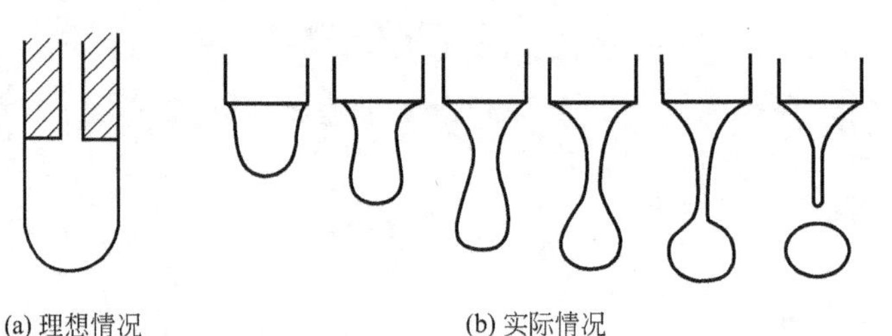

图1-1　滴落过程示意

然而实际情况并非如此。用高速摄影拍摄的液滴形成过程示意于图1-1(b)。可见，液体先发生变形，形成细颈，再在细颈处断开。细颈以上残留于管口处，这部分液体有时多达整体的40%。因此，由式(1-1)求出的表面张力γ必须经过校正。将式(1-1)变形为：

$$mg=k\times 2\pi R\gamma$$

$$\gamma=\frac{1}{2\pi k}\times\frac{mg}{R}=F\times\frac{mg}{R} \tag{1-2}$$

式中　$F=\frac{1}{2\pi k}$——校正因子。

实验证明，F是V/R^3的函数，即$F=f(V/R^3)$（V为落滴体积），而与滴管材料、液体密度、液体黏度等因素无关，另有F-V/R^3表可查（见附录5）。

如果称出落滴的质量，则可计算出表面张力，这就是滴重法。但直接测出落滴质量不太方便。在滴重法基础上发展起来的滴体积法，通过测出落滴的体积V和液体密度ρ。根据式$m=\rho V$可求得m，简单易行。这样，式(1-2)变为式(1-3)，这就是滴体积法的计算公式。

$$\gamma = F\frac{V\rho g}{R} \tag{1-3}$$

测定液体表（界）面张力的方法还有吊片法、毛细管上升法、脱环法、气泡最大压力法、悬滴法等，这些方法各有其优缺点。由于这些方法都是基于对纯液体的研究建立起来的，因此用来测定纯液体的表（界）面张力，都具有较好的准确度。但当应用于溶液特别是表面活性剂溶液时，由于吸附平衡问题，各种方法都导致不同程度的误差。滴体积法设备简单，操作方便，但应用于表面活性剂溶液时，必须保证足够的平衡时间，才能得出较准确的结果。

用滴体积法于20℃下测得 5×10^{-5} mol/L AEO_9 非离子表面活性剂水溶液的滴体积 V 与平衡时间 t 的关系如图 1-2 所示（$R=0.2175$cm）。当液滴刚形成的瞬间，形成的新表面上几乎没有表面活性剂分子的吸附，表面张力几乎等于纯水的表面张力。随着平衡时间的延长，滴体积逐渐减小，最后趋近于一个极限值。趋近于极限值的速度取决于表面活性剂分子在溶液中的扩散速度。当浓度高于临界胶束浓度时，在很短时间内能接近极限值，而当浓度低于临界胶束浓度时，则需要较长的时间，并且浓度越低，趋近极限值所需的时间越长。因此，直接用滴体积法测定低浓度表面活性剂水溶液的平衡表面张力较为困难。如果将图 1-2 V-t 关系转换成 V-$1/t$ 关系，如图 1-3 所示，则当平衡时间足够长时，V-$1/t$ 成线性关系。外推到 $t\to\infty$（$1/t\to0$）就可得到极限值 V_0，依据 V_0 计算出的 γ 就是我们所需的平衡表面张力值。而依图 1-2 中平衡时间为 10min 时所得滴体积 V 较极限值 V_0 高 2.1%，30min 时仍高出 0.7%。

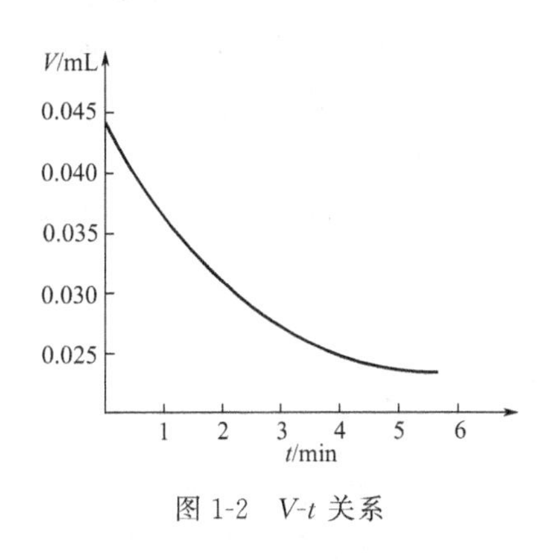

图 1-2　V-t 关系

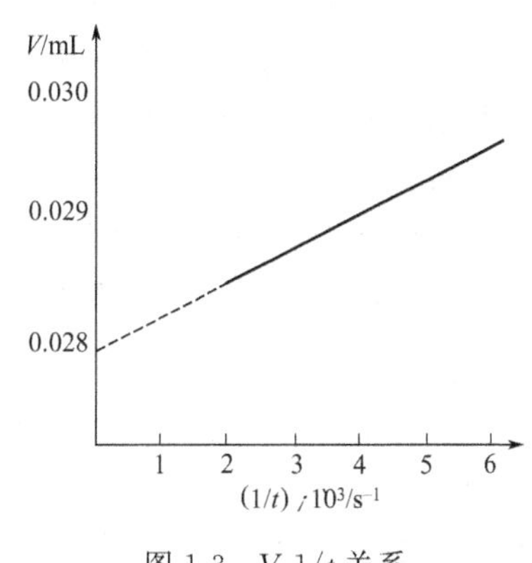

图 1-3　V-$1/t$ 关系

3. 实验仪器及装置

图 1-4 和 1-5 分别为直式滴管、弯式滴管和测量装置示意。测量滴体积的仪器，主要是利用刻度移液管（0.1～0.2mL，可读至 0.002mL）管口上方 1cm 以上吹出一个约 $1cm^3$ 的球泡，下管端经仔细磨平并用读数显微镜测定出其直径（内直径为 0.2～0.4mm，外径约 2～7mm）。滴管上端用橡皮管与液滴控制装置如针筒或打气球相连，以调节液滴滴落速度。当液体自管中滴出时，可直接自刻度读出液滴的体积。实验装置包括：直式滴管 1 支；恒温装置 1 套；样品试管 1 支；秒表 1 块；其他辅助装置等。

4. 实验试剂

0.001mol/L 脂肪醇聚氧乙烯醚（或其他表面活性剂）溶液。

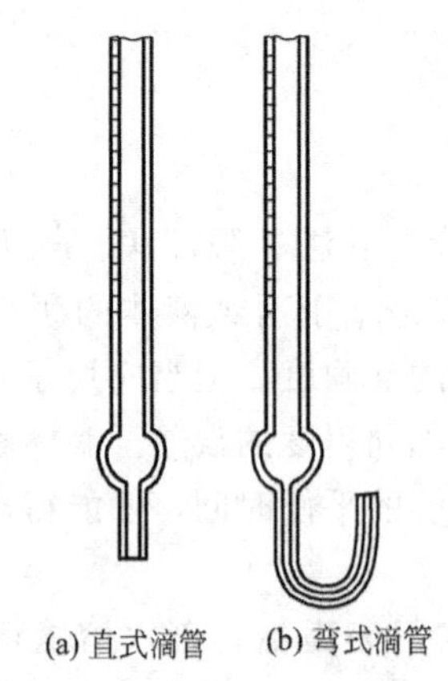

图 1-4 滴体积法用毛细滴管示意

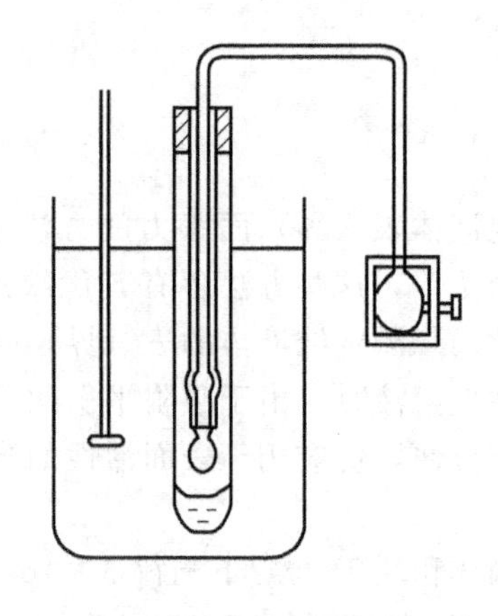
图 1-5 滴体积法测量装置示意

5. 实验步骤

(1) 洗净特制的玻璃滴管（直式），用读数显微镜测出滴头端面半径 R 值（精确至 0.001cm），凡被测液体能润湿玻璃者（接触角<90°），R 用外半径，反之用内半径。

(2) 按图 1-5 装好仪器，在样品试管（2cm×30cm 大试管或 100mL 量筒）中放入约 20mL 被测液体，在（20±0.1）℃下恒温半小时。

(3) 将滴管伸入被测液体中，旋转挤压器将液体吸入滴管中，使液面高于最高刻度。提起滴管，使其下口在液面以上 1～2cm，旋动丝杆慢慢挤出液体，一滴落下后读取液面位置 V_1，再挤落一滴记取液面位置 V_2、V_1-V_2（或 V_2-V_1）即滴体积。液面位置应读出四位有效数字。为提高读数准确度，可连滴 n 滴，再读出 V_2 值，则 $(V_1-V_2)/n$ 为每滴体积。

(4) 按上述方法测定滴体积，再测出液体密度（至少 4 位有效数字）。对表面活性剂水溶液，因其浓度极低，可用同温度下水的密度代替。控制温度变化 ΔT 为±0.1℃，测定表面张力的相对误差不大于 0.5%(对溶液必须是平衡值，否则误差很大)。

(5) 本实验先测定 20℃时纯水的表面张力，然后测定 20℃时表面活性剂水溶液（低于临界胶束浓度）的表面张力，用外推法求得平衡值。

6. 注意事项

(1) 每次读数时，应将残留管口的液体完全抽回。对表面活性剂溶液，应特别小心，防止抽入气泡。

(2) 为减小液体附壁效应引起的体积读数误差，应有足够的时间使内壁液体流下，同时要减少滴管外壁沾液。每次吸液时，只需将滴头伸入液体中，不得连球部一齐伸入。

(3) 挤出液体时先挤出约 90%的滴体积，静置一定时间后再使之滴下。这除了（2）所述的原因外，更重要的是使表面吸附尽可能地接近平衡，并防止挤压的冲力对液滴的扰动。静置时间的长短视表面活性剂品种、浓度而定，一般相对分子质量越大、浓度越低，所需时间越长。若所需的平衡时间较长（30min 以上）则可分别测出几个不同时间下的滴体积，作 V-$1/t$ 图，外推至 $t\to\infty(1/t\to0)$ 求出滴体积（如图 1-3 所示）。但测定不同时间下的滴体积时，应控制适当的液滴大小，保持其体积不变，使其在某一时间自动滴下，不得人为挤落。

(4) 滴管刻度一般都有误差，应严格校正。可用水银分段校正体积。

7. 实验记录及讨论

(1) 实验记录将所测数据填入下表，按式(1-3）计算表面张力。对表面活性剂溶液，作

V-$1/t$ 图，外推至 $1/t \to 0$，求得 V_0，再按 V_0 计算表面张力，结果填入下表中。

实验数据记录

被测物	时间 t/s	V_1/mL	V_2/mL	V_1-V_2/mL	V 或 V_0/mL	V/R^3	F	γ/(dyn/cm)
纯水								
表面活性剂水溶液								

R ____________ cm　　　　温度____________℃

ρ ____________ g/cm^3　　　　浓度____________ mol/L

（2）讨论

① 用滴体积法测定表面活性剂水溶液的表面张力时，出现表面张力随平衡时间下降并趋于极限值（平衡值）的原因何在？

② 怎样用滴体积法测定互不相溶的两液相的界面张力？何种情况下使用弯式滴管？计算公式如何？

实验 2　临界胶束浓度的测定

1. 实验目的

（1）掌握用表面张力法测定表面活性剂临界胶束浓度的方法。

（2）用 Gibbs 吸附等温式和 Langmuir 方程求出饱和吸附时表面活性剂分子在界面上所占的面积（分子截面积）。

2. 实验原理

表面活性剂溶液的许多物理化学性质随着胶束的形成而发生突变（如图 2-1 所示），因此临界胶束浓度（*cmc*）是表面活性剂表面活性的重要量度之一。测定 *cmc*，掌握影响 *cmc* 的因素对于深入研究表面活性剂的物理化学性质十分重要。

原则上表面活性剂溶液随浓度变化的物理化学性质皆可用来测定 *cmc*。常用的有：表面张力法、增溶法、电导法、染料吸附法等。但最经典的方法是表面张力法，通过测定等温下表面活性剂水溶液的表面张力与浓度的关系，除了求得 *cmc* 外，还可求 $\gamma \cdot cmc$，$\pi \cdot cmc \left(\frac{\partial \gamma}{\partial c}\right)_T$ 及 a_∞（分子截面积）等参数，这对表面活性剂的研究十分重要。

典型的表面活性剂水溶液的表面张力随浓度下降曲线如图 2-2 所示。AB 段相当于溶液浓度极稀的情况；在 BC 段，表面张力随浓度的增加成比例地下降；C 点相当于临界胶束浓度（*cmc*）。

由 Gibbs 吸附等温式(2-1) 可求得某浓度时的吸附量

$$\Gamma = -\frac{c}{RT}\left(\frac{\partial \gamma}{\partial c}\right)_T \tag{2-1}$$

式中 Γ——吸附量，mol/cm^2；

c——表面活性剂溶液浓度，mol/L；

γ——表面张力，dyn/cm；

T——热力学温度，K；

R——通用气体常数，8.314×10^7。

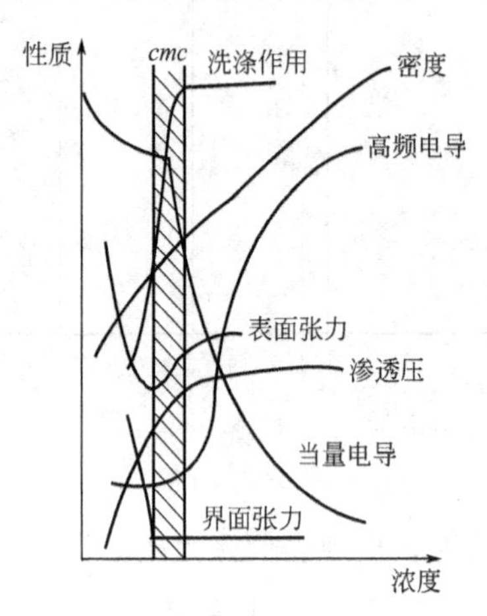

图 2-1 表面活性剂溶液特性示意

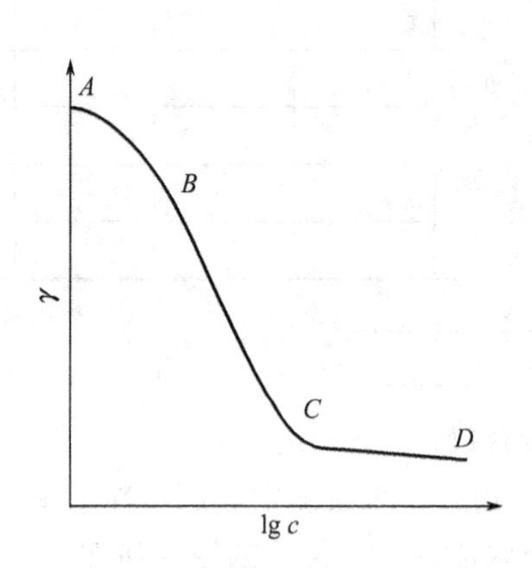

图 2-2 表面张力随浓度的变化

将式(2-1) 变形为：

$$\Gamma = -\frac{1}{RT}\left(\frac{\partial \gamma}{\partial \ln c}\right)_T = -\frac{1}{2.303RT}\left(\frac{\partial \gamma}{\partial \lg c}\right)_T \tag{2-2}$$

作 γ-lg$c$ 图（图 2-2），在 AB 段，$-\left(\frac{\partial \gamma}{\partial \lg c}\right)_T$ 为非线性增加，Γ 随浓度增加而增加；在 BC 段，$-\left(\frac{\partial \gamma}{\partial \lg c}\right)_T$ 为常数，Γ 为定值，即已达到饱和吸附。

如果 BC 段线性关系很好，则饱和吸附量可直接由图中直线部分的斜率求出。

$$\Gamma_\infty = -\frac{1}{2.303RT}\left(\frac{\partial \gamma}{\partial \lg c}\right)_{T,\max}$$

如果 BC 段不成很好的线性关系，为求取 Γ_∞，可利用 Langmuir 吸附等温式(2-3)，其中 k 为常数，其余物理量意义同式(2-1)。

$$\Gamma = \Gamma_\infty \frac{kc}{1+kc} \tag{2-3}$$

将式(2-3) 变形

$$\frac{c}{\Gamma} = \frac{1}{\Gamma_\infty}c + \frac{1}{k\Gamma_\infty} \tag{2-4}$$

作 c/Γ-c 图，得一直线，如图 2-3 所示，其斜率的倒数为 Γ_∞。式(2-4) 中 Γ 由式(2-2) 求出，其中$\left(\frac{\partial \gamma}{\partial \lg c}\right)_T$ 由图 2-4 γ-lg$c$ 曲线上读取。

如果以 N 代表 $1cm^2$ 表面上的分子数，则有 $N = \Gamma_\infty N_0$（N_0 为阿伏加德罗常数）。由此求得饱和吸附时每个表面活性剂分子在界面上所占的面积即分子截面积为：

$$a_\infty = \frac{1}{N} = \frac{1}{\Gamma_\infty N_0} \tag{2-5}$$

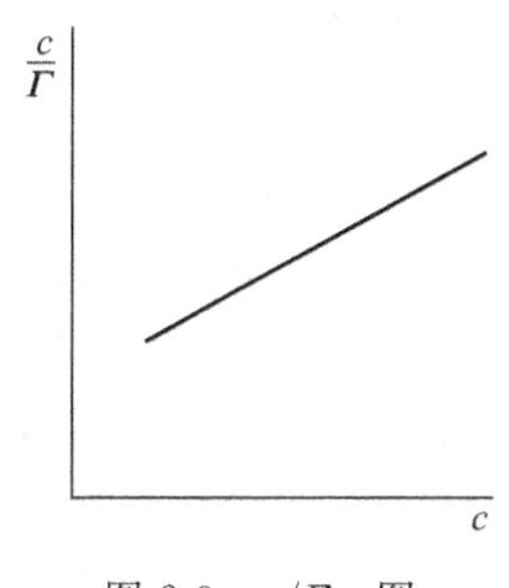

图 2-3　c/Γ-c 图

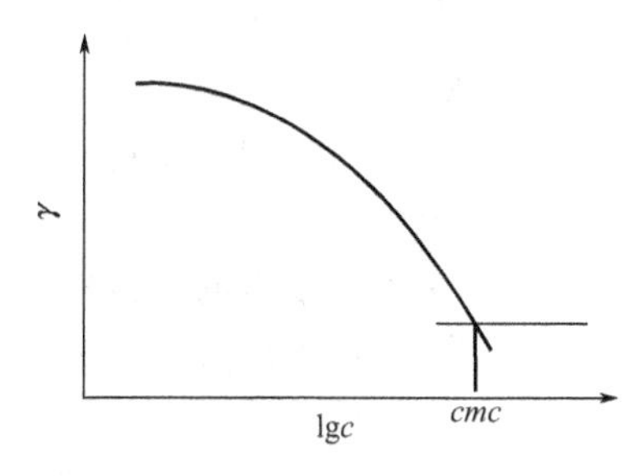

图 2-4　γ-lg$c$ 曲线

3. 实验仪器

表面张力仪（1台）；50mL 烧杯（1只）；100mL 容量瓶（10只）；分析天平。

4. 实验试剂

0.1mol/L 表面活性剂（AES、LAS、K_{12}或 AEO_9）溶液。

5. 实验步骤

（1）配制不同浓度的表面活性剂水溶液。首先配制 0.1mol/L 的表面活性剂溶液。然后吸取 0.1mol/L 的表面活性剂溶液 0.2mL、0.5mL、0.8mL、1mL、2mL、3mL、4mL、6mL，分别加入 100mL 容量瓶中，并用水稀释至刻度线。溶液的摩尔浓度分别为 2×10^{-4} mol/L、5×10^{-4} mol/L、8×10^{-4} mol/L、1×10^{-3} mol/L、2×10^{-3} mol/L、3×10^{-3} mol/L、4×10^{-3} mol/L、6×10^{-3} mol/L。

（2）分别测定各溶液的表面张力（由稀到浓），若使用滴体积法测表面张力，则稀浓度时应采用外推法，高于 *cmc* 时，平衡 5min 直接读数，取三次测量结果的平均值。

6. 实验记录及讨论

（1）实验记录

浓度 $c\times10^4$/(mol/L)	2	5	8	10	20	30	40	60
表面张力 γ/(mN/m)								
lg$c$								

① 作 γ-lg$c$ 曲线（见图 2-4）确定 *cmc*，即曲线上的转折点。

② 由 γ-lg$c$ 曲线求得不同浓度下的 $\left(\frac{\partial\gamma}{\partial \lg c}\right)_T$ 值，代入式(2-2) 求出 Γ。

③ 作 c/Γ-c 图，求出 Γ_∞，代入式(2-5) 求出 a_∞。

（2）讨论

① 对同一种表面活性剂，用不同方法测出的 *cmc* 是否相同？为什么？

② 有些表面活性剂水溶液的 γ-lg$c$ 曲线如图 2-4 所示，转折点不明显，如何求出 *cmc*？

③ 表面活性剂在水溶液中为什么产生正吸附？

实验 3　表面活性剂增溶能力的测定

1. 实验目的

（1）了解表面活性剂增溶作用原理。

（2）用溶液光密度法测定表面活性剂对非极性物质的增溶能力。

2. 实验原理

当水溶液中表面活性剂浓度达到一定值时，表面活性剂分子的非极性部分相互靠拢，极性部分朝向水形成胶束（如图 3-1 所示）。由于胶束内部形成了小范围的非极性区，根据相似相溶原理，原来不溶于水的非极性物质可增溶于体系中的非极性区。表面活性剂的这种作用称之为增溶作用。这种增溶了非极性物质的体系不同于乳状液，是热力学稳定体系。X 射线研究表明，增溶溶质的胶束，其体积较增溶前大。当油溶性表面活性剂溶于油中时，达到一定浓度亦可形成反胶束进而可以增溶极性物质。

当加入体系中的非极性物质超过增溶极限时，溶液就变浑浊，并且超量越多，其溶液越浑浊，因而其光密度越大（透光率越小）。据此可以通过测定体系的光密度来确定表面活性剂对某一非极性物质的增溶极限值。本实验测定烷基酚聚氧乙烯醚（OP-10）对乙苯的增溶极限。在相同浓度的烷基酚聚氧乙烯醚溶液中加入不同数量的乙苯（以 mL 计），当达到增溶平衡时，测定其光密度，以光密度 D 对加入乙苯的体积 V 作图，如图 3-2 所示。转折点 A 所对应的乙苯的体积即为该表面活性剂溶液增溶乙苯的体积数。按式(3-1) 即可计算出表面活性剂的增溶能力 A_M

$$A_M=\frac{A\times 1000}{Vc}\quad (\mathrm{mL/mol}) \tag{3-1}$$

式中 A——图 3-2 中 A 点所对应的乙苯的体积，mL；

V——表面活性剂溶液的体积，mL；

c——表面活性剂溶液的浓度，mol/L。

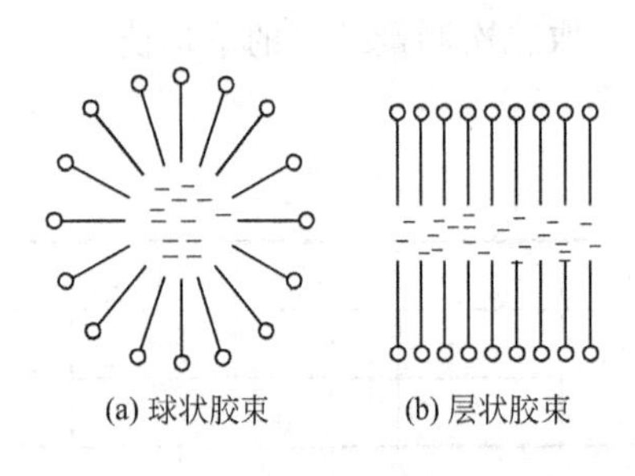

图 3-1 胶束增溶示意

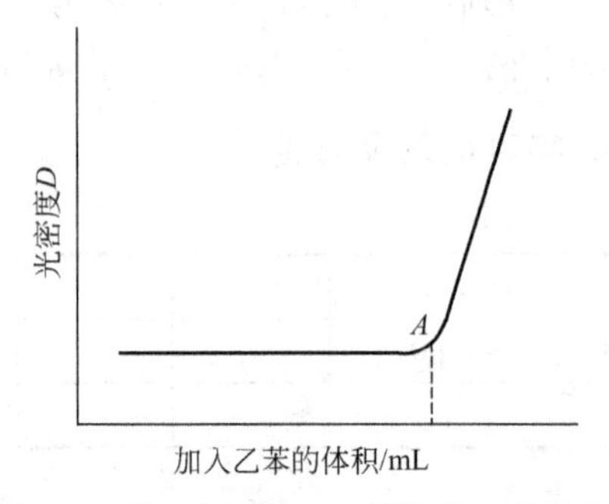

图 3-2 光密度与加入乙苯的体积的关系

3. 实验仪器

722(s) 型分光光度计（1 台）；吸量管（1mL、2mL，各 1 支）；恒温槽（1 套）；容量瓶（100mL，10 只）；移液管（50mL，1 支）。

4. 实验试剂

烷基酚聚氧乙烯醚（OP-10，化学纯）；油酸钠（化学纯）；乙苯（分析纯）。

5. 实验步骤

（1）配制 0.1mol/L OP-10 溶液（OP-10，分子量 M=684）或 0.2mol/L 油酸钠溶液（M=304）。

（2）取 10 个 100mL 容量瓶，洗净，分别加入乙苯 0mL、0.2mL、0.3mL、0.4mL、0.5mL、0.6mL、0.7mL、0.8mL、0.9mL、1.0mL(对油酸钠溶液加入乙苯 0mL、0.4mL、

0.6mL、0.8mL、1.0mL、1.2mL、1.4mL、1.6mL、1.8mL、2.0mL)，然后用 50mL 移液管吸取 50mL 0.1mol/L OP-10 溶液（或 0.2mol/L 油酸钠溶液），用洗耳球挤压使其成射流状加入到每个容量瓶中，使乙苯分散，与溶液充分混合。盖好塞子，再摇匀，搁置 30min（若用油酸钠溶液，搁置过夜），使体系平衡。

（3）分别往每个容量瓶中加入约 30mL 蒸馏水，置于 50℃恒温水浴中恒温 30min，在此过程中不时振荡容量瓶（注意防止产生泡沫）。然后取出容量瓶冷却至室温，小心稀释至刻度，摇匀待用。

（4）用 722(s) 型分光光度计测定各溶液光密度 D，以不含乙苯的溶液作空白，对每个溶液取三次读数的平均值[722(s) 型分光光度计使用见说明书]。采用波长 560nm，1cm 吸收池。注意每次测定时要摇匀再倒入吸收池中。记下室温。

6. 实验记录及讨论

（1）数据处理

① 将各溶液的测定结果填入下表。

项目		1	2	3	4	5	6	7	8	9	10
乙苯含量/mL		0	0.2	0.3	0.4	0.5	0.6	0.7	0.8	0.9	1.0
光密度	1										
	2										
	3										
	平均										

室温____________

② 以光密度 D 对乙苯含量 V 作图，求得增溶极限 A 值，按式(3-1) 计算 A_M。

测定表面活性剂增溶能力的方法还有多种，可参阅有关文献资料。

（2）讨论

① 简述表面活性剂增溶的基本原理。

② 为什么溶液要搁置一定时间后又恒温至 50℃？

实验 4　利用单分子膜测定分子截面积及长度

1. 实验目的

（1）测定硬脂酸分子的截面积及长度。

（2）掌握形成单分子膜的技术。

2. 实验原理

表面活性剂溶于水中，其分子的极性基团与水分子相吸引，而非极性基团则与水分子相排斥。如果表面活性剂分子中极性基团占绝对优势，则表面活性剂分子会溶于水中；若非极性基团占绝对优势，表面活性剂分子便会呈油滴状浮于水面。如果表面活性剂分子的极性基团较弱，而非极性基团较强（如硬脂酸、油酸等），它们既不能溶于水，也不会在水面上形成油滴，而是在水面上铺展开，形成不溶性薄膜。若此薄膜只有一个分子厚度，即称为单分子膜。能形成单分子膜的物质，一般称为成膜物质。成膜物质的分子在液面上作定向紧密排列，所以每个分子所占的面积实际上就是分子的截面积。因此可以用式(4-1) 计算成膜物质

的截面积

$$a_{\infty}=\frac{AM}{WN_0} \tag{4-1}$$

式中　a_{∞}——硬脂酸分子的截面积；

A——单分子膜的总面积；

M——成膜物质的相对分子质量；

W——成膜物质的质量，g；

N_0——阿伏加德罗常数。

若假设分子是圆柱形，则分子体积为 $a_{\infty}\delta$，δ 为分子长度；每克分子的体积 V_m 为 $V_m=a_{\infty}\delta N_0$。再设 d 为成膜物质的密度，则 $d=M/V_m$（M 为该物质相对分子质量），故分子长度 δ 可由下式求得：

$$\delta=\frac{V_m}{a_{\infty}N_0}=\frac{M}{a_{\infty}N_0 d} \tag{4-2}$$

为了形成单分子膜，最好不要将成膜物质直接加在水面上，而是将它溶解于某种易挥发的溶剂（如苯、石油醚等）中，配成极稀的溶液。逐滴滴于水面，待溶剂挥发后，成膜物质的分子就在水面上铺展开来。待加入成膜物质一定量后，即可形成单分子膜。所以式(4-1)可改为如下形式：

$$a_{\infty}=\frac{AM}{cVN_0} \tag{4-3}$$

式中　c——溶液的浓度，g/mL；

V——溶液的体积，mL。

本实验以苯为溶剂，成膜物质为硬脂酸。对于成膜物质的用量，是根据溶剂挥发时间的变化来确定的。当单分子膜尚未形成时，苯在水面上以一定速度挥发；当形成单分子膜以后，由于非极性基团朝向空气，使表面性质有所改变，因此苯挥发的时间明显变化。若以溶液体积为横坐标，以苯挥发时间为纵坐标，则可得 t-V 曲线，如图 4-1 所示。所以可以根据苯挥发时间的突变，确定形成单分子膜时硬脂酸的用量。

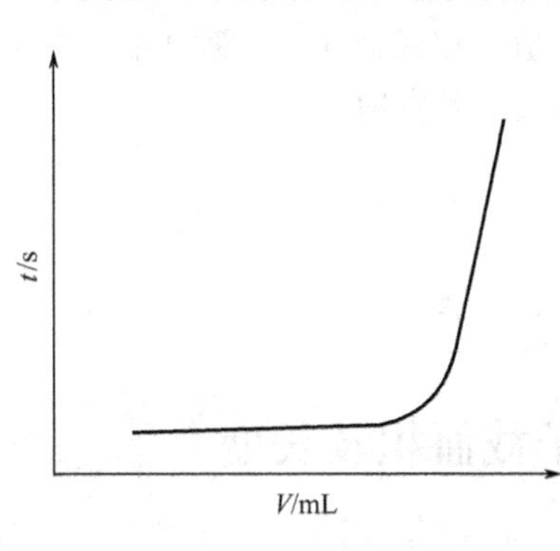

图 4-1　t-V 曲线

3. 实验仪器

大搪瓷盘（30cm × 30cm，1 个）；小搪瓷盘（20cm×30cm，1 个）；玻璃框（自制面积约 300cm^2，1 块）；微量滴定管（2mL，1 根）；卷尺（或直尺，1 个）；秒表（1 块）；容量瓶（100mL，2 只）；移液管（10mL，1 支）。

4. 实验试剂

滑石粉、硬脂酸、石蜡、苯，均为分析纯。

5. 实验步骤

(1) 准确称取硬脂酸 0.100g，溶于苯中，在 100mL 容量瓶中稀释至刻度。此时溶液浓度为 1mg/mL。再吸取此溶液 10mL，稀释至 100mL。此溶液的浓度为 0.1mg/mL（也可以更稀一些）。溶液均应贮存于磨口瓶中，置于阴凉处，以防止由于苯的挥发使溶液的浓度改变。

（2）将小搪瓷盘洗净烘干，并趁热将已熔化的石蜡涂满搪瓷盘边缘，力求均匀平整。

（3）将小搪瓷盘放在大搪瓷盘中，注满蒸馏水，使水面高于盘边，均匀轻洒少许滑石粉于小搪瓷盘的一端水面，然后将滑石粉轻轻吹到盘的另一端而流出小搪瓷盘，由此使水面上的不洁物、油污等随粉末一起流走，达到清洁水面的目的。如此重复操作三次（保持水面清洁，防止其他油脂污染，是本实验的关键。在以后的操作中都应密切注意）。

（4）用玻璃框固定成膜面积。一般不小于 $300cm^2$。用直尺准确测量。

（5）将浓度为 0.1mg/mL 的硬脂酸-苯溶液注入微量滴管中，调整滴速为 20s 左右一滴。

（6）将硬脂酸-苯溶液逐滴滴于水面上（最好不要滴在固定的地方），仔细观察苯的挥发及硬脂酸的铺展，用秒表测定每滴苯溶液挥发完毕的时间，并记录。同时记录溶液的体积，直到挥发时间明显变长为止。

（7）重复步骤（3）～（6）一次。

6. 注意事项

（1）列出溶液体积 V 与挥发时间 t 的数据。以 V 为横坐标，t 为纵坐标作图，描绘曲线。从曲线上找出苯挥发时间突变时溶液的体积。

（2）将溶液的浓度、体积、成膜面积以及硬脂酸的相对分子质量，代入式(4-3)，求出硬脂酸分子的截面积 a_∞。

（3）根据式(4-2)，再求出硬脂酸分子的长度 δ。

硬脂酸相对分子质量为 284，密度为 0.9408g/mL。

7. 思考题

（1）形成单分子膜的物质有什么结构特征？

（2）为什么能根据苯挥发时间的突变来确定单分子膜形成的终点？

（3）试分析若溶液浓度变大或水面有其他油污，将对实验结果有什么影响？

实验 5　接触角的测定

1. 实验目的

（1）了解 Erma G-1 型接触角测定仪的结构与使用方法。

（2）测定纯水及表面活性剂水溶液对石蜡表面的接触角。

2. 实验原理

如图 5-1 所示，(a)、(b)、(c)、(d) 分别表示在固体表面上滴一滴不同组成液体所出现的四种情况。其中，(a) 为完全润湿，(b) 为部分润湿，(c) 为基本不润湿，(d) 为完全不润湿。

在气、液、固三相交界处的气-液界面和固-液界面之间的夹角叫做接触角，以 θ 表示。当 $\theta=0°$时，表示完全润湿；当 $90°>\theta>0°$时，为部分润湿；当 $180°>\theta>90°$时，为基本不润湿；当 $\theta\geqslant180°$时，为完全不润湿。

现以图 5-1(b) 为例，平衡时，γ_{sg}、γ_{sl}、γ_{lg}及 θ 的关系为：

$$\gamma_{sg}-\gamma_{sl}=\gamma_{lg}\cos\theta \tag{5-1}$$

此式即为润湿方程，亦即扬氏（Young）方程，如式(5-2) 所示：

$$
\left.\begin{aligned}
W_a &= \gamma_{lg}(\cos\theta+1) \\
W_i &= \gamma_{lg}\cos\theta \\
W_s &= \gamma_{lg}(\cos\theta-1)
\end{aligned}\right\} \tag{5-2}
$$

式中，W_a 为粘湿功；W_i 为浸湿功；W_s 为铺展功。

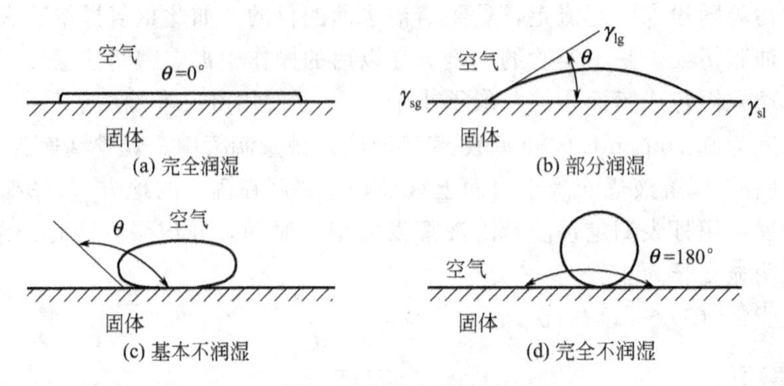

图 5-1 润湿与接触角

由此可以看出，只要测出液体的表面张力 γ_{lg} 和接触角 θ 后，即可求得 W_a、W_i 和 W_s 值，从而可解决应用各种润湿条件的困难。

从式(5-2) 可以看出，接触角的大小也是润湿好坏的判据，它与前述能量判据有如下关系：

粘湿　$W_a=\gamma_{lg}(\cos\theta+1)\geqslant 0$　$\theta\leqslant 180°$

浸湿　$W_i=\gamma_{lg}\cos\theta\geqslant 0$　$\theta\leqslant 90°$

铺展　$W_s=\gamma_{lg}(\cos\theta-1)\geqslant 0$　$\theta=0°$

通常可用液体在固体表面受力达到平衡时形成的接触角大小来判断润湿或不润湿。$\theta>90°$称为不润湿；$\theta<90°$，称为润湿。θ 越小，润湿性越好；当 $\theta=0°$时叫铺展。

用接触角测定仪测定接触角时，先将被测液体由微量注射器取一小滴，滴在所需的固体平面上，再通过光学反光系统及放大系统将液滴放大于观测镜内，然后用镜头内的测角器测定其接触角的大小。

3. 实验仪器

Erma G-1 型接触角测定仪；涂蜡玻璃片。

4. 实验试剂

0.1%油酸钠溶液；固体石蜡。

5. 实验步骤

(1) 调节水平仪，使仪器呈水平位置。

(2) 接上电源（应装有变压器，注意电源电压），开启电源开关，选择滤色片（仅起到使观察者眼睛不易疲劳的作用），调节光栅，使光线适度。

(3) 调节前后旋钮、升降旋钮、内平台升降旋钮，使架板在成像板上有明显轮廓。

(4) 把涂有石蜡的玻璃板放在架板上。

(5) 调节旋钮，在观测镜内找出架板和玻璃板的位置，并使呈像板上的物像有清晰的水平线。使此线大致位于呈像板的中心处。

(6) 用微量滴液器滴一滴蒸馏水在玻璃板上（注意取样量的多少会影响测定结果，一般测定前应先选择较适宜的进样量，然后在测定中应在进样量相同的情况下测定同种样品）。

(7) 调节架板位置，使玻璃板与水滴交界处物像轮廓清晰。

(8) 调节活动刻度盘，使其中测角器的中心（垂直线的交点）与水滴物像的任一边角顶点相重，而测角器的水平线则应与玻璃板的投影线相重合。

(9) 用测角器分度盘上的测微螺旋固定测角器。

(10) 用量角器的标尺测出测角器水平线的位置。

(11) 转动测角器，使测角器的水平线与小滴物像相切。

(12) 调节镜头内量角器的标尺，测出液滴与平板相交处的切线，得出接触角的数值。注意作切线时，应是尽可能取接近于固体平板与液滴相交点处焦点的切线，而不是一段线段弧的切线，否则所得接触角误差较大。

(13) 再测该液滴物像另一端的接触角，按步骤 (8)～(12)进行。测定每种样品应重复三次，并取其平均值。

(14) 在同一块板上滴上配好的表面活性剂溶液，按上所述步骤测其接触角值。

6. 注意事项

(1) 对于含有表面活性剂溶液的样品，测定时速度应尽可能快。

(2) 若由于液滴放置的位置使得其在观察镜中的投影轮廓无法与底线同时调至清晰时，可以不管其他部分是否清晰。

(3) 如有必要，可接恒温系统进行恒温操作。

有关接触角测定仪的构造、部件名称及光路图可参阅该仪器说明书。

7. 思考题

(1) 水中加入表面活性剂能使水与石蜡界面的接触角减小，原因何在？

(2) 温度的变化及进样量的大小如何影响接触角的大小？

实验 6　超微法测定胶体 ξ 电位

1. 实验目的

(1) 了解粗视法和超微法测定 ξ 电位的区别。

(2) 了解双管微电泳仪的性能。

(3) 掌握 ξ 电位的测定方法。

2. 实验原理

胶体的分散相表面由于液相中吸附某些离子，或表面上的某些分子离解等原因，能使其带一定符号的电荷，因此胶粒和介质间就可形成一电位差。无论是由于上述哪一种原因带电，都可看作是在胶体分散相表面吸附了一层离子，称为吸附层。它集中在胶体粒子的表面上。在介质中带反号电荷的离子不是集中地靠近吸附层，而是扩散状分布，即随着固体表面距离的增加，带反号电荷的离子数逐渐减少，直到过剩的反号电荷的离子为零。这一层称为扩散层。两层总称为胶体的扩散双电层。

胶体溶液在外电场的作用下，胶粒向一极移动（称为电泳），而扩散层向另一极移动。移动的速度与吸附层和介质间的电位差有关。通常把吸附层和介质间的电势称为电动电势，即 ξ 电位。ξ 电位是胶体体系的重要参数，它由体系的性质（分散相和介质性质、溶胶浓度等）决定。胶体表面带电是胶体体系有一定稳定性的主要原因。ξ 电位越大，体系越稳定。

测定ξ电位的方法（电泳法）可大体分为两种，即粗视法和超微法。

粗视法（U形管法）是通过被测胶体溶液在外加电场作用下，溶液与分散介质间的整体界面移动情况来定性地判断胶粒带电的程度和所带电荷的种类，从而粗略地计算其ξ电位值。

超微法（显微镜观察法）的特点则是直接观察胶体中个别粒子在电场作用下的移动情况。即将溶胶置于超显微镜或超聚光的小器皿中，由直接测量个别胶粒移动一定距离所需的时间来计算颗粒的淌度，然后再由所通过的电流、缓冲液的电导以及电泳池的横截面积测出电场强度，最后较精确地计算出ξ电位值。

从流体力学的概念可知，胶粒在测量管中所处的位置对电泳速度有较大的影响。这是因为，在封闭的毛细管中，电泳速度不仅受到胶粒对分散相的相对移动（即电泳流）的影响，同时也要受到靠近管壁处胶粒对管壁的相对移动（即电渗流）的影响。从而使观察到的粒子移动并非只是由于电泳作用所引起的，而是两个运动共同作用的结果。所以，要得到准确的粒子电泳速度，根据流体力学理论，应能找到在距管壁较远处排除了电渗作用的点，称为"无渗点"（或称为静止层）。只有在无渗点处测得的电泳速度才是真实的。

另外，由于用单根圆柱形毛细管作为电泳池，其在操作时的无渗点很难找准。故使所得ξ电位值重复性很差；双毛细管电泳池分为测量管和平行管两部分。由于采用了双管，由流体力学的计算可知，只要通过调整平行管与测量管管径之比值及长度，就可以使测量管中的无渗点恰好位于测量管的中心处，同时可使静止层的厚度加大，从而提高了测量的准确性，简化了操作。

本实验所用的双管微电泳仪就是基于上述原理设计的。同时考虑到显微镜观察易使眼部疲劳，增加了光学投影观察系统，使得胶粒分散相在电场作用下的迁移运动通过光学放大150倍后，成像在投影屏上。测量时，读出多个胶粒在某一指定距离内换向移动的次数，而求得电泳速度及淌度。然后再根据赫姆霍兹（Helmholtz）公式计算出ξ电位值。

根据赫姆霍兹公式

$$\xi=\frac{4\pi\eta u}{\varepsilon E}\times 300^2 \tag{6-1}$$

式中　ε——介质的介电常数，若介质为水时，$\varepsilon=81$；

η——水的黏度，P；25℃时，$\eta=0.00894$P，20℃时，$\eta=0.01005$P；

u——电泳速度，cm/s；

E——电位梯度，它等于电泳池两端的电位差（V）与电泳池的长度（L）的比值。

E的具体数值可运用欧姆定律，由电流和比电导的值得出：

$$E=\frac{V}{L}=\frac{i}{L\lambda}=\frac{i}{\lambda_0\dfrac{A}{L}L}=\frac{i}{\lambda_0 A}=\frac{i}{k_0\lambda A} \tag{6-2}$$

式中　V——外加电场的电压，V；

L——极间距离，cm；

i——通过电泳池测量管的电流，可按电流表读得的电流值I乘以一个比值$1/f$得出，$i=I/f$；

λ——被测样的电导，$1/\Omega$；

k_0——电导池常数，1/cm；

A——电泳池测量管截面积，cm^2；

λ_0——测样的比电导，$1/(\Omega\cdot cm)$。

由此，式(6-1) 可改写成下式：

$$\xi=\frac{4\pi\eta u}{\varepsilon}\times\frac{\lambda_0 Af}{I}\times300^2 \tag{6-3}$$

$$=4\pi\times9\times10^4\times\frac{\eta}{\varepsilon}\times\frac{u\lambda_0 Af}{I}$$

$$=1.13\times10^6\times\frac{\eta}{\varepsilon}\times\frac{u\lambda_0 Af}{I} \tag{6-4}$$

式中，ξ 单位为 V，u 单位为 cm/s。若 ξ 单位为 mV，u 单位为 μm/s，则式(6-4) 可改写成：

$$\xi=1.13\times10^5\times\frac{\eta}{\varepsilon}\times\frac{u\lambda_0 Af}{I} \tag{6-5}$$

式中，η、ε 在一定温度、一定体系时是常数。而$\frac{u\lambda_0 Af}{I}$是胶粒在单位电场强度下的电泳速度，称为“淌度”，有时可直接用它来表示胶体的电动性质。

设 $C=1.13\times10^5\times\frac{\eta}{\varepsilon}$，$B=Af$，则式(6-5) 又可改写为：

$$\xi=\frac{Cu\lambda_0 B}{I} \tag{6-6}$$

所以，只要根据不同的温度，在表 6-1 中查出相应的 C 值，再将所测得的数据和电泳池上所标记的电场校正系数 B 值代入公式(6-6)，即可求得 ξ 电位值。

表 6-1　不同温度下的 C 值（只限用于液相为水或水溶液）

t/℃	C	t/℃	C
0	22.99	26	12.62
1	22.34	27	12.40
2	21.70	28	12.18
3	21.11	29	11.98
4	20.54	30	11.78
5	20.00	31	11.58
6	19.47	32	11.40
7	18.97	33	11.22
8	18.50	34	11.04
9	18.05	35	10.87
10	17.61	36	10.70
11	16.20	37	10.54
12	16.79	38	10.39
13	16.42	39	10.24
14	16.04	40	10.09
15	15.70	41	9.952
16	15.36	42	9.815
17	15.04	43	9.682
18	14.72	44	9.426
19	14.42	45	9.305
20	14.13	46	9.185
21	13.86	47	9.070
22	13.59	48	8.958
23	13.33	49	8.850
24	13.09	50	
25	12.85		

注意：当介质不是水溶液时，不能用附表中的数据。此时需另外根据其介质在不同温度下的黏度 η 和介电常数另行求算。

3. 实验仪器

双管微电泳仪。

4. 实验试剂

0.1mol/L 浓度的胶体溶液。

5. 实验步骤

（1）测定准备

① 仪器安装。仪器应安放在平稳的桌子上。其投影屏应背光（最好放在光线暗的房间）。室内应有水源，以便测定时对光源和电泳池进行通水冷却。

② 确定电泳池测量管的静止层。电泳池的测量管为一圆柱形，要得到管中心处粒子的运动情况。应将光源的焦点置于此处。所以，需要首先确定垂直方向和水平方向的测量管中心。

a. 垂直方向电泳池测量管中心位置的确定　首先用蒸馏水清洗电泳池，然后将电泳槽安放在工作台上，固定好，插上接水管，将进出水管接通水源（注意循环水量不宜太大），并使水槽内充水。再调节四个底脚螺钉，使仪器水平。打开光源开关，调节手轮，使投影屏上能观察到清晰的光带。将光带调至投影屏中间位置，此时，投影屏垂直方向的静止层中心即已确定。

b. 水平方向电泳池测量管中心位置的确定　确定了垂直方向的测量管静止层中心后，即可向电泳池内注入样品。再微调工作台（前、后、左、右方向）使测量管管壁面上的“十”字刻线位于物镜的物平面上，从而在投影屏上得到一个放大而清晰的像。此时再调节鼓轮，使其指零，然后拧紧螺丝使之固定。再沿顺时针方向转动手轮至 S 所示的距离（S 的值表示由测量管的一侧管壁到管中心所需移动的鼓轮的螺距。此值对每一电泳池均为定值，仪器出厂时，标记在电泳槽上），此时定位结束。

上述准备工作做好后，在下一步测定样品过程中，对静止层中心定位可不需重复。

（2）测定操作

① 取固体试样 0.1～0.2g（若是溶胶，则酌情配成 0.1mol/L 的胶体溶液）。在研钵内磨细，分散在 250mL 指定的分散介质溶液中，配制成可测的悬浮试液。

② 彻底清洗电泳池后再用配好的被测液洗涤三次，后抽尽。

③ 插上两端电极插头，并和电极连接。

④ 缓慢、均匀地吸入被测液，避免产生滴流且不要在电泳池内留有气泡，否则会引起粒子的飘移（即在无外加电场作用下产生的粒子迁移），而影响测量的准确性。关闭电泳池两端活塞，观察是否有飘移现象，确定没有时，方可进行样品测定。

⑤ 进行电泳测定时，被测微粒应在静止层范围内，即投影屏上的测量方框中。水平方向的范围应为静止层中心位置确定后，再旋转刻度鼓轮上 2 格，即±0.1mm 的范围。

⑥ 定距计时，即测定微粒在电场作用下迁移一定距离所需的时间。首先将面板上的电源开关打开，按下复零开关，使之显零，调节电压粗调、电压细调，使之具有适当的电压；调节电流选择，使电流显示处于适当位置。电压应视被测试样的具体情况而定，一般使测定过程中的电位梯度为 6～10V 较佳。

（3）具体步骤

在投影屏的测定范围内（测量方框内）认定某一粒子。按启“正向”或“反向”键，使该离子移动至与投影屏上某一方格的纵线相重合（每一格距离为 100μm），再按下正向计时开关，使电极接通，此时粒子沿水平方向移动，至预定距离时立即复位开关。再按下反向计时开关，微粒再反向移动，至同等距离为止。测定时一般取 10～15 个粒子为一组，记录由显示器中显示出的计时数值和次数，然后取平均值后可得平均时间和速度，速度单位为μm/s。

① 微粒所带电荷的极性可由在投影屏上观察的粒子移动方向来判断。若粒子向右移动，同时右边的红色指示灯亮，表示胶体带负电荷；反之，带正电荷。指示灯亮的一边表示正极。

② 记录测定过程中的电压、电流值，并将被测液取出测其电导和温度，以备计算用。

③ 在测定过程中，为避免电极极化及电解产物对体系的影响，应常更换被测液。

6. 注意事项

开关“正向”和“反向”只使粒子移动，但不计时，主要用于使所找到的粒子移动到所需的刻线位置上。

7. 实验记录及讨论

（1）记录所测数据并计算被测胶体溶液的 ξ 电位。

（2）为什么一定要在静止层处进行微粒电泳速度的测定？

（3）试分析在电泳法测定中，影响胶体 ξ 电位值的因素有哪些？

实验 7 固体比表面的测定——单点 BET 容量法

1. 实验目的

（1）在简化装置上用容量法测定活性炭或其他固体粉末样品对氮气的吸附作用，并由 BET 多层吸附等温式计算活性炭的比表面积。

（2）了解单点法测固体比表面积的基本原理和操作。

2. 实验原理

1938 年 Brunauer、Emmett、Teller 三人提出了多分子层吸附理论，认为第一层吸附为气固吸附，第二层吸附实际上是气体分子之间的作用，即凝聚，并提出了著名的 BET 多分子层吸附等温式。

$$\frac{p}{V(p_0-p)}=\frac{1}{V_mC}+\frac{C-1}{V_mC}\times\frac{p}{p_0} \tag{7-1}$$

式中，p 为达吸附平衡时系统的压力；V 为达吸附平衡时的总吸附量；V_m 为吸附平衡时，单分子层饱和吸附量；p_0 为吸附平衡温度下，吸附质的饱和蒸气压（本实验为氮气）；C 为与吸附热有关的常数。

根据上述理论及公式，可以用多点容量法或单点容量法求得固体的比表面积。

所谓多点容量法是指不止测一个点，即由实验测得一系列 p、V 值，再以 $p/[V(p_0-p)]$ 对 p/p_0 作图，在 $p/p_0=0.05\sim0.35$ 之间为一直线。故解得斜率$=(C-1)/V_mC$，截距$=1/V_mC$，由此可计算出 C 和 V_m。因为 V_m 是在标准状态下，气体以单分子层覆盖全部表面积时所需的气体体积，所以，若已知其中包含的分子数及每个分子的横截面积就可求得总表面积 S。

$$S=n_A\delta=\frac{V_m N_0 \delta}{22400} \tag{7-2}$$

式中　n_A——以单分子层覆盖固体表面时吸附质的分子数；

N_0——阿伏加德罗常数；

δ——一个吸附质分子的截面积。

δ 值可按式(7-3) 计算出：

$$\delta=4\times0.866\left(\frac{M}{42N_0 d}\right)^{3/2} \tag{7-3}$$

式中　M——吸附质的相对分子质量；

d——吸附质在实验温度下的液体密度。

当吸附质为氮气时

$$\delta N_0=16.2\times10^{-20}$$

所以，固体的质量比表面积 S_m 和体积比表面积 S_V 均可求出：

$$S_m=\frac{\delta\times0.23\times10^{23}\times16.2\times10^{-20}}{22.4\times10^3} \tag{7-4}$$

$$S_V=\frac{S}{V}=\frac{n_A\delta}{V} \tag{7-5}$$

而所谓单点容量法，是指只需测得一个 p、V 值就可得到一条吸附等温线，从而求得固体比表面积的方法。因为 BET 公式中的常数 C 是与第一层吸附热和第二层凝聚热之差有关的物理量。对一定吸附质，吸附剂及吸附平衡温度为一常数。一般情况下，当 C 很大时，BET 公式中截距 b 就很小，公式可简化为式(7-6)

$$V_m=V(1-p/p_0) \tag{7-6}$$

令 $x=p/p_0$ 称为相对压力，则

$$V_m=V(1-x) \tag{7-7}$$

所以，只要求得一点的 p、V 值，就可作出一条通过原点的吸附等温线，并得到 V_m。再由 V_m 求出固体的质量比表面积 S_m

$$S_m=\frac{\varepsilon V_m}{m}=\frac{S}{m}$$

因为

$$\varepsilon=\frac{\delta\times0.23\times10^{23}\times16.2\times10^{-20}}{22.4\times10^3} \tag{7-8}$$

所以

$$S_m=4.36\times\frac{V_m}{m}=4.36\times\frac{V(1-x)}{m} \tag{7-9}$$

由此可看出，单点法比多点法操作大为简单。但必须注意只有在 $C\gg50$ 时才能用单点法，否则会引起较大的误差。

3. 实验仪器

(1) 此测定仪器除所附的供测量低温浴温度用的氧蒸气温度计外，为一整套玻璃装置(见图 7-1)。其中活塞 7 的左面为测量部（图 7-2)，右面为贮氮部。图中，A 为可拆卸的试验瓶，备有容积约为 22mL 和 40mL 两种规格。供装入被测试样用；B 为标有刻度作测量用的水银压力计；C 为贮氮瓶；D 为捕集瓶；1、3、4、6、7 为两通活塞，2、5、8 为三通活塞。活塞 5 与真空泵连接，也可使之通大气；活塞 8 在充氮气时使用。

(2) 氧蒸气温度计。氧蒸气温度计是一种低温温度计。用来测定液氮或液态空气浴的温

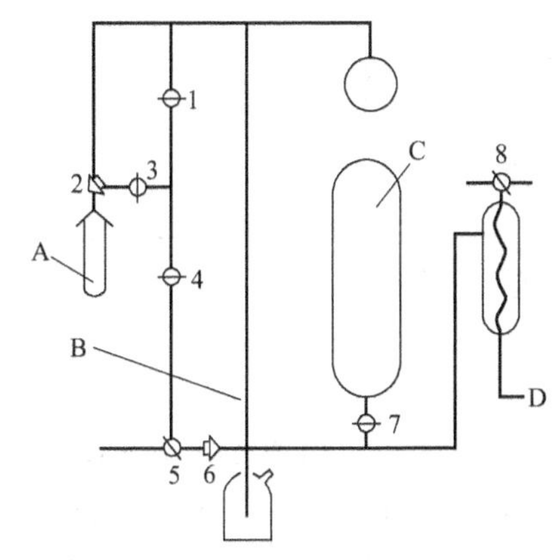

图 7-1 氮吸附法比表面测定仪

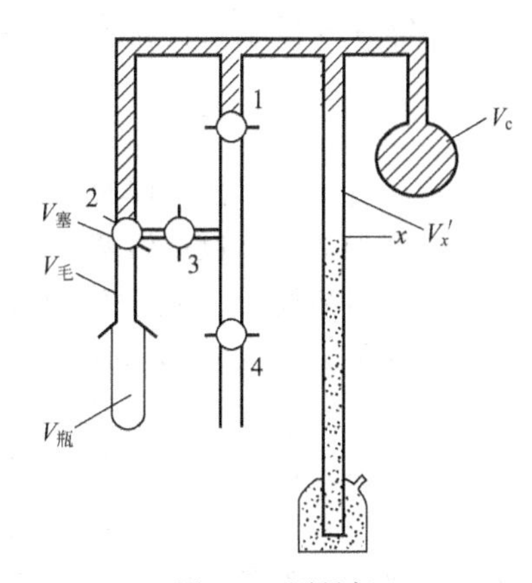

图 7-2 测量部

度。温度计内充有约 1atm(1atm=1.01×10^5Pa) 的纯氧。测量时将底部的球形测量端垂直插入低温浴后水银柱会下降，平衡时，读取两端水银柱之差 Δh 值，再根据 Δh 值在附表中查得相应的低温浴之绝对温度 T 及此温度下的饱和蒸气压 p_s。

4. 实验步骤

(1) 系统的检漏 先将系统内的活塞全部与真空泵接通。开启真空泵将系统抽空。真空情况可由高频火花真空检测器检测至为白色气流方可。

检漏方法：体系抽空后关闭活塞 5，观察水银压力计上的水银面是否有下降的现象。如有压降说明有漏气现象。否则，可认为封闭系统良好。若发现有漏气，应再进一步检查具体漏气部位，并给予堵漏。一般漏气主要是由于活塞处真空脂涂得不均匀，只要卸掉真空后取下活塞，擦净原有的真空脂重新涂匀，至不漏气为止。

(2) 贮氮瓶内充氮

① 关闭活塞 6、4、5。在捕集瓶 D 外套上液氮浴。液氮浴的目的是为了净化氮气。

② 先后开启活塞 8 和活塞 7，令纯净氮气缓慢进入贮气瓶中，约 10min 后，再依次关闭活塞 7、8，移去捕集瓶外液氮浴。

③ 开启活塞 6、5 及真空泵，使捕集瓶中沉积的杂质由真空泵抽净除去。贮于 D 瓶中的纯净氮气备测量时用。

(3) 仪器中有关容积的预先测定 每套仪器对测量部中的下述部分的体积均应预先准确测量，以方便比表面计算。这些部分是：

$V_{瓶}$——试样瓶的容积；

$V_{毛}$——试样瓶口至活塞 2 之间毛细管的容积；

$V_{塞}$——活塞 2 内孔道的容积（T 形通道的容积）；

V_x'——测量压力计中水银面读数 x 至刻度零点之间的容积；

V_c——图 7-2 中斜线所示部分的容积，也称死体积。

其中，$V_{瓶}$、$V_{毛}$、$V_{塞}$ 均可由水银称重法测得。V_x' 是预先选取内径 D 沿长度方向均匀的毛细管，其内径由显微镜准确测量后，根据下式计算而得：

$$V_x'=\frac{\pi D^2}{4}x_1 \tag{7-10}$$

式中 x_1——测量过程中的水银面高度 x 至零点间的长度，cm。

V_c 的测量是用气体膨胀法间接求得，具体步骤与后面叙述的测定样品比表面方法完全相同，只是不需加入样品。计算公式为：

$$V_c=\frac{(x_2-x_0)(\alpha AV_s+V_{x_2}+V_k)-(x_1-x_0)V_{x_1}}{x_1-x_2} \tag{7-11}$$

式中 x_0——测量部（包括试样瓶）抽真空后压力计读数，cm；

x_1——测量部（不包括活塞 2 至试样瓶的空间）充氮后压力计的读数，cm；

x_2——开启活塞 2，将氮气向试样瓶中膨胀后压力计的读数，cm；

V_k——为 $V_{塞}+1/2V_{毛}$，mL；

V_s——为 $V_{瓶}+1/2V_{毛}$，mL；

V_{x_1}——为压力计零点至读数 x_1 水银面之间的容积，等于 $(\pi D^2/4)x_1$，mL；

V_{x_2}——为压力计零点至读数 x_2 水银面之间的容积，等于 $(\pi D^2/4)x_2$，mL；

α——氮气在绝对温度 T 和吸附平衡压力 $p_2=x_2-x_0$ 时，低于理想气体的校正因子［当 T 与 77.4K 差得不大，p_2 在 10～25cmHg（1cmHg＝1333Pa）情况下，$\alpha=1.01$］。

$$A=(t+273.2)/T$$

式中 t——室温，℃；

T——低温浴温度，K。

上述 V_c 的测量需进行十次以上，取其平均值。将最后求得的这个 V_c 值与 V_{x_1} 相加得 V_x，即 $V_x=V_c+(\pi D^2/4)x_1$。作出 V_x-x 变化图，此图可由测量压力计读数 x 查出水银面以上用斜线所示的容积 V_x。

（4）固体比表面的测量

① 试样经干燥后，装入预先已知质量的试样瓶中，称重。然后在瓶磨口处涂上真空脂，套在装置上，与活塞 2 接通。

② 启动真空泵，将测量部抽至真空（注意应缓慢开启活塞 2、4、1、3，使之在与真空泵连接时不因突然减压而使细微的样品粉末被吸入毛细管内或带走）。保持一定抽空时间，使试样脱附，一般在密封良好的情况下，抽真空时间控制在 30min 左右，同时用高频火花真空检测器检查真空度，至玻璃管道内呈浅蓝色为主。如呈粉红色则需继续抽空或检查是否有漏气现象。

③ 抽空，检漏完毕后，关闭活塞 1、3、4 及将三通活塞 2 转至（λ）的位置，停泵，并立即转动活塞 5 使泵与大气接通（注意一定要通大气否则会使真空泵倒吸，将真空泵油抽到系统中来）。

④ 读出压力计 B 的读数 x_0，然后将低温浴（一般为液氮浴，也可用液态空气浴，其温度另外用氮蒸气温度计测量）套在试样瓶外，冷却液体应浸没试样瓶磨口以上之毛细管的二分之一。

⑤ 由贮氮瓶中放出氮气至管道内，随即关闭活塞 7，顺次开启活塞 6、4。然后再缓慢开启活塞 1，令氮气充入。使测量压力计 B 的水银柱徐徐下降至适当位置（充入氮气量可大体视样品表面积而异，只要使吸附平衡后的压力 $p_2=x_2-x_0$ 应在 10～25cmHg 之间为宜）。

⑥ 关闭活塞 1、4、6 后，记下测量压力计 B 的读数 x_1。然后将三通活塞 2 向左转至“⊣”位置。使粉样在低温浴的温度下吸附氮气，维持约 10min。待测量压力计 B 的水银面稳定后，读取读数 x_2，并将数据一一记录于表 7-1 中。

⑦ 将低温浴移开，让试样瓶逐渐回暖后将活塞 2 转到“┬”位置使系统放空。放空后，取下试样瓶。将瓶颈内壁的油脂用石油醚-丙酮溶液浸泡的棉花揩净。倾出试样，将瓶洗净烘干，以备下次使用。如接着再测第二个样品，则仪器的真空磨口上的油脂不必揩去，稍加

补充后，就可套上已装好样品且称过质量的另一个试样瓶。按上法再进行测量，并将数据填入表 7-1 中。

表 7-1 比表面测量数据记录

项目	数值	项目	数值
编号		x_1/cm	
试样密度		x_2/cm	
试样瓶编号		$V_{样品}=m/\rho$	
室温		V_1	
氧蒸气温度计读数		V_2	
ΔH		p_s	
瓶重 m_1/g		$p_1=x_1-x_0$	
瓶重+样品重 m_2/g		$p_2=x_2-x_0$	
样品重 m_3/g		V_s(样品瓶体积)	
x_0		$V'_s=V_s-V_{样}$	

5. 实验记录及讨论

(1) 求 V(即被测样品吸附的氮在 t、p_2 情况下的体积)

$$V=\frac{p_1(V_c+V_{x_1})}{p_2}-(V_c+V_{x_2}+V_k)-\alpha\frac{273.2+t}{T}V_s \tag{7-12}$$

式(7-12) 可由 $p_1V_1=p_2V_2$、$V_1=V_c+V_{x_1}$、$V_2=V+V_c+V_{x_2}+V_k+\frac{273.2+t}{T}\alpha V_s$ 求得。

(2) 求 V_0(即被吸附的氮在标准情况下的体积)

$$V_0=\frac{p_2}{76}\times\frac{273.2}{273.2+t}V=\frac{3.59p_2V}{273.2+t}$$

(3) 求 V_m(即在试样表面作单分子层吸附的氮在标准状态下的体积)。

$$V_m=\frac{p_s-p_2}{p_s}V_0$$

(4) 求 S_m(质量比表面积) 或 S_V(体积比表面积)

$$S_m=4.356\frac{V_m}{m}\quad(m^2/g)$$

$$S_V=4.356\frac{V_m\rho}{m}\quad(m^2/mL)$$

(5) 讨论

① 为什么实验中应控制相对压力 p/p_0 为 0.05～0.35?

② 测量“死体积”的目的何在?

③ 试估算当 $C>50$ 时，由单点法求算的固体比表面积与多点法所求的结果可能引起的误差。

附表

氧蒸气温度计与液氮或液空气的绝对温度 T 与饱和蒸气压 p_s 对照

ΔH	T/K	p_s	ΔH	T/K	p_s
297	77.0	126.2	313	77.4	131.5
301	77.1	127.5	317	77.5	132.9
305	77.2	128.9	321	77.6	134.2
309	77.3	130.2	325	77.7	135.5

续表

ΔH	T/K	p_s	ΔH	T/K	p_s
329	77.8	137.0	443	85.3	175.7
333	77.9	138.4	449	85.4	177.4
337	83.0	139.9	453	85.5	179.0
342	83.1	141.3	459	85.6	180.7
345	83.2	142.9	463	85.7	182.4
349	83.3	144.2	469	85.8	184.1
354	83.4	145.6	474	85.9	186.0
358	83.5	147.0	479	86.0	187.8
362	83.6	148.4	485	86.1	189.6
366	83.7	149.8	490	86.2	191.5
371	83.8	151.2	495	86.3	193.1
375	83.9	152.8	501	86.4	195.0
380	84.0	154.6	506	86.5	196.8
385	84.1	156.2	512	86.6	198.7
389	84.2	157.6	518	86.7	200.8
394	84.3	159.0	524	86.8	202.6
399	84.4	160.8	531	86.9	204.6
403	84.5	162.5	538	87.0	206.3
408	84.6	164.2	544	87.1	208.4
413	84.7	165.8	551	87.2	210.3
418	84.8	167.2	557	87.3	212.3
423	84.9	169.0	563	87.4	214.2
428	85.0	170.6	571	87.5	216.1
433	85.1	172.2	577	87.6	218.1
439	85.2	174.0	583	87.7	220.2

实验 8 润湿力的测定

1. 实验目的

(1) 掌握测定润湿力的帆布沉降法。

(2) 测定水和表面活性剂水溶液的润湿力。

2. 实验原理

润湿是液固两相间的界面现象。当液、固两相接触后，物系的表面自由焓降低，物系自由焓降低的多少即表示润湿程度的大小。

液体润湿固体表面的能力称为润湿力。对于光滑的固体表面则用液体与固体表面的接触角大小来衡量润湿的程度。对于固体粉末则用润湿热来表示润湿的程度。对于织物则用液体润湿织物的时间来测定润湿程度。最常用的是纱带沉降法、帆布沉降法和爬布法。

帆布沉降法是将一定标准规格的帆布浸入液体中，在液体未浸透帆布前。由于浮力将帆布悬浮在液体中；一定时间后，帆布被浸透，其密度大于液体的密度而下沉。不同液体对帆布润湿力的大小表现在沉降时间的长短上，以沉降时间作为比较润湿力大小的标准。

3. 实验仪器

21 支 3 股×21 支 4 股标准细帆布，剪成直径约为 35mm 的圆片（见图 8-1），每块经精度为 1/1000g 的天平称量，质量应在 0.38～0.39g 之间。

鱼钩：每个质量为 20～40mg，也可用同质量的细钢针制成鱼钩状使用。铁丝架：用直径为 2mm 的镀锌铁丝弯制。1000mL 烧杯（全高 140～150mm，外径 110～120mm）。台秤，容量瓶（1000mL）。

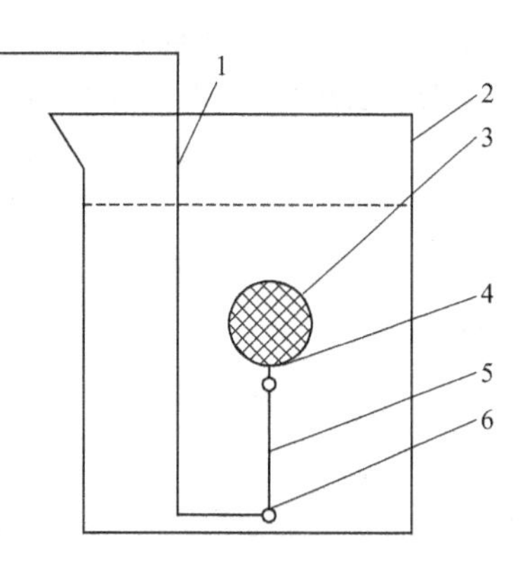

图 8-1　帆布沉降装置示意

1—铁丝架；2—烧杯；3—帆布圈；4—鱼钩；5—丝线；6—铁丝架小钩

4. 实验试剂

十二烷基硫酸钠。

5. 实验步骤

（1）配制 1g/L、1.5g/L、2g/L 十二烷基硫酸钠水溶液。

（2）按图 8-1，取 1000mL 被测液注入 1000mL 烧杯中。调节温度至 20℃±1℃。

（3）将鱼钩尖端钩入帆布圈距边约 2～3mm 处，鱼钩的另一端缚以丝线，丝线末端打一个小圈，套入铁丝架中心处（铁丝架搁在烧杯边上），开启秒表，于是帆布圈浸浮于试液中，其顶点应在液面下 10～20mm 处。

（4）液体润湿帆布，当帆布密度大于试液时，帆布圈开始下沉。至鱼钩下端触及杯底时即为终点。立即停止秒表，记录沉降所需时间。重复做 10 次试验，求取平均值。注意：将与平均值相差±20s 以上的除去后再求其平均值。

（5）按上述步骤分别测定纯水和 1g/L、1.5g/L、2g/L 十二烷基硫酸钠水溶液的润湿力。

（6）比较不同表面活性剂的润湿能力时，常用一标准润湿剂配成一定浓度的水溶液，使沉降时间在 120s 左右；然后将各种表面活性剂配成同样浓度的水溶液，测出沉降时间，求出相对润湿力。

6. 思考题

（1）温度变化对沉降时间有何影响？

（2）做好本实验的关键是什么？

实验 9　非离子表面活性剂的水数和浊点测定

1. 实验目的

（1）了解非离子表面活性剂水数和浊点测定的基本原理。

（2）掌握水数和浊点的测定方法。

2. 实验原理

1956 年 Greenwald、Brown 和 Fineman 提出用水滴定方法测定表面活性剂和油类的亲水、亲油性质。它是用来测定一种乳化剂在某种溶剂体系中对水的溶解性的方法。此方法是将 1g 试样溶于 30mL 含 4%苯的二氧六环中，以蒸馏水滴定至初呈不退的浑浊。所用水的体积（mL）即是该样品的水数。溶剂本身的水数约为 22.6。水数越大，表面活性剂的亲水性越强。此法可用于油类，故能直接指示将其乳化时所需乳化剂的类型。

和 HLB 值一样，混合物的水数也是可以加和的，并已证明水数与 HLB 值成正比，但是对于不同类型的表面活性剂，比例常数不同。

聚氧乙烯化合物在水溶液中溶解时，水分子借助于氢键对聚氧乙烯醚键上的氧原子发生作用。当分子中环氧乙烷数增加时，加合的分子数也相应增加，因而亲水性增强。但氢键结合相对较弱。当温度升高时，结合的水分子逐渐脱离，聚氧乙烯化合物即从水中析出，使原来透明的溶液变成浑浊。当温度下降时，溶液重新变为澄清。溶液呈现浑浊时的温度称为浊点。

3. 实验仪器

锥形瓶（50mL，6只）；烧杯（50mL、400mL，各1只）；滴定管（10mL，1支）；刻度移液管（1mL、5mL，各1支）；试管（30mL，1支）；电炉（1台）。

4. 实验试剂

苯；二氧六环；壬基酚；壬基酚聚氧乙烯醚。

5. 实验步骤

（1）水数测定

① Tx-i 的配制：根据加合规则，可由两种已知环氧乙烷加成数的壬基酚聚氧乙烯醚（Tx）样品近似地配制所需环氧乙烷加成数的壬基酚聚氧乙烯醚。例如由 Tx-2 和 Tx-10 配制环氧乙烷加成数为 4 的 Tx-4 方法如下。

设所需 Tx-2 的质量分数为 x，则 Tx-10 为 $1-x$

$$x\times 2+(1-x)\times 10=4$$

$$x=3/4$$

因此，分别称取 3 份 Tx-2 和 1 份 Tx-10 混合得 Tx-4。

据此分别配制 i 近似为 2、4、6、8、10 的壬基酚聚氧乙烯醚。

② 配制含 4%苯的二氧六环溶液

③ 测定水数。本实验用半微量法进行。准确称取 0.166g 样品置于 50mL 锥形瓶中，用移液管移入 5mL 4%苯的二氧六环溶液，使样品溶解。然后用蒸馏水滴定至初呈不退的浑浊。记下所用水的体积（mL），乘 6 即得水数。重复一次，两次滴定偏差不超过±0.3mL，取其平均值。

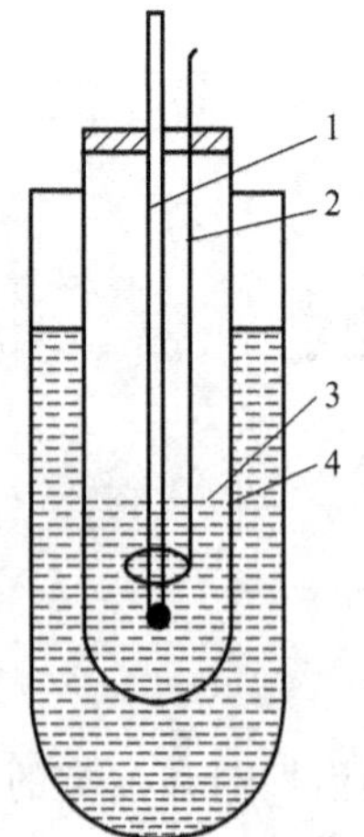

图 9-1 浊点测定装置

1—温度计；2—搅拌器；3—试液；4—试管

（2）浊点测定

① 配制浓度为 1%壬基酚聚氧乙烯醚（Tx-10）水溶液。

② 在试管中放入 10mL 左右该溶液，在此液体中浸入温度计，将试管浸入装有水的烧杯内（参见图 9-1）。

③ 用电炉加热烧杯，不断搅拌试管内液体，同时透过烧杯观察液体。当开始出现浑浊时立即记下此温度。此时，可把试管从烧杯内取出，观察浑浊液体变澄清时的温度，两次结果应一致。重复测定，直至几次结果一致为止。

6. 思考题

（1）水数、浊点、环氧乙烷加成数与非离子表面活性剂的亲水性之间有何关系？如果要做一个水包油的乳状液，应选何种类型的乳化剂？

（2）阴离子表面活性剂是否也有水数和浊点？为什么？

（3）如果非离子表面活性剂的浊点高于 100℃应如何测定？有时室

温高于浊点，又该如何测定？

实验10 乳状液的制备及其类型鉴别

1. 实验目的

（1）了解乳状液的基本原理。

（2）掌握制备乳状液及鉴别类型的方法。

（3）学习并掌握显微镜的使用方法。

2. 实验原理

乳状液是一个多相分散体系，其中至少有一种液体以液珠的形式均匀地分散于另一个和它不相混溶的液体之中，小液珠的大小一般为0.1～25μm。分散成小球状的液体称为内相（分散相、不连续相）。包围在外面的液体称为外相（分散介质、连续相）。

通常的乳状液是由水和不溶于水的有机液相（总称为“油”）组成。“油”是内相，水是外相的乳状液称水包油型，用O/W表示。水是内相，“油”是外相的乳状液称油包水型，用W/O表示。

由于乳状液是两个或两个以上互不相溶的液体形成的分散体系，乳化时界面面积大大增加，例如，$10cm^3$的油分散成半径为0.1μm的小液珠，界面面积约为$300m^2$，比原来增加10^6倍。这样界面自由能很大，所以乳状液是热力学不稳定体系。根据能量降低原则，分散相的液珠会自发地结合成大滴，以降低体系的能量，最后分为互不相溶的两相。所以一般油和水形成的乳状液是极不稳定的。要得到稳定的乳状液必须加入第三种物质，我们称为乳化剂。大部分的乳化剂是表面活性剂；另外某些固体粉末也可用作乳化剂，因为它们在分散相外面形成一层保护膜而使乳液稳定。

乳状液类型的鉴别，有以下几种方法。

（1）稀释法　此法根据乳状液是否易被其外相液体稀释来判别乳状液类型。

（2）染色法　此法利用只溶于一相的染料来判别乳状液的类型。

（3）电导法　此法利用水的电导远大于“油”的电导，因此水包油型乳状液的电导比油包水型乳状液的电导大得多。所以测定乳状液的电导便能确定乳状液类型。

由于只用一种方法来判别乳状液类型往往有一定的局限性，因此往往同时用几种方法来判别，取长补短，才能得到正确、可靠的结果。

3. 实验仪器

电导仪（1台）；电动搅拌器（1台）；离心管（1支）；显微镜（1台）；烧杯（100mL，2只）；移液管（1mL，1支）；具塞量筒（25mL，5只）；台秤（1架）；电炉（1台）。

4. 实验试剂

1%油酸钠水溶液；1%十二烷基硫酸钠水溶液；1%吐温-20（Tween-20聚氧乙烯失水山梨醇单月桂酸酯）水溶液；1%和10%明胶水溶液；0.1mol/L NaOH水溶液；甲苯；椰子油；硼砂；液体石蜡；蜂蜡；碳酸钙；膨润土；苏丹Ⅲ甲苯溶液；亚甲基蓝水溶液；$AlCl_3$；$BaCl_2$；NaCl。

5. 实验步骤

（1）乳状液的制备

① 取 1%油酸钠水溶液 10mL 放入 25mL 具塞量筒中，逐滴加入甲苯猛烈摇荡，每加 1mL 甲苯摇约 0.5min，直到甲苯总量为 5mL 为止。

② 取 1% Tween-20 水溶液 5mL 放入 25mL 具塞量筒中，逐滴加入甲苯猛烈摇荡，每加 1mL 甲苯摇约 0.5min，直到甲苯总量为 5mL 为止。

③ 在 5mL 0.1mol NaOH 水溶液中滴几滴至 2mL 椰子油，稍加摇动，观察现象并解释。

④ 冷霜的制备：取 0.25g 硼砂溶解在 10mL 水中。另取 5g 蜂蜡溶于 10g 液体石蜡中(需加热方能溶解)。当蜂蜡液尚未冷却时，在电动搅拌器下将液体蜂蜡液滴入水相。冷却后即得冷霜（油相加热 70℃，水相加热 90℃，然后冷却至 70℃将油相加入）。

⑤ 取 10mL 0.5%明胶水溶液。加入 1.5mL 甲苯摇动 2min。

⑥ 取 1mL 液体石蜡逐渐加到 10mL 1%明胶水溶液中同时猛烈摇动。

⑦ 取 5mL 甲苯加入 1.5mL 水，再加入 0.3～0.5g $CaCO_3$ 摇动后观察液珠大小。

⑧ 取 1mL 液体石蜡逐渐加到 10mL 1%膨润土水溶液中并猛烈摇动。

(2) 乳状液类型的鉴别

① 稀释法：将上述乳状液滴几滴到水中或油中观察其与水或油的混合情况。

② 染色法：取少量上述乳状液滴几滴苏丹Ⅲ甲苯溶液。另取少量乳状液滴加几滴亚甲基蓝水溶液。在显微镜下观察乳状液内外相的颜色。

③ 电导法：用电导仪测定乳状液的电导。

(3) 乳状液的液滴大小

取 2mL 上述乳状液加等体积的水稀释 1 倍，然后取出少量稀释的乳状液加少量 10%明胶混合均匀。取 1 滴此乳状液放到显微镜截片上，盖上小玻璃盖片在显微镜下放大观察，描述最大、最小液滴的大小及范围。仔细观察最小粒子的运动情况。

(4) 乳状液的变型

在 W/O 或 O/W 型乳状液中，加入某种物质后，可以变为 O/W 或 W/O 型的乳状液，这种现象称为变型。采用电导法测乳状液的变型较方便。

① 取 10mL 甲苯，逐渐加入 10mL 1%油酸钠水溶液，摇动后得 O/W 型乳状液。稍加 NaCl(约 0.1g) 以增加电导能力。倒入小烧杯中，插入电极，接通电路，测其电导。

向上述乳状液中加入一小粒 $AlCl_3$，摇动后再测，解释所见结果。放在显微镜下观察，加苏丹Ⅲ甲苯溶液，如为 O/W，油珠呈透亮的红色，如为 W/O，可看见连续相呈浅粉红色；加亚甲基蓝水溶液，如为 O/W，则可看到连续相呈不太亮的蓝色，如为 W/O，则可看到油珠呈蓝色。

② 取 5mL 1%十二烷基硫酸钠水溶液，逐渐加入 10mL 甲苯。摇动后用稀释法判断乳状液类型。向此乳状液中加入 3～4 滴 0.5mol $BaCl_2$，再用稀释法判别类型。

③ 向 10mL 甲苯中逐渐加入 10mL 1%油酸钠水溶液，摇动 2min，倒入小烧杯中测电导。再倒入具塞量筒加入 0.5g 干燥的 NaCl，摇动后再在小烧杯中测电导，解释实验结果。

(5) 用显微镜观察乳状液结构

显微镜的结构见图 10-1。

① 工作原理：光线由钨卤素灯发出，经聚光镜成平行光，然后聚光镜将外来光线聚在标本上，这样就照明了标本，便于观察，可变光栅或改变光栅孔径，可以适当调节照明亮度以便使用不同孔径的物镜观察时获得清晰的物像，也可以适当改变灯泡发光亮度，以适应观察需要。

② 操作方法：置显微镜于平稳的实验台上，镜座距实验台边沿约为 3～4cm 左右，镜检者姿势要端正，一般用左眼观察，右眼便于画图记录，两眼必须同时睁开，以减少疲劳，亦可练习左右眼均能观察。

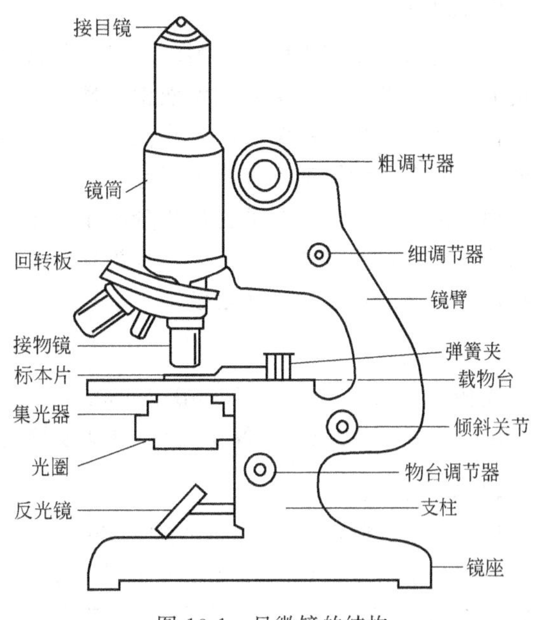

图 10-1　显微镜的结构

光源调节：使用人工光源时，将聚光器座上的定位销对准底座上的缺口，把聚光器插进底座并顺时针逆转使其紧固，打开电源开关，把亮度调节钮移至适当位置。使用天然光源时，将聚光器逆时针旋转到位后拿下，换上反光镜，反光镜有凹平两面，光线较强的天然光源，宜用平面镜；光线较弱的天然光源，宜用凹面镜，调节反光镜可获得明亮视场。

在对光时，要使视野内为均匀的明亮度，凡检查染色体标本时，光线应强，检查未染色标本时，光线不宜太强。光亮的选择可转动聚光镜架手轮使聚光镜上升或下降，再调节可变光栅，改变光栅孔径，以便获得适合各类标本的照明亮度。

为了需要，备有滤色片供使用，滤色片装于可变光栅下面的托架上，可得到选择的色泽。如用低倍物镜及用高倍物镜观察液体感到光源太强时，可将毛玻片装于可变光栅下部托架上使用，可得到暗淡光线。

将所观察的样品薄薄涂于载玻片上，然后放在工作台上夹住。

将标本移动到工作台中央，选用“10×”物镜观察。因为低倍镜视野较大，易发现目标和确定检查的位置，转动粗调手轮将工作台上升到距接物镜约 0.5cm 处，由接目镜观察，同时转动粗调手轮慢慢降下工作台。直至能在接目镜中见到标本形象，转动微调手轮即可得到清楚的物像。

转动工作台上纵向移动手轮使工作台同标本前后方向移动，转动横向移动手轮使标本左右方向移动，将所观察的物体移至视场中心，认真观察标本各部位。

使用完毕后，转动粗调手轮将工作台下降到底，再将亮度调节钮移到最小亮度处，最后关上电源开关。

6. 思考题

(1) 为什么制备乳状液要猛烈摇荡并分次加入油或水？

(2) 如何解释乳状液变型现象？

实验 11　乳状液的稳定性和破乳

1. 实验目的

(1) 了解影响乳状液稳定性的因素及测试方法。

(2) 了解破乳的原理和方法。

2. 实验原理

影响乳状液稳定性的因素很多，对乳状液稳定的理论也还在逐步发展，本实验主要观察乳化剂的种类及制备方法对乳状液稳定性的影响。采用离心法来观察乳状液的稳定性。

在许多工业生产中常会产生我们不愿要的乳状液。例如：开采出来的原油是W/O型乳状液。这种含水的原油不仅质量不好，而且严重腐蚀设备，所以必须破坏乳状液。乳状液的破坏称为破乳。一般认为破乳过程分两步：第一步为絮凝，分散相的液珠聚集成团，但各液珠仍然存在，这是可逆过程；第二步为聚结，这些团形成大液滴，这是不可逆过程，导致液滴数目减少，最后乳状液完全破坏。

3. 实验仪器

烧杯（50mL，5个；100mL、150mL，各3个）；量筒（10mL，1只）；具塞量筒（10mL、25mL、100mL，各1只）；电动搅拌器；电炉。

4. 实验试剂

1%十二烷基硫酸钠水溶液；1% Tween-20水溶液；1%斯盘-20(Span-20山梨糖醇酐单月桂酸酯）水溶液；1% Tx-10[壬基酚聚氧乙烯醚(10)] 水溶液；2%油酸钠水溶液；4% $AlCl_3$ 水溶液；10%十六醇甲苯溶液；邻苯二甲酸二丁酯；三乙醇胺；油酸；液体石蜡；石油醚；苯；戊醇；甲苯；冰醋酸。

5. 实验步骤

(1) 影响乳状液稳定性的因素

① 乳化剂对乳状液稳定性的影响　将1%十二烷基硫酸钠水溶液10mL放入50mL烧杯中，开动电动搅拌器，在1min内滴加入5mL邻苯二甲酸二丁酯，加完后继续搅拌2min。

在10mL 1% Tween-20、Span-20、Tx-10溶液中，用同样方法滴加5mL邻苯二甲酸二丁酯制成乳状液。

将上述四种乳状液分别倒入四支离心管中（使液层高度相同），静置或离心1min和5min后观察现象。

② 乳化剂加入方式对乳状液稳定性的影响

a. 剂在油中法：将0.5g三乙醇胺、0.5g油酸和7.2g液体石蜡混合。在50mL烧杯中放入17mL水，搅拌下将上述混合液在1min内滴加完，继续搅拌2min。

b. 剂在水中法：在50mL烧杯中放入0.5g三乙醇胺、0.5g油酸和17mL水混合。在搅拌下将7.2g液体石蜡在1min内滴加完，继续搅拌2min。

c. 瞬间生皂法：先将0.5g油酸和7.2g液体石蜡混合，然后在50mL烧杯中放入0.5g三乙醇胺和17mL水，搅拌下将油酸和液体石蜡的混合液在1min内滴加完，继续搅拌2min。

将三种方法得到的乳状液分别倒入三支离心管中，静置或离心1min、3min比较结果。

③ 混合乳化剂对稳定性的影响

a. 在10mL具塞量筒中放入2mL石油醚和0.5mL 1% Tween-20水溶液，摇动后观察结果。另取2mL石油醚放入10mL具塞量筒中，加入少量Span-20使其溶解，再加入0.5mL 1%的Tween-20，摇动后比较结果。

b. 按下述方法制备乳状液。从外观和离心结果比较乳状液稳定性。

在25mL具塞量筒中加入5mL 1%十二烷基硫酸钠水溶液和5mL 10%十六醇甲苯溶液，摇动1min。

在 25mL 具塞量筒中加入 5mL 1%十二烷基硫酸钠水溶液和 5mL 甲苯，摇动 1min。

将上述两种乳状液分别倒入两支离心管中（使液层高相同），静置或在离心机上离心 1min 和 5min 观察结果。

（2）破乳

① 制备乳状液　取 20mL 2%油酸钠溶液放入 100mL 具塞量筒（或磨口锥形瓶）中，每次加入苯 2mL，剧烈振荡 0.5min，直至加入 20mL 苯为止。

② 破乳

a. 取上述乳状液 2mL 于试管中，加入 2mL 戊醇，剧烈振荡后静置数分钟，观察发生的变化。

b. 取上述乳状液 2mL 于试管中，缓慢加入 2mL 冰醋酸，观察其变化情况。摇荡后静置，观察发生的变化。

c. 取上述乳状液 2mL 于试管中，加入 2mL 4%的 $AlCl_3$ 溶液。摇动后，观察发生的变化。

d. 取上述乳状液 2mL 于试管中，加热至沸腾，观察发生的变化。

6. 思考题

（1）总结实验中观察到的乳化剂及乳化剂加入方式对乳状液稳定性的影响。

（2）总结破乳方法，并用所学表面化学知识进行解释。

实验 12　固-液界面上的吸附

1. 实验目的

（1）了解固-液界面的吸附作用。

（2）用实验验证 Langmuir 吸附公式及 Freundlich 经验公式。

（3）测定活性炭-醋酸溶液吸附的饱和吸附量 Γ_∞，并由此计算活性炭的比表面积。

2. 实验原理

固体吸附剂如活性炭、氧化铝、硅胶等在溶液中对溶质有较强的吸附能力。这种吸附能力常用吸附量 Γ 表示。吸附量用单位质量的吸附剂吸附溶质的量来衡量。因此可由吸附前后溶液浓度的变化来计算：

$$\Gamma=\frac{(c_0-c)V}{m}$$

式中　c_0，c——分别为吸附前后溶液的浓度；

V——溶液的体积；

m——吸附剂的质量。

因此凡是能测定浓度的实验方法，在溶液吸附中都可得到应用。

固体在溶液中对溶质的吸附作用，由于溶剂的存在而变得复杂。固体对溶剂的吸附使吸附剂表面形成溶剂化层从而影响了对溶质的吸附。这种现象在高浓度时比较突出。基于这种情况，至今只能将气体吸附的某些公式在固-液吸附中应用。常用的公式如下。

（1）Langmuir 吸附等温式　这是固-气吸附公式。假设吸附是单分子层的；相邻两个被吸附分子之间没有作用力；吸附剂表面是均匀的；吸附平衡是动态平衡。在这些假设下，导出了 Langmuir 吸附等温式：

$$\Gamma=\Gamma_\infty\frac{Kc}{1+Kc} \quad 或 \quad \frac{c}{\Gamma}=\frac{c}{\Gamma_\infty}+\frac{1}{K\Gamma_\infty}$$

式中 Γ——吸附量；

Γ_∞——单分子层的饱和吸附量；

c——平衡浓度；

K——常数。

从实验得到 Γ 与 c 后，用 c/Γ 对 c 作图，从斜率和截距可求出 Γ_∞ 和 K。若知道每个分子在吸附剂上所占面积，就可计算固体比表面积。

$$S=\Gamma_\infty NA$$

式中 N——Avogadro 常数，6.02×10^{23}；

A——饱和吸附时每个分子所占面积。

（2）Freundlich 经验公式 Freundlich 在考察了大量的吸附等温线后，提出了经验公式：

$$\Gamma=K'C^{1/n} \quad 或 \quad \lg\Gamma=\lg K'+\frac{1}{n}\lg c$$

从实验得到 Γ 和 c 值后，用 $\lg\Gamma$ 对 $\lg c$ 作图，可求得常数 K' 和 n 值。

3. 实验仪器

带塞锥形瓶（150mL，6 只）；锥形瓶（150mL，2 只）；漏斗（6 只）；大试管（6 只）；移液管（25mL、50mL、100mL，各 2 只；20mL、110mL，各 1 只）；碱式滴定管（50mL，1 支）；称量瓶（1 只）；振荡器（附恒温水浴，1 台）。

4. 实验试剂

活性炭；0.04mol/L 醋酸；0.1mol/L NaOH；3mol/L 盐酸溶液；酚酞指示剂。

5. 实验步骤

（1）活性炭预处理

① 150℃烘 4～5h，保存在干燥器中备用。

② 用 2mol/L 或 3mol/L 盐酸浸没活性炭，在水浴上加热 0.5h，抽滤后，用蒸馏水洗至 pH5～6。滤干，在 150℃烘 8h。

（2）取 6 只洗净、干燥的 150mL 带塞锥形瓶，编号，每瓶称取活性炭 1g 左右（称准至 mg）。按下表加入各种不同浓度的醋酸溶液各 100mL。

瓶号	1	2	3	4	5	6
0.4mol/L HAc/mL	0	0	0	25	50	100
蒸馏水/mL	75	50	0	75	50	0
0.04mol/L HAc/mL	25	50	100	0	0	0

（3）各瓶加好醋酸溶液后，用磨口塞塞好，并束以橡皮筋，置 25℃±0.2℃恒温水箱中振荡 1h，达吸附平衡。

（4）用已标定的 0.1mol/L NaOH 溶液准确标定 0.4mol/L 和 0.04mol/L 醋酸，以求出每只样品的 c_0。

（5）振荡完毕后，滤去活性炭（漏斗与接受器必须干燥），用 0.1mol/L NaOH 标准溶液滴定，以得到平衡时的 c_0（由于各瓶醋酸浓度不同，故称滤液量应不同：1、2 号取 40mL，3、4 号取 20mL，5、6 号取 10mL）。

6. 思考题

(1) 从 c_0 和 c 值计算吸附量。V 单位为 L，m 单位为 g。

(2) 按 Langmuir 吸附等温式处理，作 c/Γ-c 图，求 Γ_∞。

(3) 按 Freundlich 经验式处理，作 $\lg\Gamma$-$\lg c$ 图，求 K' 及 $1/n$。

(4) 设醋酸分子在固体表面上所占的面积为 $24.3\times10^{-20}\,m^2$，试计算活性炭的比表面积。

实验 13 色谱法测定表面活性剂的 HLB 值

1. 实验目的

(1) 了解色谱法测定表面活性剂 HLB 值的基本原理。

(2) 掌握气-液色谱法的一般操作技术。

(3) 测定表面活性剂的 HLB 值。

2. 实验原理

在表面活性剂的应用中，人们发现当它的亲水和亲油性质平衡时，其效率最高。为使这一概念定量化，1949 年 Griffin 首先提出 HLB(hydrophile-lipophile balance) 值。每个表面活性剂有它的 HLB 值。由 HLB 值就可知道它宜作何用途。这为选择表面活性剂提供了方便。表面活性剂的 HLB 值越大，它的亲水性越强。Griffin 提出了用乳化实验和从分子结构来计算 HLB 值的方法。但实验方法冗长繁杂，从分子结构计算也没有统一可靠的方法。因此希望发展一种快速而又能重复的实验方法。

从 HLB 值的定义可知，它显然与表面活性剂分子的极性有直接关系，因此任何作为此种极性的直接量度参数，也必然是 HLB 值的函数。

在气-液色谱中，固定液相对流动相混合物的分离能力是依赖于液相对混合物各组分极性的。所以，用表面活性剂作为固定液相时，其分离混合物各极性组分的能力，可以作为 HLB 值的一种良好的量度。

根据这一原理，我们将表面活性剂作为固定液相涂布于担体上，注射含有已知极性和非极性的混合物，以测量作为固定液相的表面活性剂的极性。实验证明，乙醇和正己烷的等体积混合物作为流动相混合物最佳。表面活性剂极性的定义是两组分的保留时间比：

$$\rho=\frac{R_{\mathrm{EtOH}}}{R_{\mathrm{Hex}}} \tag{13-1}$$

式中 ρ——表面活性剂的极性；

R_{EtOH}，R_{Hex}——分别为乙醇和正己烷的保留时间（见图 13-1）。

对于表面活性剂中含有较多自由多元醇时，式(13-1) 须进行校正。

$$\rho=\frac{R_{\mathrm{EtOH}}-R_{\mathrm{air}}}{R_{\mathrm{Hex}}-R_{\mathrm{air}}}=\frac{R'}{R''} \tag{13-2}$$

式中 R_{air}——空气峰的保留时间，或称死时间，也就是气体经色谱柱空隙需要的时间。

这样经校正后的保留时间 R' 和 R'' 才是真正代表组分保留在液相中的时间。

ρ 随温度而变，故采用折中温度 80℃，在此温度下大部分非离子表面活性剂为液体。ρ 还与仪器及操作条件有关，因此在保持同样的条件下实验，消除这些影响，使 ρ 值只与表面活性剂有关。这在实验上是可以做到的。

对于非离子表面活性剂来说，极性参数 ρ 与 HLB 值的关系是一条合理的直线。

$$\text{HLB 值}=K\rho-b \tag{13-3}$$

斜率 K 与柱类型有关，b 与试样体系的类型及柱效率有关。实验证明，当 ρ 用校正值并取其对数形式时，将大为改善 ρ 与 HLB 值的线性关系。

$$\rho=K'\lg\frac{R_{\text{EtOH}}-R_{\text{air}}}{R_{\text{Hex}}-R_{\text{air}}}+b' \tag{13-4}$$

因此当测定出数种已知其表面活性剂的保留时间比之后，以 HLB 值对 $\lg\rho$ 作图可得到工作曲线（见图 13-2）。对任何新的表面活性剂，只需测得保留时间比，就可从工作曲线上得到 HLB 值。

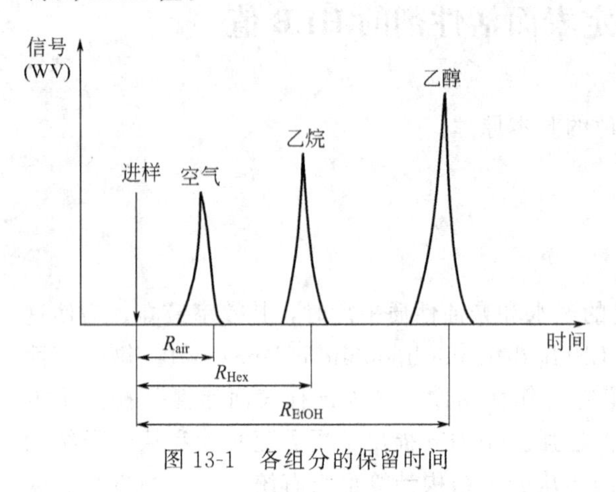

图 13-1　各组分的保留时间

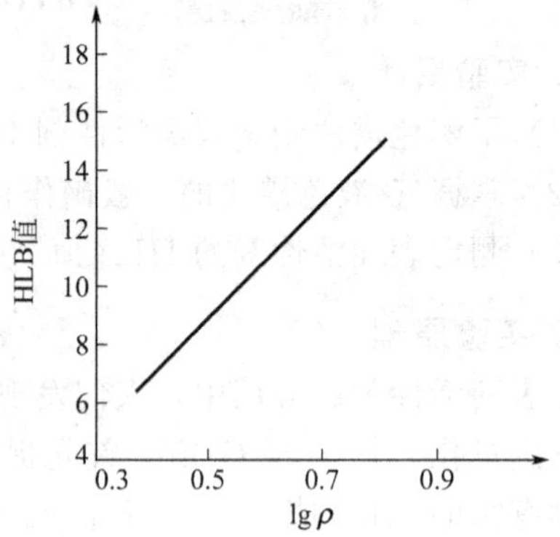

图 13-2　HLB 值与 $\lg\rho$ 的工作曲线

由于 HLB 值有加和性，当 HLB 值分别为 a、b、c…的表面活性剂以 x、y、z…的比例混合，混合后的 HLB 值可按下式计算：

$$\text{HLB 值}=\frac{ax+by+cz+\cdots}{x+y+z+\cdots} \tag{13-5}$$

因此选择两种已知 HLB 值的表面活性剂，可以配出一系列有不同 HLB 值的混合表面活性剂。这样可以在标准表面活性剂有限品种和数量的情况下，达到绘制工作曲线的目的。

3. 实验仪器

带热导检测器的色谱仪；微量注射器；秒表；真空泵。

4. 实验试剂

H_2 气；N_2 气；担体 6201，60/80；Tween-20；Span-80；CH_2Cl_2；乙醇；正己烷。

5. 实验步骤

（1）试样固定液的涂布　共制备四份试样：Tween-20；Span-80；70% Tween-20，30% Span-80；70% Span-80，30% Tween-20。每份试样的总量皆为 1g，并用 35mL CH_2Cl_2 溶解，再各加入 12g 担体 6201，以试样溶液刚刚浸没担体为宜。用旋转蒸发器在真空下脱除溶剂。

（2）色谱柱的装填　采用泵抽装柱法。不锈钢柱：内径 4mm，长 2m 的螺旋柱。先将柱的一端用纱布堵住，并接上安全瓶和真空泵，柱的另一端接上一漏斗，将上述单体加进柱中，开动真空泵，同时不停地轻轻敲打色谱柱，填料即不断地被抽进柱中，至不再进入为止。要求填料柱内尽量充填均匀。不要猛烈敲打，以防担体破碎。柱填好后，安全瓶通大气，关泵。取下漏斗，在两端用玻璃棉塞住。

（3）色谱柱老化　将装填好的色谱柱接到色谱仪的气路中，装柱时接真空泵的一端应接检测器的进口端，柱的另一端应接气化室。检查气路无漏泄，则在柱温130℃、载气（N_2）流速5～10mL/min的条件下老化6～8h。

老化的目的是：①彻底除去担体上残留溶剂和挥发性物质；②试样、固体液在担体表面有一个再分布过程，使其涂布得更均匀牢固。但在老化时，柱子要与检测器断开，以防污染检测器。

（4）测定相对保留时间比　柱经老化后，把检测器接入气路，并把N_2气改成载气H_2气。测试条件为柱温（80±0.2）℃，热导检测器桥流140mA。等体积乙醇-正己烷每次进样量2μL及空气80μL，记录空气、正己烷、乙醇的保留时间。如此每根柱样测定6～10次，取保留时间的平均值。根据式(13-2)，计算保留时间比ρ。

（5）作HLB值-lgρ图　从手册上查得Tween-20、Span-80的HLB值，并根据式(13-5)计算另两份混合表面活性剂的HLB值。从实验得ρ，作HLB值-lgρ图，此即测定HLB值的工作曲线。

（6）查表面活性剂的HLB值　对于任何新的表面活性剂可按上法测出ρ值，然后在HLB值-lgρ图上查得该表面活性剂的HLB值。

6. 思考题

（1）HLB值的物理意义是什么？

（2）你认为影响本实验结果的因素有哪些？

第3部分　工艺合成及质量控制实验

Ⅰ　工艺合成

实验14　对丙酰基苯基环己烷的合成

1. 实验目的

（1）学习对丙酰基苯基环己烷的合成原理。

（2）掌握无水反应操作方法与工艺步骤。

2. 实验原理

丙酰氯和环己烯在三氯化铝的催化作用下，首先发生烯烃的亲电加成反应生成中间体(a)，在三氯化铝催化下，(a) 转变成中间过渡态 (b) 与 (c)，接着与苯环发生 Friedel-Crafts 反应即可形成目标产品。整个合成过程表示如下：

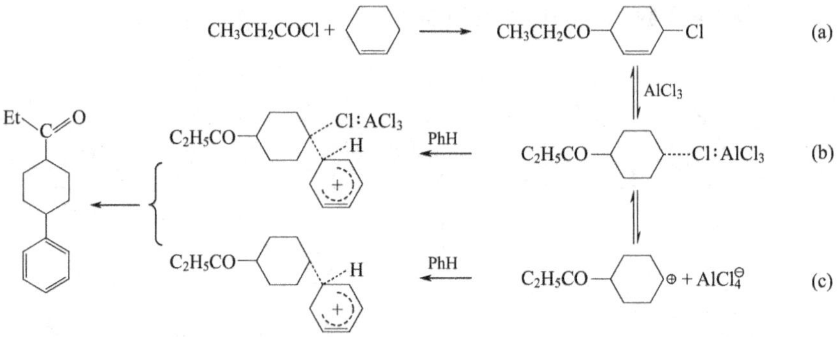

CH_3CH_2COCl + 环己烯 ⟶ CH_3CH_2CO—(环己基)—Cl　(a)

$\rightleftharpoons$ $AlCl_3$

C_2H_5CO—(环己基)······$Cl:AlCl_3$　(b)

$\rightleftharpoons$

C_2H_5CO—(环己基)$^{\oplus}$ + $AlCl_4^{\ominus}$　(c)

PhH

在反应过程中，生成的中间体总是与三氯化铝形成 1∶1 的配合物，而配合物中的三氯化铝不起催化作用，显然，1mol 的中间体要消耗 1mol 的三氯化铝，实际上三氯化铝要过量10%～50%。

3. 实验仪器

三口反应烧瓶（2套）；蒸馏装置（1套）；制冰机或冰箱（1台）。

4. 实验试剂

苯；丙酰氯；无水三氯化铝；环己烯；乙醇；氯仿；丙酮。

5. 实验步骤

在装有温度计，机械搅拌和回流冷凝管的250mL三口烧瓶中，投入100mL苯，再加入18g三氯化铝。开动搅拌，在冰浴中降温至0～5℃。将已经冷却至5℃左右的丙酰氯和环己烯混合液（9.3g丙酰氯和8.2g环己烯）缓缓加入，控制温度低于35℃，加毕（约10min），体系温度达到约35℃，维持此温度反应2h[TCL(薄板层析) 检验反应终点]，将反应物加入另一个装有温度计、机械搅拌和回流冷凝管，并盛有230mL水的500mL三口烧瓶中水解（温度不超过50℃）直至无氯化氢气体放出（用刚果红试纸检验），苯层洗涤至中性，蒸馏回收溶剂苯。剩余即为粗产品，气相色谱检验纯度并计算产率。

6. 注意事项

（1）所用药品及仪器必须干燥无水，否则产率很低。

（2）丙酰氯极易水解，因此使用前后必须注意密封。

（3）该反应为强放热反应，必须将反应体系降到足够低的温度，才能够很好地控制反应。

（4）反应过程中用的溶剂苯，毒性较大，因此，反应应尽可能在通风橱内进行。

7. 思考题

（1）假如该反应过程中，不小心进入少量水，应该如何处理？说明理由。

（2）如何制备丙酰氯？比较每种制备丙酰氯工艺的优劣。

（3）该酰化反应与烷基化反应的终点如何检验？

（4）如何知道水解反应进行完毕？

（5）该工艺进行工业化时还要注意哪些问题？需要何种设备？

（6）画出整个工艺流程框图。

实验 15　2-巯基苯并噻唑的高压合成

1. 实验目的

（1）学习 2-巯基苯并噻唑的高压合成原理。

（2）熟悉高压反应釜的安装和操作方法与步骤。

2. 实验原理

2-巯基苯并噻唑又叫促进剂 M，是以苯胺（$PhNH_2$）、二硫化碳（CS_2）和硫黄（S）为原料，在 260～280℃、8.0～10.0MPa 条件下，苯胺和二硫化碳反应先生成二苯硫脲，再与硫黄生成苯氨基苯并噻唑，最后转化为促进剂 M，整个反应过程可表示如下。

$$2\,PhNH_2 + CS_2 \longrightarrow PhNH\text{-}C(=S)\text{-}NHPh + H_2S$$

$$PhNH\text{-}C(=S)\text{-}NHPh + S \longrightarrow \text{(苯并噻唑)}\text{-}SH + PhNH_2$$

副反应

$$PhNH_2 + CS_2 \longrightarrow \text{(苯并噻唑)} + H_2S$$

总反应

$$PhNH_2 + CS_2 + S \xrightarrow[8.0\sim10.0MPa]{260\sim280℃} \text{(苯并噻唑)}\text{-}SH + H_2S$$

世界上主要生产促进剂 M 的大公司和大集团（如美国、荷兰联营的 Flexsys 公司、德国 Bayer 公司、美国 Crompton 公司和日本的大内新兴公司等）都采用苯胺法路线进行促进剂 M 的生产。

3. 实验仪器

高压反应釜（1台）；X-4型显微熔点测定仪（1台）；纯化助剂M所用的玻璃仪器（1套）。

4. 实验试剂

二硫化碳；苯胺；硫黄；氢氧化钠；硫酸；乙醇；30%氢氧化钠；30%稀硫酸；广范试纸（pH 1～14）；碳酸钠；酚酞试剂。

5. 实验步骤

按照 $n(PhNH_2):n(CS_2):n(S)=1.0:1.4:1.3$，在高压反应釜中依次加入苯胺、二硫化碳和硫黄，封盖后在260～280℃下反应2h。将合成反应物料倾入不锈钢碱溶釜，经氢氧化钠处理后，倾入不锈钢变化釜内，加适量的硫酸，析出树脂，过滤，滤液加入硫酸酸化，目标分子析出，过滤干燥即得促进剂M。测定其熔点。

6. 注意事项

（1）二硫化碳与苯胺都有一定毒性，实验过程中应该特别小心，不要接触眼睛和呼吸道。

（2）高压反应釜上的压力表应该用隔膜压力表或不锈钢压力表。

（3）封盖时，应注意对角紧螺栓，否则容易将高压釜密封面损坏。

（4）由于反应中形成大量硫化氢，因此，打开釜盖前，缓缓打开排气顶针，以防硫化氢冲开气体吸收装置产生泄漏（注意压力的变化，防止碱液倒吸现象），完全无硫化氢放出时，打开釜盖进行后续处理。

（5）加热过程中，当温度接近260℃时，要降低升温速度（1.0～1.5℃/min），以免发生爆箔现象。

7. 思考题

（1）反应粗产物经历了两次酸化过程，两个过程的主要目的各是什么？对溶液的pH有何要求？

（2）该工艺过程主要问题是什么？工业上采用什么办法来解决这些问题？

（3）如何计算反应形成的硫化氢？形成的硫化氢如何处理？

（4）该反应过程中还形成了一定量的树脂，如何进行处理？

（5）有人用硝基苯代替部分苯胺进行助剂M合成取得成功，使分析其化学原理，如果全部用硝基苯代替苯胺，能否合成助剂M？说明理由。

（6）制备2-巯基苯并噻唑还有哪几种方法？

（7）原料中含有硝基苯对反应有何影响？你对这个问题是如何处理的？

（8）如何提高2-巯基苯并噻唑的收率？画出助剂M合成过程的工艺流程框图。

实验16 对硝基甲苯的催化氢化

1. 实验目的

（1）学习由对硝基甲苯催化加氢合成对甲基苯胺的原理。

（2）熟悉高压反应釜的安装和操作方法与步骤。

2. 实验原理

硝基化合物还原可以得到相应的氨基化合物，文献上报道的还原方法有五种：①铁、锌等活泼金属或二氯化锡等低价金属盐在酸性条件下还原；②硫化碱还原；③电化学还原；④水合肼还原；⑤催化氢化还原。方法①产率较高，但有大量的金属氧化物残渣与无机盐残渣形成；方法②同样需要大量硫化碱，会造成环境污染，同时，对多硝基化合物来说，硫化碱不能够将其全部还原，还原副产物较多，分离纯化困难；方法③有一定应用前景，但还原过程中电极极化现象使还原效率较低，同时还原副产物较多，后处理麻烦，目前仅仅停留在研究阶段，无法工业化生产；方法④需要过量较多的水合肼，同时需要铁盐作催化剂；方法⑤催化氢化是目前较为流行的工业化方法，该工艺化需要用 Raney Ni、Pd/C、Pt/C 等催化剂，其中 Raney Ni 成本最低，但活性差，还原反应常常在较高温度与较高压力下进行，催化剂容易中毒。Pd/C 与 Pt/C 催化剂活性高，使反应能够在相对较低的温度与压力下进行，个别甚至在常温常压下就能够进行。整个反应过程表示如下。

$$Me-C_6H_4-NO_2 + H_2 \xrightarrow[0.6\sim0.8MPa]{60\sim70^\circ C} Me-C_6H_4-NH_2 + H_2O$$

3. 实验仪器

高压反应釜（1台）；X-4 型显微熔点测定仪（1台）；纯化对甲基苯胺所用的玻璃仪器（1套）。

4. 实验试剂

对硝基甲苯；氢氧化钠；乙醇；浓盐酸；丁醇；丙醇；氨水；异丙醇；苯；乙醚。

5. 实验步骤

在 150mL 高压釜中，加入 50mL 无水乙醇，将 2g 干燥的硝基物加入并加电磁搅拌使硝基物溶解。然后加入 5% Pd/C 催化剂 0.1g，待催化剂与反应体系混合均匀后，封盖。在 0.6～0.8MPa、65℃±5℃下反应 3～4h。冷却至室温，开釜后加入几滴浓盐酸使呈酸性（pH≤3），加入约 0.1g 保险粉，充分搅拌，过滤除去催化剂（回收），得到无色透明液体。在搅拌下滴加 10%氢氧化钠溶液至其对石蕊试纸呈碱性。然后每次用 2×25mL 乙醚萃取，合并醚萃取液，用粒状氢氧化钠干燥 15min。然后将乙醚溶液滤入已称重的圆底烧瓶或锥形瓶中，水浴蒸馏回收乙醚。称量残留物质量，并测定其熔点。

6. 注意事项

（1）高压釜封盖时应对角拧紧螺栓，封盖后，用氮气检查是否漏气。检查方法是，将氮气充入高压釜直至 1.0MPa，然后将高压釜没入水中，应该无气泡放出。

（2）当高压釜不漏气时，应该用氮气置换釜中空气 3 次，然后，用氢气置换氮气 3 次。

（3）打开与关闭氮气钢瓶与氢气钢瓶的减压阀时，应该均匀用力，以免将减压阀损坏。

（4）反应开始后，高压釜氢压缓缓下降，当高压釜氢压不再变化时，还原反应完成。

（5）反应结束时，应该先将高压釜温度降至室温后，再缓缓打开放气阀门，全部卸压后开釜进行后续处理。

7. 思考题

（1）假如没有检查高压釜是否漏气，可能会出现哪些后果？

（2）高压反应采用何种搅拌方式最好？说明理由。

（3）硝基化合物还原都有哪些方法，分析每种方法的优缺点。

（4）烯烃、羰基化合物、硝基化合物都能够被氢气还原，比较它们进行催化氢化反应的难易。

（5）如何检验最终产品的质量？

实验 17 聚苯乙烯的合成

1. 实验目的

（1）学习自由基聚合的基本原理。

（2）通过合成具有代表性的聚合物——聚苯乙烯，了解聚合物的构造及性能状态。

2. 实验原理

苯乙烯的聚合是以自由基链反应历程而进行的最普通的聚合。该反应是由一种易分解成自由基的化合物（在本实验中的引发剂是过氧化苯甲酰）所引发。整个过程如下。

（1）链引发

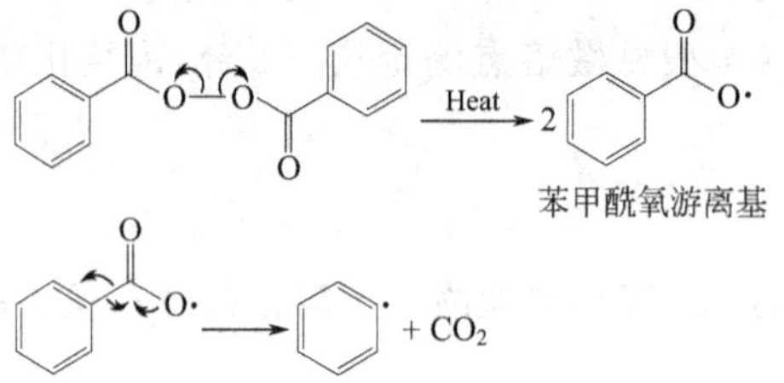

Heat 2

苯甲酰氧游离基

$+ CO_2$

（2）链增长

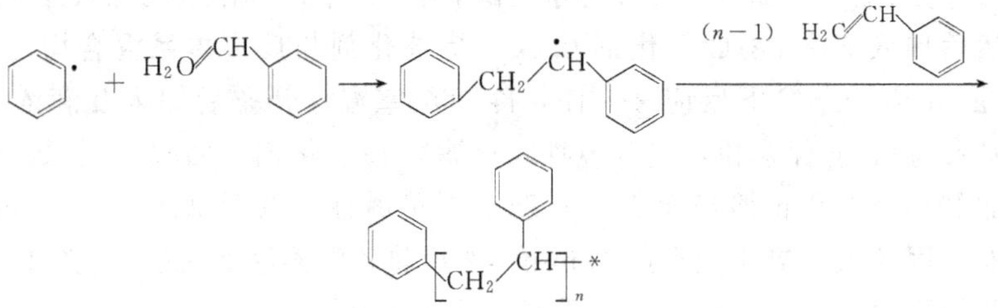

H_2O CH CH_2 CH $(n-1)$ H_2C CH

CH_2 CH n *

（3）链终止

CH_2 CH n *

CH_2 CH n

CH_2 CH n * + * CH_2 CH_2 n

CH_2 CH n CH CH_2 n

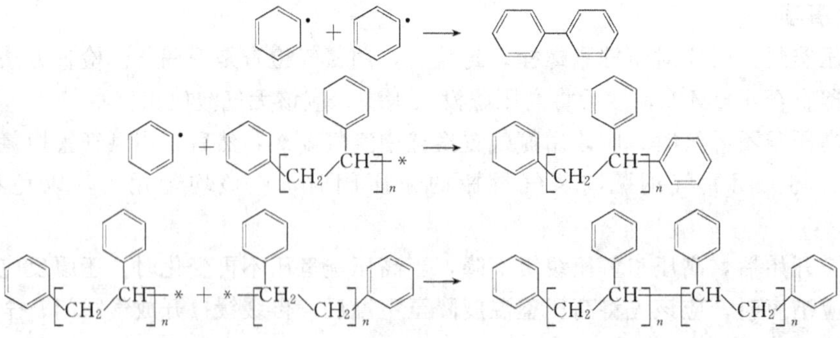

在链终止之前，有多至5000个链节相互加聚，这里提供的引发基的量相当于最终生成的聚合物的相对分子质量，仅占很小的比例（约0.02%）。终止可发生在两个基的结合（不是两个聚合基，就是一个聚合基与一个引发基）。苯乙烯聚合的总的方程式：

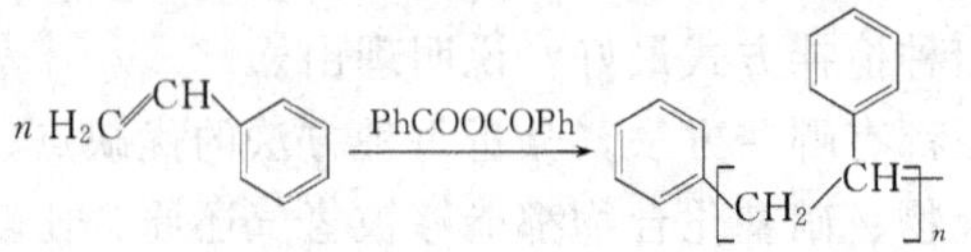

n H_2C CH PhCOOCOPh CH_2 CH n

3. 实验仪器

大试管（1 支）；小试管（2 支）；烧杯（500mL、250mL，各 1 个）；酒精灯（1 个）；布氏漏斗（1 支）；吸滤瓶（2 个）；表面皿（1 个）；牙签若干。

4. 实验试剂

甲苯；苯乙烯；过氧化苯甲酰；甲醇。

5. 实验步骤

在一只大试管中滴入 10mL 甲苯和 4mL 苯乙烯，加 0.3g 过氧化苯甲酰，将此试管置于装有沸水的烧杯中约 1h，冷却试管并注意溶液的黏度，不断搅拌，缓慢地将溶液倾入装有 100mL 甲醇的烧杯中，在赫氏漏斗（或布氏漏斗）上真空收集聚苯乙烯的白色沉淀，并用 25mL 甲醇洗涤沉淀两次，铺开此聚合物于滤纸上干燥。

6. 注意事项

苯乙烯很容易聚合，甚至空气中的氧会使纯苯乙烯聚合，同时由于反应是放热的，释放出的热量加速了反应。因此，通常把阻聚剂加到单体苯乙烯中去，以阻止聚合。对苯二酚是一种阻聚剂，它的作用像抗氧剂。通常使用稍过量的过氧化物催化剂，以抵消存在着的阻聚剂。反应前需将阻聚剂除去。

7. 思考题

催化剂在聚苯乙烯的聚合中起什么作用？

实验 18 聚酯树脂的合成

1. 实验目的

（1）了解聚酯树脂合成原理。

（2）了解缩聚物的基本构造及性质。

2. 实验原理

当二元羧酸与二元醇酯化缩合，就得到高分子聚酯，在这个反应中有许多水分子在缩合反应过程中被释放出来，故所得的聚酯为缩聚物。本实验将介绍邻苯二甲酸酐与乙二醇的缩聚反应。邻苯二甲酸酐与乙二醇缩聚的前几个步骤的反应机理如下。

$$C_6H_4(CO)_2O + HOCH_2CH_2OH \longrightarrow C_6H_4(COO^{\ominus})C(=O)\overset{\oplus}{O}(H)CH_2CH_2OH \longrightarrow$$

$$C_6H_4(COOH)COOCH_2CH_2OH \xrightarrow{C_6H_4(CO)_2O} C_6H_4(COOH)COOCH_2CH_2OOC\text{-}C_6H_4COOH \xrightarrow{HOCH_2CH_2OH}$$

$$C_6H_4(COOH)COOCH_2CH_2OOC\text{-}C_6H_4COOCH_2CH_2OH \longrightarrow \cdots\cdots$$

如此重复，即得聚酯。邻苯二甲酸酐和乙二醇的缩聚反应可写成：

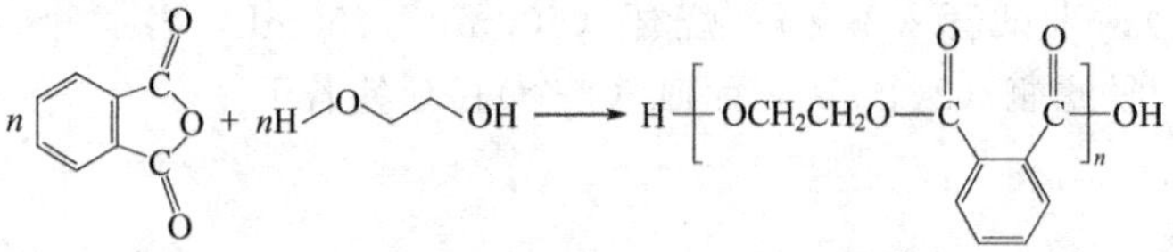

$$n\,(\text{邻苯二甲酸酐}) + n\,HOCH_2CH_2OH \longrightarrow H\!\left[OCH_2CH_2O-\overset{O}{\overset{\|}{C}}-C_6H_4-\overset{O}{\overset{\|}{C}}\right]_n\!OH$$

以各种酸的衍生物（酸酐、酯、酰卤）代替二元羧酸也能生成聚酯。如果单体中的一种具有两个以上官能团，聚合链将彼此连接，交联成立体的网状结构。例如，邻苯二甲酸酐和甘油的反应：

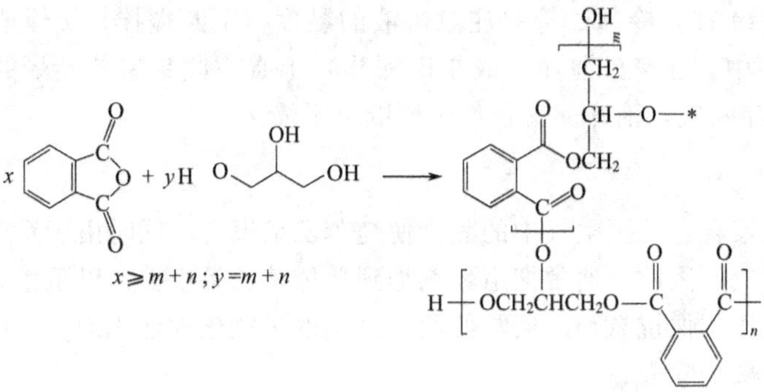

$$x\,(\text{邻苯二甲酸酐}) + y\,HOCH_2CH(OH)CH_2OH \longrightarrow H\!\left[OCH_2CHCH_2O-\overset{O}{\overset{\|}{C}}-C_6H_4-\overset{O}{\overset{\|}{C}}\right]_n\!-*$$

$x \geqslant m+n;\ y=m+n$

仲碳上的两个羟基与伯碳上的两个羟基还可以和邻苯二甲酸酐反应形成网状立体结构，这种结构常常比线型结构牢固，并且比纤维型和薄膜型的聚合物更易于造模制品。如果用“G”代表甘油，“P”代表邻苯二甲酸酐，二者缩合聚合所形成的高聚物可用下图表示：

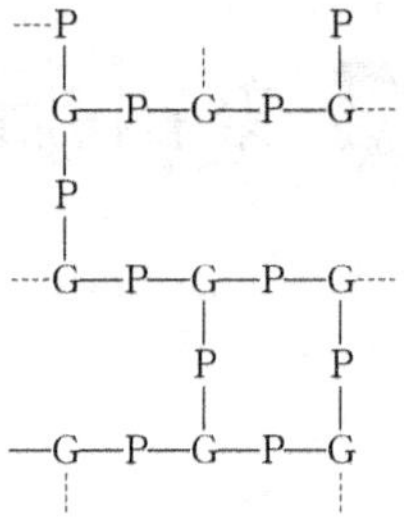

```
 ···P            P
    |   :    :   |
    G—P—G—P—G···
    |
    P
    |
 ···G—P—G—P—G···
          |       |
          P       P
          |       |
   —G—P—G—P—G
    :             :
```

3. 实验仪器

小试管（2支）；酒精灯（1个）。

4. 实验试剂

邻苯二甲酸酐；乙酸钠；乙二醇；甘油。

5. 实验步骤

取两根试管，每支试管内各加入2g邻苯二甲酸酐与0.1g乙酸钠。在其中一支试管内加0.8mL乙二醇，另一支试管内加0.8mL甘油，将两支试管同时用火焰加热。缓缓加热至溶液呈现沸腾（由于酯化作用析出了水），并继续这样维持5min。注意加热速率不要太快，避免加热过头，因为反应物在聚合前可能分解，使试管冷却，比较两种聚合物的黏度及易碎性。

6. 注意事项

实验中注意加热速率不要太快，避免加热过头，因为反应物在聚合前可能分解，使试管冷却，比较两种聚合物的黏度及易碎性。

7. 思考题

乙二醇和均苯四酸酐（分子结构式如下）之间形成什么类型的聚酯？

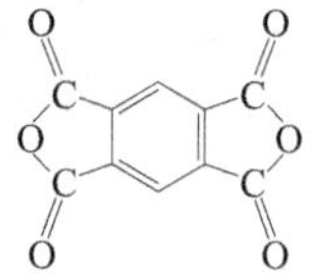

(均苯四酸酐结构式：苯环 1,2,4,5-位连接两个 —C(=O)—O—C(=O)— 酸酐环)

实验19 乙酸苄酯的合成

1. 实验目的

（1）了解乙酸苄酯的合成原理和方法。

（2）掌握乙酸苄酯的分离提纯技术。熟悉精密分馏柱（或真空蒸馏装置）、气相色谱仪及阿贝折光仪等仪器设备的使用方法。

2. 实验原理

酯化反应是醇和羧酸相互作用以制取酯类化合物的重要方法之一，此法又称直接酯化法。一般在少量催化剂存在的条件下，使醇和羧酸加热回流。常用的酸性催化剂有硫酸、磷酸等。

$$RCOOH + R'OH \overset{H^+}{\rightleftharpoons} RCOOR' + H_2O$$

反应由氢离子起催化作用，并且是可逆的，因为酯的水解（酯化反应的逆反应）也可以由酸催化。使用酸催化剂的酯化反应机理在于氢离子使羰基氧质子化，因而羰基碳容易受到醇分子的亲核进攻形成加成产物，然后，发生质子转位，接着脱水形成质子化酯，再脱去质子即形成酯。整个酯化反应过程如下：

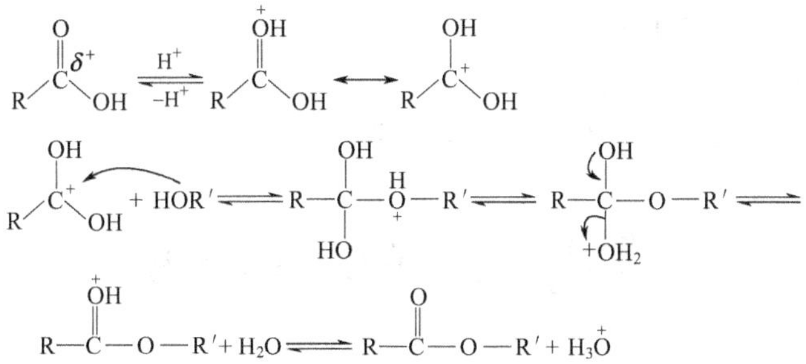

$$R-\overset{\overset{O}{\|}}{C}{}^{\delta^+}-OH \underset{-H^+}{\overset{H^+}{\rightleftharpoons}} R-\overset{\overset{\overset{+}{O}H}{\|}}{C}-OH \longleftrightarrow R-\overset{\overset{OH}{|}}{C^+}-OH$$

$$R-\overset{\overset{OH}{|}}{C^+}-OH + HOR' \rightleftharpoons R-\underset{\underset{HO}{|}}{\overset{\overset{OH}{|}}{C}}-\overset{H}{\underset{+}{O}}-R' \rightleftharpoons R-\underset{\underset{^+OH_2}{|}}{\overset{\overset{OH}{|}}{C}}-O-R' \rightleftharpoons$$

$$R-\overset{\overset{\overset{+}{O}H}{\|}}{C}-O-R' + H_2O \rightleftharpoons R-\overset{\overset{O}{\|}}{C}-O-R' + H_3\overset{+}{O}$$

乙酸苄酯就是利用此原理合成的，其反应式如下：

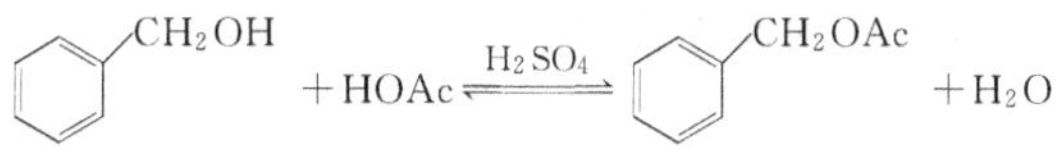

$$C_6H_5CH_2OH + HOAc \overset{H_2SO_4}{\rightleftharpoons} C_6H_5CH_2OAc + H_2O$$

3. 实验仪器

三口烧瓶（250mL）；搅拌器；温度计；球形冷凝管；精密分馏柱（或真空蒸馏装置）；阿贝折光仪；气相色谱仪等。

4. 实验试剂

苯甲醇；冰醋酸；浓硫酸；碳酸钠；氯化钠。

5. 实验步骤

在装有搅拌器、温度计和球形冷凝管的250mL三口烧瓶中加入30g苯甲醇、30g冰醋酸。加热至30℃，滴加10g 92%浓硫酸，加毕升温至50℃，反应8h。反应完毕后分层，并用45g 15%碳酸钠溶液洗涤乙醇苄酯，继续加45g 15%氯化钠溶液洗涤，得到粗乙酸苄酯。

在真空蒸馏装置中加入粗乙醇苄酯，进行真空蒸馏。先蒸出前馏分，然后在绝对压力1.86651×10^3Pa(14mmHg)、温度98～100℃条件下，收集主馏分乙酸苄酯。产率约85%左右，产品质量符合下列指标。

外观：无色液体，有茉莉花香

沸点：214.9℃

密度：$d_4^{25}=1.052\sim1.055$

折射率：$n_D^{20}=1.5015\sim1.5035$

气相色谱分析条件如下。

色谱柱：ϕ4mm×2000mm，5% PEG 20000涂于101白色担体

柱温：150℃

检测器：钨丝热导池检测器

汽化温度：225℃

载气：氢气，20mL/min

柱前压：1.4kg/cm^2

工作电流：160mA

6. 注意事项

（1）硫酸是强酸，有强腐蚀性，不能接触皮肤和眼睛。

（2）真空蒸馏装置必须不漏气。接头处要紧密，磨口处要涂凡士林，以保证真空蒸馏的顺利进行。

7. 思考题

（1）制备羧酸酯还有哪几种方法？

（2）酯化反应中常用的催化剂有哪些？

（3）在酸性催化剂存在下进行酯化反应，会发生什么副反应？

实验20 香豆素的合成

1. 实验目的

（1）学习利用Perkin缩合反应合成香豆素的原理。

（2）掌握真空蒸馏和重结晶的操作技术。

2. 实验原理

苯甲醛与乙酸酐在乙酸钾或乙酸钠作用下缩合，生成肉桂酸的反应叫Perkin缩合反应。若用水杨酸代替苯甲醛进行Perkin缩合反应，就可以得到邻羟基肉桂酸，后者发生分子内酯化反应就得到香豆素。其反应式如下：

$$CH_3COOAc + AcO^{\ominus} \rightleftharpoons {}^{\ominus}CH_2COOAc + AcOH$$

$$o\text{-}HOC_6H_4\text{-}CHO + {}^{\ominus}CH_2COOAc \rightleftharpoons \left[o\text{-}HOC_6H_4\text{-}CH(O^{\ominus})\text{-}CH_2COOAc \right] \xrightarrow{HOAc} o\text{-}HOC_6H_4\text{-}CH(OH)\text{-}CH_2COOAc \xrightarrow{-HOAc}$$

$$\text{(邻羟基苯基)CH=CHCOOH (OH)} \xrightarrow{-H_2O} \text{(苯环)CH=CHC=O (O)} \equiv \text{香豆素}$$

首先，乙酸酐分子中的α-氢原子受到碱性醋酸根进攻，产生少量负碳离子，该负碳离子进攻水杨醛的羰基碳原子，形成β-羟基酸酐衍生物，接着分子内脱水，并发生酸酐水解，形成α,β-不饱和酸，后者发生分子内酯化反应就形成香豆素。

3. 实验仪器

三口烧瓶（250mL）；搅拌器；温度计；直形冷凝管和米格分馏柱；真空蒸馏装置等。

4. 实验试剂

水杨醛；醋酸酐；碳酸钾。

5. 实验步骤

在装有搅拌器、温度计、直形冷凝管和分馏柱的250mL三口烧瓶中加入60g 58%水杨醛的醋酸酐溶液、100g醋酸酐、3g碳酸钾，加热至180℃，控制馏出物馏出温度在120～125℃。至无馏出物时，再补加50g醋酐，补入速度与馏出物速度一致。此时反应温度控制在180～190℃，馏出温度仍控制在120～125℃。补完醋酐后，将反应温度升至210℃。反应结束，反应物趁热倒入烧杯中，用10%碳酸钠溶液洗至中性。

在真空蒸馏装置中加入上述粗产品，进行真空蒸馏。先蒸出前馏分，然后在绝对压力1.33322×10^3～1.99983×10^3Pa(10～15mmHg)，温度140～150℃条件下，收集主馏分香豆素。再将香豆素以1∶1乙醇水溶液进行重结晶二次，得白色晶体。产率60%～65%，熔点68℃。

6. 注意事项

(1) 在实验前必须将玻璃仪器烘干。

(2) 真空蒸馏的冷凝管要用15～20cm空气冷凝管。并用电吹风加热冷凝管将产品熔化，然后才能流入接受器中。

7. 思考题

(1) 还有哪些方法可制取香豆素？

(2) 实验中的120～125℃馏出物是何物？反应温度对反应有何影响？

(3) 本实验有何副反应？

(4) 原料中含有苯酚对反应有何影响？

(5) 如何提高香豆素的收率？

实验21 烷基苯磺酸的合成

1. 实验目的

(1) 了解烷基苯磺化反应原理、工艺条件及操作。

(2) 学习对反应物、生成物的一般分析，并进行一般的物料衡算。

(3) 掌握芳磺酸分离的原理与具体方法。

2. 实验原理

直链烷基苯磺酸钠（LAS）是阴离子表面活性剂中最重要的一个品种。由于其优良的洗涤、发泡等性能，多年来一直是生产洗衣粉的主要活性物，另外还广泛用于生产液体洗涤剂或浆状洗涤剂等。工业上烷基苯磺酸钠是一种乳白色的流动性浆状物，其结构式为：

$$R-C_6H_4-SO_3Na$$

通常 R 为 C_{11}～C_{13}的直链烷基，磺酸基以对位洗涤性能最好。

烷基苯（以下简写为 RB）磺化制取烷基苯磺酸是烷基苯磺酸钠洗涤剂生产过程中的重要一环，当烷基苯磺酸与烧碱中和生成烷基苯磺酸钠。使芳香环发生磺化反应的物质称为磺化剂。常用的磺化剂有浓硫酸、发烟硫酸、三氧化硫和氯磺酸等。本实验采用 20％发烟硫酸为磺化剂，其反应式如下：

$$R-C_6H_5 + H_2SO_4 \cdot SO_3 \rightleftharpoons R-C_6H_4-SO_3H + H_2SO_4 \quad \Delta H=-112kJ/mol$$

3. 实验仪器

三颈烧瓶（250mL）；电动搅拌器；滴液漏斗（100mL）；水浴锅；量筒（100mL）；电炉（1000W）；分液漏斗（150mL）；水银温度计（0～100℃）。

4. 实验试剂

烷基苯（RB）；20％ SO_3 发烟硫酸（密度为 1.8964g/cm^3）。

5. 实验步骤

磺化采取间歇反应，反应是在一装有搅拌器、温度计、加料滴液漏斗的三颈烧瓶（或四颈烧瓶）中进行。

（1）反应投料比（质量）为：RB∶发烟硫酸＝1.00∶1.15，若 RB 投料量为 50g，根据烃（精 RB）酸比确定烟酸的投料量。

（2）称取 50g RB 放入三颈烧瓶中，称取发烟硫酸放入滴液漏斗中。

（3）开动搅拌器，并升温至 25～35℃，发烟硫酸经滴液漏斗滴加到烷基苯中，加料时间为 1h，控制反应温度为 25～35℃(通过水浴或冰浴)，老化时间为 0.5h，反应结束后将混酸称量，并取样化验混酸中和值。

（4）分酸，仍在同一装置中进行。按照混酸∶水＝85∶15 计算加水量，在不断搅拌条件下，水通过滴液漏斗滴加到混酸中，温度维持在 50～55℃(水浴加热)，反应时间 0.5～1h。然后移入分液漏斗中静置，分去废酸，即制得磺酸，并对所得磺酸、废酸进行称量，并测定其中和值。若有泡沫，不易分层，可以保温静置一段时间。

（5）分析，磺化反应在生产中主要控制中和值，对混酸、废酸、磺酸均做中和值测定。

6. 注意事项

（1）磺化反应为强放热反应，必须严格控制加料（酸）速度及反应温度。

（2）磺酸、发烟 H_2SO_4 均有腐蚀性，注意切勿弄到手上和衣物上。

（3）磺化时使用的仪器，均必须干燥无水，否则将影响反应。

（4）分酸应注意加水量、分酸温度，尽力避免结块、乳化现象。

（5）整个过程要注意反应现象的观察和记录。

7. 实验记录及讨论

（1）实验记录

① 烷基苯的磺化

反应物			生成物			
名称	相对分子质量	质量/g	名称	相对分子质量	质量/g	中和值/(mg NaOH/g)
RB 发烟硫酸			混酸			

② 分酸

反应物			生成物			
名称	相对分子质量	质量/g	名称	相对分子质量	质量/g	中和值/(mg NaOH/g)
混酸 水			磺酸 废酸			

（2）讨论

① 浓 H_2SO_4、发烟硫酸磺化烷基苯有何差别？为什么？

② 分酸的原理是什么？如何才能分得较好？

③ 从哪些分析指标可以看出磺化反应的好坏？

④ 什么叫做中和值？它与烃酸比有何关系？

实验 22 烷基苯磺酸的中和

1. 实验目的

（1）了解烷基苯磺酸中和反应原理。

（2）学习对反应物单体的分析，并进行简单计算。

（3）掌握烷基苯磺酸中和工艺条件及操作。

2. 实验原理

烷基苯磺酸经碱液中和生成烷基苯磺酸钠，即为洗涤剂的活性物。烷基苯磺化所得的磺酸中含有硫酸，因此中和反应实际上包括两部分：

$$R-C_6H_4-SO_3H + NaOH \rightleftharpoons R-C_6H_4-SO_3Na + H_2O \qquad \Delta H=-61.4kJ/mol$$

$$H_2SO_4 + 2NaOH \longrightarrow Na_2SO_4 + 2H_2O \qquad \Delta H=-112kJ/mol$$

烷基苯磺酸与碱中和反应与一般的酸碱中和反应有所不同，它是一个复杂的胶体化学反应。烷基苯磺酸的黏度很大，在强烈搅拌下，碱分子在磺酸粒子表面进行中和反应成为一均相胶体。中和反应放出的热量包括中和热和强酸、强碱的稀释热，磺化产物中所含的硫酸量愈多，放热量愈大。因此中和设备需采用冷却装置移去反应热。

3. 实验仪器

三颈烧瓶（250mL）或烧杯（400mL）；滴液漏斗（100mL）；水银温度计（0～100℃）；水浴锅；电动搅拌器；台秤；天平。

4. 实验试剂

烷基苯磺酸（磺化而得）；NaOH 化学纯；石蕊试纸。

5. 实验步骤

中和反应采用间歇式。

（1）根据磺酸中和值（如不经分酸处理，则为混酸中和值）及磺酸量计算确定加15%NaOH的量（若是98% H_2SO_4 磺化的磺酸，则用20% NaOH溶液）。

（2）先在三颈瓶中（或烧杯内）加入NaOH溶液，将磺酸放入滴液漏斗中，装好仪器。

（3）然后开动搅拌，并升温到40℃，将磺酸滴加到NaOH溶液中去，用水浴或冰浴控制中和温度35～40℃。加料时间为0.5～1h，当其磺酸快要加完时测量pH，并根据pH进行调整，反应终点控制pH=7～8。

（4）中和好后保温15～30min，即将LAS单体进行称量。

（5）取样测定总固体质量分数和活性物质量分数。

（6）无机盐质量分数=总固体质量分数－活性物质量分数

6. 注意事项

（1）中和反应必须在碱性环境中进行。

（2）中和反应为强放热反应，因此必须很好控制加料速度和中和温度，搅拌情况要良好。

（3）中和反应结束时必须很好地将体系pH控制在7～8。

（4）分析。LAS单体的分析通常测定总固体无机盐和活性物质量分数。

7. 实验记录及讨论

（1）实验记录

反应物			生成物		
名称	相对分子质量	质量/g	名称	相对分子质量	质量/g
磺酸 NaOH 水			单体		
合计			合计		

（2）讨论中和反应为什么要在碱性环境中进行？

实验23 十二烷基硫酸钠的合成

1. 实验目的

（1）了解氯磺酸硫酸化脂肪醇的反应原理、工艺条件及操作。

（2）掌握含固量、混合指示剂法测活性物质量分数的方法。

2. 实验原理

脂肪醇硫酸酯盐又称为脂肪醇硫酸盐（英文缩写AS），通式为 $ROSO_3M$，其中R为 C_8～C_{20}，但以 C_{12}～C_{14} 最为常见。这类产品通常以钠盐、铵盐、三乙醇胺盐溶液使用。

脂肪醇硫酸钠的水溶性、发泡力、去污力和润湿力等使用性能与烷基碳链结构有关。当烷基碳原子数从12增至18时，它的水溶性和低温下的发泡力随之下降，而去污力和在较高温度（60℃）下的发泡力都随之有所升高，润湿力变化顺序为：$C_{14}>C_{12}>C_{16}>C_{18}>C_{10}>C_8$。

十二醇硫酸钠又称月桂醇硫酸钠，具有优良的发泡、润湿、去污等性能，泡沫丰富、洁白而细密。它的去污力优于烷基磺酸钠和烷基苯磺酸钠，在有氯化钠等填充剂存在时洗涤效能不减，反而有些增高。由于十二醇硫酸镁盐和钙盐有相当高的水溶性，因此十二醇硫酸钠可在硬水中应用。它较易被生物降解，无毒，对环境污染较小。

十二醇硫酸钠主要用于家用和工业用洗涤剂、牙膏发泡剂、纺织油剂、护肤和洗发用品等的配方成分。

十二醇硫酸钠的制法，可用 SO_3、氨基磺酸、发烟硫酸、浓硫酸或氯磺酸与十二醇反应，首先进行硫酸化反应，生成酸式硫酸酯，然后用碱溶液将酸式硫酸酯中和。硫酸化反应是一个剧烈放热反应，为避免由于局部高温而引起的氧化、焦油化、成醚等种种副反应，需在冷却和加强搅拌的条件下，通过控制加料速度来避免整体或局部物料过热。十二醇硫酸钠在弱碱和弱酸性水溶液中都是比较稳定的，但由于中和反应也是一个强放热的反应，为防止局部过热引起水解，中和操作仍应注意加料、搅拌和温度控制。

本实验以十二醇和氯磺酸为原料，反应式如下：

$$CH_3(CH_2)_{11}OH + ClSO_2OH \longrightarrow CH_3(CH_2)_{11}OSO_3H + HCl$$

$$CH_3(CH_2)_{11}OSO_3H + NaOH \longrightarrow CH_3(CH_2)_{11}OSO_3Na + H_2O$$

3. 实验仪器

三口烧瓶（250mL 或 500mL）；搅拌器；温度计（0～100℃）；气体吸收装置；滴液漏斗（100mL 或 250mL）；水浴锅；电炉；台秤；天平。

4. 实验试剂

月桂醇；氯磺酸；氢氧化钠；双氧水。

5. 实验步骤

（1）在装有搅拌器、温度计、恒压滴液漏斗和尾气导出吸收装置的三口烧瓶内加入 38g（0.2mol）月桂醇。开动搅拌器，瓶外用冷水浴（温度 0～10℃）冷却，然后慢慢滴 26g（0.22mol）氯磺酸，控制滴加速度，使反应保持在 30～35℃的温度下进行。加完氯磺酸后继续保温搅拌 1h。用水喷射泵轻轻抽去反应瓶内残留的氯化氢气体。得到的烷基硫酸密封备用。

（2）在烧杯内加入 10%氢氧化钠水溶液 100mL，杯外用冷水浴冷却，搅拌下将上述酸式硫酸酯慢慢加入其中。中和反应控制在 50℃以下进行并使反应液保持在碱性范围内。加料完毕，pH 应为 8～9，必要时可用 30%的氢氧化钠溶液调整溶液的酸碱性。加入 30%双氧水约 1g 搅拌漂白，得到稠厚的十二醇硫酸钠浆液。

（3）取样分析产品的活性物质量分数。

6. 注意事项

（1）氯磺酸也像 $SOCl_2$、$POCl_3$、PCl_3 等其他活泼的无机酰氯一样，遇水发生剧烈分解，释放出大量氯化氢气体和反应热，与水或醇大量混合时发生爆炸性分解，因此，使用时要特别小心，所用玻璃仪器必须干燥。

（2）反应器排空口必须连接氯化氢气体吸收装置，操作时应绝对防止因气体吸收造成负压而导致吸收液倒吸入反应瓶的现象发生。

（3）氯磺酸为腐蚀性很强的酸，使用时必须戴好橡皮手套，在通风橱内量取。

7. 思考题

（1）硫酸酯盐型阴离子表面活性剂有哪几种？试写出其结构式。

（2）高级醇硫酸酯盐有哪些特性和用途？

实验24 醇醚硫酸盐的合成

1. 实验目的

（1）了解醇醚（酚醚）氯磺酸硫酸化的反应原理、工艺条件及操作。

（2）练习和掌握硫酸化合成实验的仪器及装置法。

（3）学习对反应物、中间物和产物的一般分析方法，并进行必要的物料衡算。

2. 实验原理

脂肪醇聚氧乙烯醚硫酸酯盐（简称AES），其通式为

$$RO(CH_2CH_2O)_nSO_3M$$

式中 R——C_{12}～C_{14}烷基；

n——通常为3；

M——碱金属离子、铵离子或有机铵离子。

AES与AS不同，其亲水基团是由—SO_3M和聚氧乙烯醚中—O—基两部分组成，因而具有更优越的溶解性和表面活性，广泛用于配制重垢及轻垢洗剂、餐具洗涤剂、香波、浴液等产品。

脂肪醇聚氧乙烯醚经硫酸化，生成硫酸半酯，中和后制得硫酸酯盐阴离子表面活性剂，可用作硫酸化的试剂有硫酸、三氧化硫、发烟硫酸、氯磺酸和氨基磺酸。本实验采用氯磺酸作硫酸化试剂，然后经中和制得产品，反应式如下：

$$RO(CH_2CH_2O)_nH+ClSO_2OH \longrightarrow RO(CH_2CH_2O)_nSO_3H+HCl$$

$$RO(CH_2CH_2O)_nSO_3H+NaOH \longrightarrow RO(CH_2CH_2O)_nSO_2Na+H_2O$$

3. 实验仪器

四口烧瓶（250mL或500mL）；烧杯（200mL）；滴液漏斗（125mL、250mL或500mL）；水银温度计（0～100℃）；水浴锅；电动搅拌器；气体吸收装置；台秤；天平；电炉。

4. 实验试剂

AEO_3（进口）；$ClSO_3H$（CP）；NaOH（CP）；三乙醇胺（CP）。

5. 实验步骤

氯磺酸硫酸化反应采取间歇反应，反应在装有搅拌装置、温度计、加料滴液漏斗及尾气排除管的四口烧瓶中进行。

（1）反应的投料比（摩尔比）为：AEO_3 ∶ $ClSO_3H$＝1.00 ∶（1.02～1.04），若AEO_3的投料量为50g，试计算出$ClSO_3H$的投料量。

（2）检查已装好的反应装置，称取50g AEO_3放入四口烧瓶中，称取$ClSO_3H$放入滴液漏斗中。

（3）开动搅拌器，并加热升温至30℃时，将$ClSO_3$通过滴液漏斗滴加到反应液中，加料时间0.5h左右，温度控制在30～35℃范围内，注意搅拌必须良好；反应生成的HCl气体经导管引出经过两个分别装有水和8%碱液的气体吸收瓶（实验前经过称量）回收HCl，最后经水抽泵导入水池。

（4）加料结束后，继续反应 10～15min（注意观察颜色变化），反应结束后取样（2～3g）测定中和值。

（5）称量硫酸酯、氯化氢吸收瓶和碱液吸收瓶。反应生成的硫酸酯应立即中和（注意颜色变化），中和同样采用间歇中和，且与烷基苯磺酸中和类似。

① 将反应瓶中的硫酸酯移入 200mL 烧杯中，并称量。

② 按测定硫酸酯中和值数据，计算中和加碱量，若中和剂为 NaOH，则配制 5%左右的碱液；若三乙醇胺为中和剂，则其浓度配制为 15%左右。

③ 将中和剂溶液倒入 500mL 烧杯中（注意留少许，以便供调节 pH 用），将烧杯置于水浴中加热，使其温度至 40℃左右，人工搅拌下，慢慢将硫酸酯加入到中和剂溶液中，控制中和温度 40～50℃，加料时间控制 30～45min（注意搅拌良好，加料不能过快，中和温度不能过低）。

④ 加料结束，调节中和 pH，或加酯或加中和剂使其 pH 控制在 7～9，即得醇醚硫酸盐（AES）或醇醚硫酸三乙醇胺盐单体。

⑤ 分析。硫酸酯中和值；单体活性物；单体总固体。

6. 实验记录及讨论

（1）根据投料反应情况，进行物料衡算，并列出表格，并就物料平衡情况及实验中的现象及问题进行分析讨论。

（2）硫酸化反应中，氯磺酸的投料量是如何确定的？

（3）AEO_3 硫酸化反应与 RB 的发烟硫酸磺化有何区别？各有什么特点？其反应温度为什么不能过高？

（4）为什么 AEO_3 及氯磺酸和所用仪器必须干燥无水？

（5）为什么 AEO_3 变成硫酸酯后必须尽快中和，否则将产生什么不良后果？

（6）怎样才能保证单体的质量？你认为必须采取哪些措施？

实验 25 脂肪酸甲酯的合成

1. 实验目的

（1）加深理解脂肪酸甲酯化反应原理与制备方法。

（2）掌握制备脂肪酸甲酯的实验操作技能和质量分析方法。

（3）学习与掌握减压操作和仪器装置方法。

2. 实验原理

以天然油脂为原料与甲醇通过酯交换反应得到脂肪酸甲酯是合成表面活性剂工业的重要过程，同时脂肪酸甲酯也是其他许多表面活性剂的原料。由于脂肪酸甲酯的沸点较相应的脂肪酸的沸点低，易于蒸馏；对设备无腐蚀性，酯交换温度低，酯交换设备的材质可采用碳钢。同时以脂肪酸甲酯为原料合成表面活性剂第一步为脱甲醇反应，而以脂肪酸为原料合成表面活性剂第一步为脱水反应，脱甲醇的反应比脱水反应温度低，反应易于进行。所以以天然油脂为原料合成表面活性剂时通常先制成甲酯，其反应式如下：

$$\begin{matrix} CH_2OCOR \\ | \\ CHOCOR \\ | \\ CH_2OCOR \end{matrix} + 3CH_3OH \xrightarrow{CH_3ONa} \begin{matrix} CH_2OH \\ | \\ CHOH \\ | \\ CH_2OH \end{matrix} + 3RCOOCH_3$$

3. 实验仪器

磨口三口烧瓶（250mL 或 500mL）；台秤；天平；真空泵；电动搅拌器；冷凝管；恒温水浴锅；90°磨口弯管；温度计（0～100℃）磨口接收瓶；分液漏斗（250mL 或 500mL）。

4. 实验试剂

精制椰子油（工业级）；甲醇；NaOH。

5. 实验步骤

（1）在装有搅拌器、回流冷凝器的三颈烧瓶中投入 120g 椰子油和 37g 甲醇，搅拌下升温到 65℃时加入 NaOH 0.8g，搅拌升温到 75～80℃，回流反应 3h。

（2）将反应混合物移入分液漏斗，静置分层除去下层甘油层，得粗甲酯。

（3）将上述粗甲酯投入蒸馏锅中，在 80℃、1.333×10^{4} Pa 真空条件下，蒸馏 1h 除去甲醇得精甲酯。

（4）取样分析甲酯的酸值和皂化值。

（5）$酯化率=\frac{皂化价-酸价}{皂化价}\times100\%$。

6. 注意事项

甲醇为易燃有毒品，实验中应注意通风，避免甲醇进入呼吸道或眼睛中。

7. 思考题

（1）甲酯化反应为什么要在沸腾条件下进行？

（2）粗甲酯为什么要蒸馏除去甲醇？甘油层要不要蒸馏除去甲醇？

（3）椰子油和甲醇的投料摩尔比是多少？为什么这样控制？

实验 26 椰油酸二乙醇酰胺的合成

1. 实验目的

（1）了解非离子表面活性剂椰油酸二乙醇酰胺（烷醇酰胺）的合成原理，掌握用椰子油制取烷醇酰胺的操作。

（2）了解烷醇酰胺的基本物性。

2. 实验原理

由脂肪酸、植物油或脂肪酸甲酯与二乙醇胺、一乙醇胺或类似结构的氨基醇缩合而生成的酰胺统称烷醇酰胺。实际上通常使用的是以椰子油、十二酸或椰油酸甲酯与二乙醇胺或单乙醇胺为原料制得的烷醇酰胺（*N*,*N*-二羟乙基脂肪酰胺或 *N*-羟乙基脂肪酰胺）。其通式为

$$RCONH_m(CH_2CH_2OH)_n$$

式中，$n=m=1$，为脂肪酸单乙醇酰胺；当 $n=2$，$m=0$ 时为脂肪酸二乙醇酰胺。等摩尔的脂肪酸与单乙醇胺或二乙醇胺制成的烷醇酰胺（1∶1 型）的水溶性很差，但能溶于表面活性剂水溶液中，而脂肪酸与过量一倍的二乙醇胺制成的烷醇酰胺（1∶2 型）具有良好的水溶性，商品名称为“尼诺尔”（Ninol，6501），当用椰子油与过量一倍的二乙醇胺作用制得的烷醇酰胺，商品名叫 6502。

烷醇酰胺具有良好的去油、净洗、润湿、渗透、增稠、起泡和稳泡等性能，对金属也有一定的防锈作用，常用作纺织品、皮肤、毛发和金属等方面清洗剂的配方组分。

可采用椰油酸甲酯与二乙醇胺作用制得烷醇酰胺。其反应式如下：

$$RCOOCH_3 + NH(CH_2CH_2OH)_2 \longrightarrow RCON(CH_2CH_2OH)_2 + CH_3OH$$

采用椰子油与过量一倍的二乙醇胺作用制得的烷醇酰胺。其反应式如下：

$$\begin{array}{l} CH_2OCOR \\ | \\ CHOCOR \\ | \\ CH_2OCOR \end{array} + 3NH_m(CH_2CH_2OH)_{3-m} \xrightarrow[m=1,2]{110\sim130℃} \begin{array}{l} CH_2OH \\ | \\ CHOH \\ | \\ CH_2OH \end{array} + 3RCONH_{m-1}(CH_2CH_2OH)_{3-m}$$

3. 实验仪器

三颈烧瓶（250mL）；温度计（0～200℃）；冷凝管；电动搅拌器；电热套；真空泵（原料采用椰油酸甲酯时用）；圆底烧瓶（50mL）；真空接受器（原料采用椰油酸甲酯时用）。

4. 实验试剂

椰子油（或椰油酸甲酯）；二乙醇胺；KOH。

5. 实验步骤

（1）在装有搅拌器、冷凝管、温度计的三颈烧瓶中加入椰油酸甲酯，升温至60℃时搅拌下加入二乙醇胺，氢氧化钾为催化剂溶解在二乙醇胺中加入，投料摩尔比为椰油酸甲酯：二乙醇胺=1.00：(2.00～0.05)。

（2）加料完毕，继续搅拌升温，反应温度维持在120℃左右，反应2.5h。

（3）称量烷醇酰胺产量。

（4）取样测定产物的游离胺质量分数，取样量为5g（取样时间1h、2.5h各一次）。

6. 注意事项

采用椰油酸甲酯，反应中应维持好真空度，要先抽真空再加入二乙醇胺。甲醇为易燃有毒品，实验中应注意甲醇的收集，保持良好通风，避免甲醇进入呼吸道或眼睛中。

7. 实验记录及讨论

（1）根据投料量和所得物料进行物料衡算，并将计算结果和检测结果填入下表。

名　称		单位	数值	名　称		单位	数值
投料量	二乙醇胺	g		产物	烷醇酰胺	g	
	椰油酸甲酯	g			损失	g	
	KOH	g			游离胺质量分数	g	

（2）采用椰子油与二乙醇胺酰胺化制烷醇酰胺与采用脂肪酸与二乙醇胺酰胺化制烷醇酰胺，反应温度有何不同，为什么？

实验27　乙二醇单硬脂酸酯的合成

1. 实验目的

（1）进一步学习酯化反应操作。

（2）学习与掌握乙二醇单硬脂酸酯的合成方法及物化性能。

2. 实验原理

乙二醇单硬脂酸酯是珠光香波或珠光浴液等产品中常用的珠光剂，用量一般为0.5%～3%。

乙二醇和硬脂酸在催化剂作用下可缩合生成乙二醇单硬脂酸酯和乙二醇双硬脂酸酯，乙二醇过量愈多，单酯质量分数愈高。

$$RCOOH+HOCH_2CH_2OH \xrightarrow{\text{催化剂}} RCOOCH_2CH_2OH+RCOOCH_2CH_2OCOR+H_2O$$

3. 实验仪器

电热套；电动搅拌器；三颈烧瓶（50mL）；两口连接管；冷凝管；真空接受管；圆底烧瓶（50mL）；温度计（0～200℃）；真空泵；台秤；天平。

4. 实验试剂

硬脂酸；乙二醇；对甲苯磺酸。

5. 实验步骤

（1）在装有搅拌器、温度计和冷凝管、真空装置的三颈烧瓶中加入 50g 工业硬脂酸，按 1∶1(摩尔比）加入乙二醇，加入 1%对甲苯磺酸（以硬脂酸计），加热，将物料熔化，启动真空泵和搅拌器，打开冷却水开关，升温至 135℃左右，维持真空度 5×10^4Pa，搅拌反应 3h，分析酸值数次。每隔 1h 取样一次，每次取样 3g。

（2）当酸值降到 10～15 时，停止反应，称重。

（3）分析产物的酸值、皂化值、羟价。

6. 注意事项

反应过程中应保持体系真空度，注意三颈烧瓶的保温。

7. 实验记录及讨论

（1）将投料及产物量填入下表。

名　称	单　位	数　值	名　称	单　位	数　值
硬脂酸	g		产物	g	
乙二醇	g		水	g	
对甲苯磺酸	g		损耗	g	

（2）酸值、皂化值、羟价测定结果。

（3）本产品是什么类型的表面活性剂？

（4）要提高单酯质量分数有哪些办法？

（5）采用真空对反应有何影响？

实验 28　*N*,*N*-二甲基十二烷基胺的合成

1. 实验目的

（1）学习以脂肪族长碳链伯胺为原料合成叔胺的原理和方法。

（2）掌握减压蒸馏的分离技术。

2. 实验原理

以脂肪族长碳链伯胺为原料合成 *N*,*N*-二甲基十二烷基胺是使用醛或酮作试剂的 *N*-烷基化反应，伯胺与醛发生亲核加成反应，接着脱水先得到烯胺，后者被甲酸还原得到仲胺。仲胺依次与甲醛、甲酸反应，最终生成叔胺。

$$\mathrm{HCHO} + \mathrm{H_2NR} \rightleftharpoons \mathrm{H{-}\underset{H}{\overset{O^{\ominus}}{C}}{-}\overset{H_2}{\underset{\oplus}{N}}{-}R} \rightleftharpoons \mathrm{H{-}\underset{H}{\overset{OH}{C}}{-}\overset{H}{N}{-}R} \rightleftharpoons \mathrm{H{-}\underset{H}{C}{=}N{-}R}$$

$$\mathrm{R{-}N{=}CH_2 + HCOOH} \rightleftharpoons \mathrm{R{-}\underset{H}{\overset{\oplus}{N}}{=}CH_2 + HCO\overset{\ominus}{O}}$$

$$\mathrm{R{-}\underset{H}{\overset{\oplus}{N}}{=}CH_2 + H{-}C(=O)O^{\ominus}} \longrightarrow \mathrm{R{-}NH{-}CH_3 + CO_2}$$

$$\mathrm{HCHO} + \mathrm{H\overset{CH_3}{N}R} \rightleftharpoons \mathrm{H{-}\underset{H}{\overset{O^{\ominus}}{C}}{-}\underset{\oplus}{N}H(CH_3)(R)} \xrightleftharpoons{H^+} \mathrm{H{-}\underset{H}{\overset{OH}{C}}{-}\overset{H}{\underset{CH_3}{\overset{\oplus}{N}}}{-}R} \xrightleftharpoons{-H_2O} \mathrm{H{-}\underset{H}{C}{=}\underset{CH_3}{\overset{\oplus}{N}}{-}R}$$

$$\mathrm{R{-}\underset{CH_3}{\overset{\oplus}{N}}{=}CH_2 + H{-}C(=O){-}O{-}H} \longrightarrow \mathrm{R{-}\underset{CH_3}{N}{-}CH_3 + CO_2 + H^+}$$

总反应式为

$$\mathrm{C_{12}H_{25}NH_2 + 2CH_2O + 2HCO_2H \xrightarrow{70\sim80℃} C_{12}H_{25}N(CH_3)_2 + 2CO_2 + 2H_2O}$$

在这类还原性烷基化中用得最多的是甲醛水溶液，可以在氮原子上引入甲基，常用的还原剂为甲酸或氢气，反应是在液相常压条件下进行的。常压法制叔胺的优点是反应条件温和，容易操作，缺点是甲酸对设备有腐蚀作用。在适当的催化剂（如骨架镍等）存在下，可以用氢气代替甲酸，但需要采用高压设备。

3. 实验仪器

四口烧瓶；搅拌器；温度计；球形冷凝管；台秤；天平；恒温水浴锅；电热套；折光仪。

4. 实验试剂

十二烷胺；甲醛；甲酸；乙醇；盐酸；氢氧化钠；苯；丙酮；1%亚硝基铁氰化钠水溶液。

5. 实验步骤

在装有搅拌器、球形冷凝管和温度计的250mL四口烧瓶中加入27.8g十二烷胺，搅拌下加45mL 95%乙醇溶液溶解，然后在水冷却下滴加39g 85%甲酸溶液，反应温度低于30℃，约15min加完。升温至40℃并保持，再滴加25g 36%甲醛溶液，30min加完。

然后升温回流2h反应至没有CO_2气体释出为止。或定性测定溶液中无伯胺为止。测定方法：将1mL丙酮加至事先已调成碱性的5mL反应液中，再加1%亚硝基铁氰化钠溶液1滴，若2min内溶液不呈紫色，证明已到终点。若明显呈紫色则可延长反应时间或再加一些甲酸、甲醛继续反应。

将反应物冷却到室温，加入30%氢氧化钠溶液中和至pH为11～13。反应物倒入分液漏斗中，上层油状液用30%氯化钠溶液洗涤三次，每次约40mL。下层水液约用40mL苯分三次抽提，苯液合并至油状液中。然后进行常压蒸馏，蒸出苯、乙醇与水，再减压蒸馏，收集120～122℃、0.66661×10^3Pa的馏分，得产物18～19g，用折光仪测定产物的折射率（$n_D^{20}=1.4362$）。

6. 思考题

（1）除了以脂肪族长碳链伯胺为原料外，还有何种方法可合成叔胺？

（2）以叔胺为原料可合成哪些表面活性剂？

（3）请画出真空蒸馏的整套装置图。

（4）反应结束后，加碱的目的是什么？

（5）除实验中使用的检验芳香族伯胺的方法外，还有哪些更方便的检验芳伯胺的方法？

实验29 十二烷基二甲基苄基氯化铵的合成

1. 实验目的

了解季铵盐型阳离子表面活性剂的合成原理和方法。

2. 实验原理

季铵盐型阳离子表面活性剂由叔胺和烷基化剂反应而成，即 NH_4^+ 的四个氢原子被有机基团所取代，成为 $R_1R_2N^+R_3R_4$，四个 R 基中一般只有 1～2 个 R 基是长链烷基，其余 R 为甲基或乙基。

季铵盐与胺盐不同，不受 pH 变化的影响。在酸性、中性或碱性介质中季铵离子皆无变化。这类阳离子表面活性剂除具有表面活性外，其水溶液有很强的杀菌能力，因此常用作消毒或杀菌剂。此外，它们容易吸附于一般固体表面（因为在水介质中，固体表面，即固-液界面，一般带负电，季铵正离子容易强烈地吸附于固体表面），常能赋予固体表面某些特性（如憎水性），具有某些特殊用途。例如，阳离子表面活性剂常用作矿物浮选剂，使矿物表面变为憎水性，易附着于气泡上而浮选出来。在其他方面，如纺织工业中作为柔软剂、抗静电剂，涂料工业中作为颜料分散剂等，皆与阳离子表面活性剂容易吸附的特性有关。本实验以十二烷基二甲基叔胺为原料，氯化苄为烷基化剂制成杀菌力特强的季铵盐阳离子表面活性剂。其反应式如下：

$$C_6H_5-CH_2Cl + C_{12}H_{25}N(CH_3)_2 \longrightarrow C_6H_5-CH_2\overset{\oplus}{N}(CH_3)_2C_{12}H_{25}Cl^{\ominus}$$

3. 实验仪器

三口烧瓶（250mL）；搅拌器；温度计；球形冷凝管；台秤；天平；恒温水浴锅。

4. 实验试剂

十二烷基二甲基叔胺；氯化苄。

5. 实验步骤

在装有搅拌器、温度计和球形冷凝管的 250mL 三口烧瓶中，加入 53.5g 十二烷基二甲基叔胺和 30g 氯化苄，加热至 90～100℃，在此温度下反应 1～2h，即得白色黏稠状液体。用溴甲酚绿法测定产物活性物质量分数。

6. 注意事项

（1）原料十二烷基二甲基叔胺刺鼻气味较大，氯化苄对敏感体质人群刺激眼睛，量取样品最好在通风橱中进行。投料前，反应装置事先要安装好冷凝器。

（2）反应过程中要注意观察，维持温度在 90～100℃之间。

7. 思考题

（1）季铵盐型与铵盐型阳离子表面活性剂的性质区别是什么？

(2) 季铵盐型阳离子表面活性剂的常用烷基化剂有哪些?

(3) 试述季铵盐型阳离子表面活性剂的工业用途。

实验 30 十二烷基二甲基甜菜碱的合成

1. 实验目的

了解甜菜碱型两性表面活性剂的合成原理和方法。

2. 实验原理

广义地说，两性表面活性剂是指同时具有两种离子性质的表面活性剂，而通常是指由阴离子和阳离子所组成的表面活性剂，即在亲水基一端既有阳离子(+)也有阴离子(-)，是两者结合在一起的表面活性剂。大多数情况下阳离子部分由铵盐或季铵盐作为亲水基，按阴离子部分又可分为羧酸盐型和磺酸盐型。羧酸盐型中，由铵盐构成阳离子部分叫氨基酸型两性表面活性剂；由季铵盐构成阳离子部分叫甜菜碱型两性表面活性剂。

甜菜碱型两性表面活性剂无论在酸性、碱性和中性下都溶于水，即使在等电点也无沉淀，且在任何 pH 时均可使用。

十二烷基二甲基甜菜碱是将 *N*,*N*-二甲基十二烷胺和氯乙酸钠在 60～80℃下反应而成。

$$C_{12}H_{25}-N(CH_3)_2 + ClCH_2CO_2Na \longrightarrow C_{12}H_{25}-\overset{\oplus}{N}(CH_3)_2-CH_2CO_2^{\ominus} + NaCl$$

生成物具有比氨基酸型两性表面活性剂良好的去污、渗透及抗静电等性能。特别其杀菌作用比较柔和，刺激性较少。不像阳离子表面活性剂那样对人体有毒性。

3. 实验仪器

三口烧瓶；搅拌器；温度计；球形冷凝管；台秤；天平；恒温水浴锅。

4. 实验试剂

N,*N*-二甲基十二烷胺；氯乙酸钠；乙醇；盐酸。

5. 实验步骤

在装有搅拌器、温度计和球形冷凝管的 250mL 三口烧瓶中加入 10.7g *N*,*N*-二甲基十二烷胺、5.8g 氯乙酸钠和 30mL 50%乙醇溶液，水浴中加热至 60～80℃，并在此温度下回流至反应液变成透明为止。如果将 30mL 50%乙醇溶液换成 30mL 水，则反应结束后直接得到含水的十二烷基二甲基甜菜碱溶液。

反应液冷却后，在搅拌下滴加浓盐酸，直至出现乳状液不再消失为止，放置过夜。第二天十二烷基甜菜碱盐酸盐结晶析出，过滤。用 10mL 乙醇和水(1∶1)的混合溶液洗涤两次，然后干燥滤饼。

所得粗产品用乙醇∶乙醚(2∶1)溶液重结晶，得精制的十二烷基甜菜碱，测定熔点。

6. 注意事项

(1) 所用的玻璃仪器必须干燥。

(2) 滴加浓盐酸不要太多，至乳状液不再消失即可。

(3) 洗涤滤饼时，溶剂要按规定量加，不能太多。

7. 思考题

(1) 两性表面活性剂有哪几类？其在工业和日用化工方面有哪些用途？

(2) 甜菜碱型与氨基酸型两性表面活性剂相比，其性质的最大差别是什么？

Ⅱ 质量控制

实验31 熔点的测定

1. 实验目的

(1) 用以检验固体油脂及硬化油等物质纯度或硬化度，掌握测定熔点的原理。

(2) 学习熔点的测定方法。

2. 实验原理

物质的熔点是指物质在常压下由固态转变为液态时的温度。纯净的油脂和脂肪酸有其固定的熔点，油脂的熔点与其组成和分子结构密切相关。一般组成脂肪酸的碳链愈长，熔点愈高；不饱和程度愈大，熔点愈低。双键位置不同，熔点也有差异。

测定熔点有毛细管法、广口小管法、膨胀法等，一般常用毛细管法。

3. 实验仪器

毛细管（1支）；温度计（0～100℃，1支）；圈式搅拌器；烧杯（1000mL）；电炉。

4. 实验试剂

油脂或脂肪酸；水。

5. 实验步骤

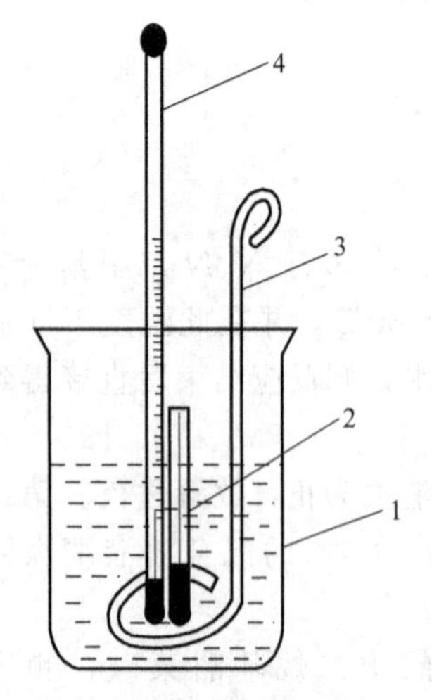

图 31-1 毛细管法熔点测定装置

1—烧杯；2—毛细管；3—搅拌器；4—温度计

本方法常用毛细管法，其装置见图 31-1。

熔化无水洁净的油脂样品后，将毛细管一端插入，使样品上升10～15mm。冷却凝固，封闭毛细管一端，用橡皮圈将毛细管固定在温度计上，试样与温度计水银球平齐。

然后插入已盛半杯冷水的烧杯中，置水浴上缓缓加热，并不断用圈式搅拌器搅拌水，使水温每分钟升高0.5℃，同时注意观察毛细管内的油脂。当油脂在毛细管内刚上升时，表示油脂熔化，此时温度计的读数即是样品油脂的熔点。

6. 注意事项

(1) 天然油脂的纯度不高，熔点不够明显。

(2) 毛细管装入油脂后，应置于低温处静置过夜，甚至要经过24～48h。因油脂不能在冷却后立即结晶，若未充分冷却，一般熔点偏低。有人提出在4～10℃下过夜，测定结果较准确。

(3) 温度上升过快，测得熔点一般偏高，熔点高于100℃的样品应用甘油浴代替水浴。

（4）毛细管必须用铬酸洗液洗干净干燥。油脂熔点两次平行测定结果允许差值不大于0.5℃。

7. 思考题

（1）测定熔点的主要意义是什么？

（2）本实验用的毛细管法与有机化学实验中的b形管法有何异同？

实验32 凝固点的测定

1. 实验目的

（1）学习测定凝固点的原理。

（2）了解测定油脂或脂肪酸等物质的凝固点对油脂配方的重要指导作用。

（3）掌握凝固点的测定方法。

2. 实验原理

凝固点是油脂和脂肪酸的重要质量指标之一。

凝固点是指在常压下熔化为液态的油脂或脂肪酸缓慢冷却逐渐凝固时，由于凝固放出的潜热而使温度略有回升的最高温度，所以熔化和凝固是互为可逆的平衡现象。若是纯物质，其熔点和凝固点应相同，但通常凝固点要比熔点略高1～2℃。每种纯物质都有其固定的凝固点。天然的油脂无明显的凝固点。

3. 实验仪器

广口瓶（1个）；温度计（0～100℃、0～150℃，各1支）；玻璃搅拌棒；烧杯（2000mL）；试管（1支）；滤纸；电炉；虹吸装置（1套）。

4. 实验试剂

油脂或脂肪酸；制备脂肪酸时用KOH或NaOH。

5. 实验步骤

首先将脂肪酸样品烘去水分并冷却后，将脂肪酸样品装入试管中至刻度，温度计的水银球位于脂肪酸的中部，其温度读数要高于该样品的凝固点之上10℃。

准备一具有软木塞的广口瓶（如图32-1所示），并将此盛有试样的试管通过瓶口的软木塞安装好。把此广口瓶置于水浴中（水平面高于样品平面1cm）。

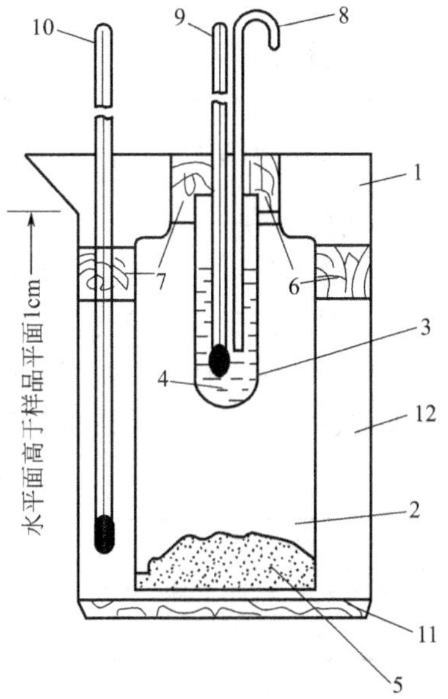

图32-1 脂肪酸凝固点测定仪装置

1—烧杯；2—广口瓶；3—试管；4—试样；5—重物；6,7—软木塞；8—搅拌器；9,10—温度计；11—软木垫；12—水浴

按下述方法操作：

若待测试样（脂肪酸）的凝固点高于35℃，水温应保持20℃；

若待测试样（脂肪酸）的凝固点低于35℃，水温应调到凝固点下15～20℃。

用套在温度计上的玻璃搅拌棒作上下40mm匀速搅拌，80～100次/min。每隔15s读一次数，当观察到温度计的水银柱停留在某一点上约达30s时，马上停止搅拌。密切观察温度计水银柱的骤然上升现象。上升的最高点，即为该样品脂肪酸的凝固点。

6. 注意事项

温度计插入脂肪酸之前，用滤纸包着水银球，以手捂热，避免玻璃表面温度较低而结一层薄膜，影响观察读数。读数平行测定允许误差为0.3℃。

7. 思考题

(1) 测定凝固点的主要意义是什么?

(2) 化合物的凝固点和熔点有何区别?

附：脂肪酸的制备

将油脂用KOH或NaOH皂化，所得产物与酸进行水解反应即得脂肪酸，具体操作步骤如下。

在500mL锥形瓶中称取50g左右的油脂样品，加入100mL的95%乙醇，40mL的40% KOH溶液，安装上回流冷凝管，在水浴上进行皂化反应，反应时间0.5h使皂化完全。之后加热蒸馏产物回收乙醇，加约300mL热水于锥形瓶（内有产物皂）中，移入到烧杯中，接着加入20%硫酸酸化，加热直至脂肪酸层透明为止，用虹吸法分去下层的酸液，继续加入热水约200mL，充分搅拌，静置分层。分离下层水溶液，照此反复洗涤2～3次。然后将所得产物（即脂肪酸）于105℃干燥箱中烘干，或于电热板上加热除去水分，即可作测定凝固点之用。

实验33 色泽的测定

实验33（a） 罗维朋比色计法

1. 实验目的

(1) 了解用罗维朋比色计法测定油脂色泽的原理。

(2) 掌握罗维朋比色计法测定油脂色泽的方法。

2. 实验原理

物质颜色与本身分子结构有关，但许多无色有机化合物因氧化或含有杂质等而带有不同色泽。例如，油脂的色泽受其纯度影响，其纯度愈高色泽愈浅。纯净的油脂应是无色无味的。通常，油脂在精炼、贮存过程中难免受到精炼方式及贮存方法影响，使得油脂会具有不同程度的色泽。一般商品油脂都带有一定的色泽，见表33-1。

表33-1 常见商品油脂的色泽

商品油脂	色泽	商品油脂	色泽
羊油、牛油、硬化油、猪油、椰子油等	乳白色至灰白色	蓖麻油	黄绿色至暗绿色
豆油、花生油和精炼的棉子油等	淡黄色至棕黄色	骨油	棕红色至棕褐色

油脂的色泽直接影响其产品的色泽。例如色泽较深的油脂生产的产品，其色泽也较深，这样的产品不会受到用户的欢迎，所以测定色泽是油脂质量指标必不可少的项目。

测定色泽有较精确方法，如铂-钴分光光度法、罗维朋比色计法等，也有较粗略的方法，如用肉眼观察。其中，罗维朋比色计法是利用光线通过标准颜色的玻璃片及油槽，用肉眼观察出与油脂色泽相近或相同的玻璃片色号，测定结果按玻璃片上标明的总数表示。

3. 实验仪器

水浴锅；罗维朋比色计（其结构示意图见图 33-1）。

罗维朋比色计由深浅不同的红、黄、蓝三种标准颜色玻璃片，两片接近标准白色的碳酸镁反光片，两只具有蓝玻璃滤光片的 60W 奥斯莱（osrain）灯泡和观察管等组成。玻璃片放在可开动的暗箱中供观察用。在检验油脂的色泽时，蓝玻璃片很少使用，主要是用红色和黄色两种。两种玻璃片一般标有如下不同深浅颜色的号码，号码愈大，颜色愈深。

黄色：1.0，2.0，3.0，5.0，10.0，15.0，20.0，35.0，50.0，70.0。

红色：0.1，0.2，0.3，0.4，0.5，0.6，0.7，0.8，0.9，1.0，2.0，2.5，3.0，4.0，5.0，6.0，7.0，8.0，9.0，10.0，11.0，12.0，16.0，20.0。

所有玻璃片，每 9 片分装在一个标尺上，全部标尺同装于一个暗盒中，可以任意拉动标尺调整色泽。碳酸镁反光片将灯光反射入玻璃片和试样上，此片用久后要变色，可取下用小刀刮去一薄层后继续使用。

油槽用无色玻璃制成，有不同长度的数种规格，其长度必须非常准确，常用的是 133.35mm 和 25.4mm 两种，有时也用到 50.8mm 或其他长度，视试样色泽的深浅而定。在用 133.35mm 的油槽观察时，若红色标准超过 40 时，改用 25.4mm 油槽。在报告测定结果时，应注明所用槽长度尺寸。所有油槽厚度一致，形状见图 33-2。

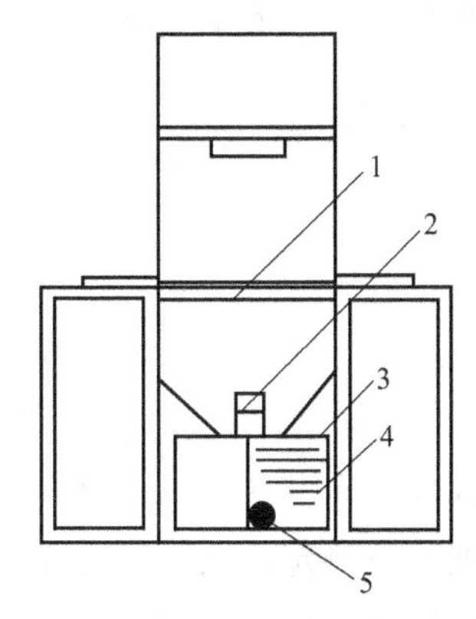

图 33-1 罗维朋比色计结构示意

1—反光计；2—玻璃油槽；3—内装奥斯莱灯泡；4—标准颜色玻璃片；5—观察管

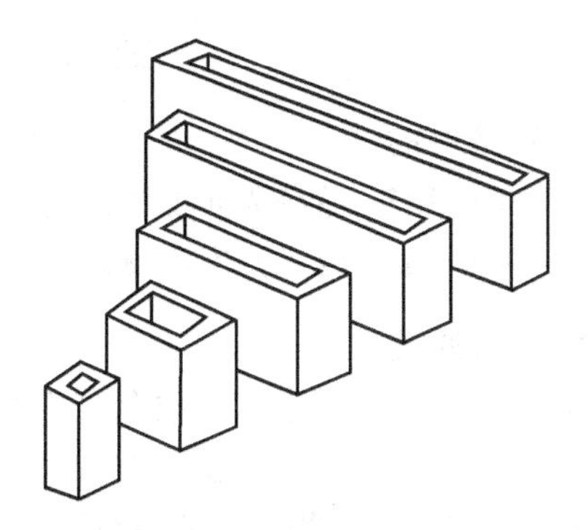

图 33-2 油槽形状

4. 实验试剂

油脂样品。

5. 实验步骤

将澄清透明或经过滤的油脂样品注入适当长度的洁净油槽中，小心放入比色计内，切勿使手指印等污物黏附在油槽上。关闭活动盖，仅露出玻璃片的标尺及观察管。样品若是固态或在室温下呈不透明状态的液体，应在不超过熔点 10℃ 的水浴上加热，使之熔化后再进行比色。

比色时，先将黄色玻璃片固定后再打开灯，然后依次配入不同号码的红色玻璃片进行比色，直至玻璃片的颜色和样品的颜色完全相同或相近为止。黄色玻璃片可参考使用红色玻璃片的深浅来决定。详见表 32-2。

表 33-2　不同油脂样品玻璃片色号的选用

油　脂	玻璃片色号选用		油　脂	玻璃片色号选用	
	红　色	黄　色		红　色	黄　色
棉子油、花生油	1.0～3.5 3.5 以上	10.0 70.0	豆油	1.0～3.5 3.5 以上	10.0 70.0
牛油及脂肪酸	1.0～3.5 3.5～5.0 5.0 以上	10.0 35.0 70.0	椰子油及棕榈油	1.0～3.9 3.9 以上	6.0 10.0

如果油脂带有绿色，用红、黄两种玻璃片不能将样品的颜色调配到一致时，可用蓝色玻璃片调整。测定结果以红、黄和蓝色玻璃片的总数表示，注明使用的油槽长度。

6. 注意事项

(1) 配色时若色泽与样品不一致，可取最接近的稍深的色值。

(2) 配色时，使用的玻璃片数应尽可能少。如黄色 35.0，不能以黄色 15.0 和黄色 20.0 的玻璃片配用。

7. 思考题

(1) 不同深浅的红、黄、蓝三种标准颜色玻璃片应如何配合使用？

(2) 两种玻璃片（红色和黄色）标有不同的号码，号码与颜色有何关系？

实验 33 (b)　铂-钴分光光度法

1. 实验目的

(1) 了解用铂-钴分光光度法测定油脂色泽的原理。

(2) 掌握铂-钴分光光度法测定油脂色泽的方法。

2. 实验原理

根据油脂样品与铂-钴标准色号有相似光谱吸收的特性，用分光光度计在一定波长下，测定一系列标准色度的吸光度，绘出工作曲线。在相同波长下测定样品的吸光度，对照已绘出的工作曲线，查得相应的油脂色泽值。以铂-钴色度单位（Hazen）表示。

3. 实验仪器

分光光度计（波长范围 360～800nm）；六孔恒温水浴锅；烧杯（50mL，若干只）。

4. 实验试剂

六水合氯化钴 $CoCl_2 \cdot 6H_2O$；氯铂酸钾 K_2PtCl_6（分析纯）；盐酸。

5. 实验步骤

(1) 仪器的安装和校正

① 分光光度计应安置在干燥房间内的平稳的工作台上，室内照明不宜太强，并禁止用电扇直接向仪器吹风。

② 检查各调节旋钮位置是否正确，接通电源，调整电表的指针，使其处于“0”位上。

③ 接通电源，打开比色皿暗箱盖，调节“波长”旋钮，把波长调整到 420nm，将“放大器灵敏度选择”旋钮置于“2”。调节“调零”旋钮，使电表指针处于“0”位。盖好比色皿暗箱。比色皿处于蒸馏水校正位置，使光电管受光，调节“满度”旋钮，使电表指针到满度位置。

④“放大器灵敏度”旋钮位置的选择原则是：在保证能使“满度”旋钮良好地调节，使电表处于满度状态时，尽可能使“灵敏度”旋钮调到较低一挡的位置，以便使仪器有更高的稳定性。使用时先置“1”的位置，如灵敏度不够，需逐渐升高，改变灵敏度位置后需按③重新调整电表的“0”位和满度。

⑤ 仪器按③的规定调整后，预热约20min，然后再按③的规定，反复调整几次，直到电表指针正确指向“0”位和满度为止。

(2) 标准工作曲线的绘制

① 标准色度母液[1]的制备。在1000mL容量瓶中，溶解100g六水合氯化钴和1.245g氯铂酸钾于水中，加入100mL盐酸溶液，稀释至刻度，并混合均匀。

② 铂-钴标准色度溶液的配制。将标准色度母液按表33-3所列的体积数分别移入20只100mL容量瓶中，用蒸馏水稀释至刻度，摇匀，即成铂-钴标准色度溶液。

表 33-3 铂-钴标准色度溶液的配制

铂-钴色度/Hazen	5	10	15	20	25	30	35	40	50	60
吸取标准母液/mL	1	2	3	4	5	6	7	8	10	12
铂-钴色度/Hazen	70	100	150	200	250	300	350	400	450	500
吸取标准母液/mL	14	20	30	40	50	60	70	80	90	100

③ 铂-钴色度-吸光度标准工作曲线的绘制。将配制的20只铂-钴标准色度溶液逐一置于10cm比色皿中。用蒸馏水作参比，以分光光度计在波长420nm处测定其吸光度（A）。然后用回归分析法求出直线方程 $y=a+bx$。利用此直线方程，以铂-钴色度为纵坐标，吸光度为横坐标，分两段绘制标准工作曲线。

(3) 将油脂样品放入干燥、洁净的50mL烧杯中，在水浴上加热至75℃±5℃，待全部熔化后，立即倒入预先温热过的10cm比色皿中进行测定，读出吸光度数值。重复3次测定的读数值的平均值作为最后的测定结果。

6. 注意事项

(1) 三次测定的读数值极差不大于0.005。

(2) 由三次测定结果的吸光度平均值，查铂-钴色度-吸光度标准工作曲线，得到相应的色度值，或将吸光度平均值代入直线方程式，求得色度值，此值即为样品的色泽。

7. 思考题

测定油脂色泽用铂-钴分光光度法与罗维朋比色计法，试比较两种方法的异同。

实验34 总固体含量的测定

1. 实验目的

(1) 学习液体洗涤剂的总固体含量测定原理。

(2) 掌握液体洗涤剂的总固体含量测定方法。

2. 实验原理

将试样按规定的方法在105℃±1℃的条件下加热干燥后，计算其减少的量，由总量及

[1] 标准色度母液可以用分光光度计以1cm比色皿在波长420nm处检查其吸光度，吸光度范围应为0.110～0.120。

减少的量得出总固体含量。

3. 实验仪器

恒温干燥箱；烧杯（50mL）。

4. 实验试剂

液体洗涤剂。

5. 实验步骤

准确称取试样 0.5g 放入已知质量且已恒重的烧杯中，然后，放入恒温干燥箱内，将温度调整到 105℃±1℃，将量瓶的口敞开，经 30min 后取出，并立即用塞盖紧，放入干燥器内，经 30min 冷却后，称量。再进行同样的操作，一直干燥到质量恒定为止。

结果按下式计算：

$$w=\frac{m_1-m_2}{m}\times 100\%$$

式中 w——总固体的质量分数，%；

m_1——干燥后烧杯和试样的总质量，g；

m_2——烧杯的质量，g；

m——样品质量，g。

6. 注意事项

(1) 实验时，所用烧杯需已知质量且已恒重。

(2) 从恒温干燥箱内取出试样需放入干燥器内直到质量恒定。

7. 思考题

(1) 恒温干燥箱内取出试样为什么不能直接置于空气中，对测定结果有何影响？

(2) 液体洗涤剂的总固体的组分有哪些？

实验 35 不皂化物的测定

1. 实验目的

(1) 掌握油脂中不皂化物含量测定原理。

(2) 学习油脂中不皂化物含量测定方法。

2. 实验原理

不皂化物是指油脂中即不能和碱发生皂化反应又不溶于水的物质，如树脂、蛋白质、蜡、甾醇、高分子醇类、色素、维生素 E 以及夹杂在油脂中的矿物油和矿物蜡等。

天然油脂中常含有不皂化物，但一般不超过 2%。因而测定油脂的不皂化物，可以了解油脂的纯度。不皂化物含量高的油脂不宜用于生产肥皂，特别是对质量不稳定的油脂，生产前首要的工作就是测定其不皂化物含量。

根据油脂和碱发生皂化生成肥皂不溶于醚类有机溶剂，而不皂化物却能溶于醚类溶剂的性质，可用醚类提取分离后，经处理便得不皂化物。

3. 实验仪器

恒温干燥箱；锥形瓶（250mL）；回流冷凝管；单孔或两孔水浴锅；分液漏斗（250mL，

2～3 支)；滤纸；烧瓶（250mL）。

4. 实验试剂

石油醚（沸点 30～60℃）；乙醇溶液（95%乙醇 100mL 加水 60mL 混合，或用普通乙醇加过量碱后重蒸馏出的乙醇 100mL 加水 60mL 混合）；2mol/L KOH 的乙醇溶液；1%酚酞的乙醇溶液。

5. 实验步骤

在锥形瓶中准确称取试样 4.5～5.5g(精确至 0.0001g)，加入 2mol/L KOH 乙醇溶液 25mL，装上回流冷凝管，在水浴中加热回流 1h，使其完全皂化。加入 25mL 热水，加热使皂化生成的肥皂溶解，移入分液漏斗中，将锥形瓶用少量乙醇溶液洗涤，洗液并入分液漏斗中。冷却，加入石油醚 50mL，瓶塞盖紧，振荡充分，静置分层，将肥皂乙醇液移入另一个分液漏斗中，再加石油醚 50mL 进行提取。如此反复对肥皂乙醇液萃取 2～4 次，直至提取出的醚层黄色消失后，即可弃去肥皂乙醇液。

将几次的醚层提取液全部移入一个分液漏斗中，对醚层中残余的可皂化物用乙醇溶液（含有少量碱）洗涤 3 次予以除去。然后对醚层中残留的肥皂再用乙醇溶液洗涤至不呈碱性为止。

准备好一个质量已恒定的烧瓶，将洗净的醚层经干滤纸（纸上放少量的无水硫酸钠以助吸水）过滤于这个烧瓶。装上冷凝管，于水浴上蒸馏回收石油醚。待石油醚基本完全回收，取出烧瓶，将烧瓶外壁擦净，使石油醚完全挥发后，置于 100～105℃烘箱中干燥 0.5h。冷却，称量，冷却，称量，如此反复，直至前后质量之差不大于 0.5mg 为止。

结果按下式计算：

$$w=\frac{m_1-m_0}{m}\times 100\%$$

式中 w——不皂化物质量分数，%；

m_0——空烧瓶质量，g；

m_1——烧瓶和不皂化物质质量，g；

m——样品质量，g。

6. 注意事项

(1) 萃取时若醚层出现乳化现象，破乳的方法是加 5～10mL 95%乙醇或数滴氢氧化钾乙醇溶液。

(2) 两次平行测定结果允许误差不大于 6%。

7. 思考题

何时终止用乙醇溶液洗涤醚层中残留的肥皂？用什么方法检验？写出具体步骤。

实验 36 总脂肪物的测定

1. 实验目的

(1) 学习油脂中的总脂肪物含量测定原理。

(2) 掌握油脂中的总脂肪物含量测定方法。

2. 实验原理

对油脂中的总脂肪物的测定，有直接质量法和非碱金属盐沉淀质量法。若油脂样品中含挥发性脂肪酸较少，宜用直接质量法，此法准确度高，是测定总脂肪物的标准方法。若油脂样品中含挥发性脂肪酸较多，则宜用非碱金属盐沉淀质量法。下面重点介绍直接质量法。

直接质量法是利用油脂和碱起皂化反应，形成脂肪酸盐（肥皂），此产物再与无机酸反应，分解、分离析出游离脂肪酸，游离脂肪酸不溶于水而溶于乙醚或石油醚，经处理得脂肪酸。油脂中某些非脂肪酸的有机物亦能溶于醚中，故测得的结果称为总脂肪物。

3. 实验仪器

恒温干燥箱；锥形瓶（250mL）；回流冷凝管；水浴锅；分液漏斗（250mL，2～3 支）；滤纸；烧瓶（250mL）。

4. 实验试剂

0.5mol/L KOH 乙醇溶液（参照酸值测定配制）；20%盐酸溶液（取相对密度 1.19 的盐酸 500mL，加水 400mL，混合均匀）；乙醚（分析纯）；丙酮（分析纯）。

5. 实验步骤

在锥形瓶中准确称取试样 3～5g（准确至 0.0001g），加入 0.5mol/L KOH 乙醇溶液 50mL，装上回流冷凝管，在水浴中加热回流 1h，使其完全皂化，再蒸馏回收乙醇。加入 80mL 热水，于水浴上加热，使皂化生成的肥皂完全溶解，加 20%盐酸酸化，以甲基橙作指示剂。待脂肪酸析出，冷却至室温。移入分液漏斗中，用 50mL 乙醚对锥形瓶洗涤三次，洗液并入分液漏斗中，瓶塞盖紧，充分振荡、静置分层，将水层移入另一个分液漏斗中，再用 30～50mL 乙醚抽提水层两次。如此反复对乙醚层萃取几次，直至提取出的乙醚层不变色为止。

将几次的乙醚层提取液全部移入一个分液漏斗中，对乙醚层中残余的盐酸用水洗涤数次予以除去，至洗液不呈酸性为止。准备好一个质量已恒定的锥形瓶，用干滤纸过滤抽提液于此锥形瓶中，再用乙醚洗净分液漏斗并过滤到锥形瓶中。

接着在水浴中加热回收乙醚。注意收集乙醚的容器应放入冰水浴中，待乙醚将回收完时，取出锥形瓶，冷却，加入 4～5mL 丙酮，摇匀，再置水浴上蒸去丙酮，以除去残留的乙醚及水分。置于 75℃烘箱中烘 1h，取出，冷却后再加 4～5mL 丙酮同样处理。于水浴上完全蒸去丙酮后，将锥形瓶外壁擦干净，放入 100～106℃烘箱中烘至质量恒定，前后两次质量差不大于 0.5mg。计算结果按下式计算：

$$w=\frac{m_1-m_0}{m}\times 100\%$$

式中 w——总脂肪物的质量分数，%；

m_0——空瓶质量，g；

m_1——烘干后瓶质量，g；

m——样品质量，g。

6. 注意事项

（1）在抽提时如果乙醚层澄清透明，则不必过滤。

（2）试样中的有机溶剂如乙醚或丙酮等若未除尽，切勿放入烘箱中，以免发生爆炸。

(3) 平行测定结果允许误差≤0.3%。

7. 讨论

(1) 总脂肪物包含哪些成分?

(2) 为什么要根据测定样品中含挥发性脂肪酸的多少，来决定具体的测定方法?

实验 37 表面活性剂类型的鉴定

1. 实验目的

学习用指示剂和染料通过显色反应，鉴别表面活性剂类型的原理和方法。

2. 实验原理

表面活性剂按其在溶剂中的电离情况可分类为：阳离子表面活性剂、阴离子表面活性剂、两性离子表面活性剂和非离子表面活性剂。鉴别表面活性剂离子类型的原理是：表面活性剂与某些染料作用时，生成不溶于溶剂的带色复合物（或使试剂呈现带色的复合物）；通过溶液颜色的变化情况，鉴别出表面活性剂的类型。

(1) 阴离子表面活性剂的鉴定

亚甲基蓝法：亚甲基蓝指示剂（本身呈蓝色）溶于水而不溶于氯仿中，阴离子表面活性剂与亚甲基蓝指示剂生成的蓝色配合物溶于氯仿；混合指示剂法：在水-氯仿介质中，阴离子表面活性剂与混合指示剂中的阳离子染料（紫红色）生成配合物溶于氯仿中，使氯仿层呈紫红色。

(2) 阳离子表面活性剂的鉴定

溴酚蓝实验：溴酚蓝指示剂可与阳离子表面活性剂生成蓝色配合物。

(3) 非离子表面活性剂的鉴定

硫氰酸盐比色法：POE 系非离子表面活性剂与硫氰酸钴盐起反应生成蓝色配合物，所以聚氧乙烯（POE）系非离子表面活性剂可以用硫氰酸钴盐比色法快速测定法测定。浊点法：含有醚基或酯基的非离子表面活性剂，在水中的溶解度随温度的升高而降低，开始是澄清透明的溶液，当加热到一定温度，溶液就变浑浊，溶液开始呈现浑浊时的温度叫做浊点。溶液之所以受热变浑浊，是水分子与醚基、酯基之间的氢键因温度升高而逐渐断裂，使非离子表面活性剂的溶解度降低。

(4) 两性离子表面活性剂的鉴定

橙-Ⅱ试验：橙-Ⅱ可以分别与两性离子表面活性剂和阳离子表面活性剂按等摩尔比生成配合物。当 pH=1～2 时，两种配合物都可被氯仿萃取，当 pH=3～5 时，只有与阳离子表面活性剂生成的配合物被氯仿萃取。这两种 pH 条件下萃取物在 484nm 波长处的吸光度有差异，则表示存在两性离子表面活性剂。

3. 实验仪器

试管（6～8 支）；滴管（数支）；水浴锅；722 型分光光度计。

4. 实验试剂

各种表面活性剂试样溶液（浓度 0.5%～1%）。

亚甲基蓝溶液：将 12g 硫酸缓慢地注入约 50mL 水中，待冷却后加亚甲基蓝 0.03g 和无水硫酸钠 50g，溶解后加水稀释至 1L。

混合指示剂（市售商品，碱性溶液，使用前应酸化并稀释）。

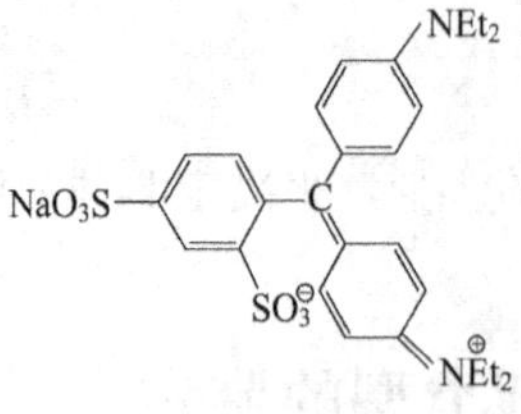

二硫化蓝 VN-150 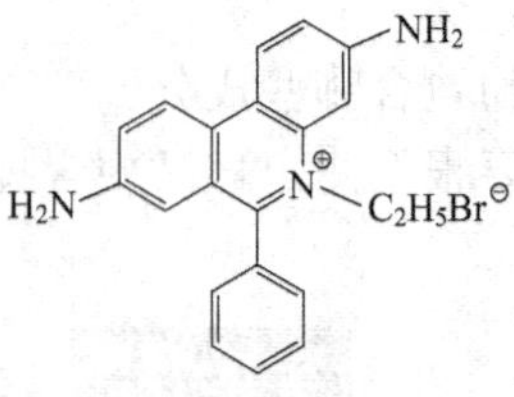　　　　溴化代米迪鎓

溴酚蓝试剂：将 75mL 0.2mol/L 醋酸钠溶液、925mL 0.2mol/L 醋酸溶液、20mL 0.1%溴酚蓝乙醇溶液混合，此液的 pH 必须调节至 3.6～3.9。

硫氢酸钴盐试剂：将 174g 硫氰酸铵和 28g 硝酸钴溶解在 1L 水中。

Dragendorff 试剂：是 2 份溶液 A 与 1 份溶液 B 的混合溶液。

溶液 A——溶解 17g 碱式硝酸铋（$BiNO_3 \cdot H_2O$）于 20mL 冰醋酸中，并用水稀释至 1000mL；溶解 65g 碘化钾于 200mL 水中；将这两种溶液混合，并加入 200mL 冰醋酸，再用水稀释至 1L。

溶液 B——溶解 290g 氯化钡（$BaCl_2 \cdot 2H_2O$）于水中，并稀释至 1L。

0.1%橙-Ⅱ溶液：将 0.1g 橙-Ⅱ（应在乙醇中重结晶 2 次）溶解在 100mL 水中。

缓冲溶液（pH=1）：将 1mol/L 盐酸溶液 97mL 与 1mol/L 氯化钾溶液 50mL 混合。

缓冲溶液（pH=5）：将 0.5mol/L 醋酸溶液 50mL 与 0.5mol/L 醋酸钠溶液 100mL 混合。

氯化钾溶液：将 22.3g 氯化钾溶解于 100mL 水中。

氯仿：依次用浓硫酸、碳酸钠水溶液洗涤，再用氯化钙干燥后蒸馏，保存在暗处。

5. 实验步骤

（1）阴离子表面活性剂的鉴定

① 鉴定方法之一——亚甲基蓝试验　取亚甲基蓝溶液和氯仿各约 3mL，置于试管中加塞剧烈振荡，然后放置分层。氯仿层一般无色（如亚甲基蓝有杂质则呈微蓝色）。把约 1%的试样液加 1 滴于其中，上下激烈摇动后静置分层，若氯仿层呈蓝色，再逐滴加入试液，每加 1 滴都同样操作直至滴完 10 滴，此时氯仿层变为深蓝色，水溶液层几乎无色，则表示试液内有阴离子表面活性剂存在。

为使结果更加明显，对此法作了如下改进：将 3mL 0.5%或 1%试样水溶液置于试管中，加入亚甲基蓝溶液 5mL 和氯仿 3mL，将混合物剧烈振荡 2～3s 后，静置分层，观察两层颜色。如存在阴离子表面活性剂，氯仿层显蓝色。再加入此试样液进行同样操作，则氯仿层呈深蓝色。

② 鉴定方法之二——混合指示剂试验　1%试样水溶液 2mL 于试管中，加入 5mL 混合指示剂和 5mL 氯仿，充分振荡后静置分层。如果下层的氯仿层显紫红色，表示存在阴离子表面活性剂。

（2）非离子表面活性剂的鉴定

① 鉴定方法之一——Dragendorff 试剂反应　1%试样水溶液 2mL 于试管中，加入 5mL Dragendorff 试剂，并搅拌混合物。如果形成黄色沉淀，表示存在非离子表面活性剂。

② 鉴定方法之二——硫氰酸盐试验　将 5mL 硫氰酸钴盐试剂溶液置于试管中，加入约

1%表面活性剂溶液 2mL，振荡混合均匀。当生成蓝色或蓝色沉淀，即可推断是大于 3EO（环氧乙烷加成数）聚氧乙烯化合物。

③ 鉴定方法之三——浊点试验　制备 1%试样水溶液，将试液加入试管内，边搅拌边加热，管内插入 0～100℃温度计一支。如果呈现浑浊，逐渐冷却到溶液刚变透明，记下温度即为浊点。若试样呈阳性，刚可推定含有中等 EO 数的聚氧乙烯类非离子表面活性剂。如加热至沸腾仍无浑浊出现，可加 10%的食盐溶液，若再加热后出现白色浑浊，则是具有高 EO 数的聚氧乙烯型表面活性剂。如果试样不溶于水，且常温下就出现白色浑浊，那么在试样的醇溶液中再加入水，要是仍出现白色浑浊，则可推测为低 EO 数的聚氧乙烯类表面活性剂。

(3) 阳离子表面活性剂的鉴定——溴酚蓝试验　调节 1%试样溶液至 pH=7，加 2～5 滴试样溶液于 10mL 溴酚蓝试剂中，若出现深蓝色，则表示存在阳离子表面活性剂。

(4) 两性离子表面活性剂的鉴定——橙-Ⅱ试验　在 100mL 分液漏斗中，加入 0.1%橙-Ⅱ溶液 1mL、缓冲溶液（pH=1）2mL、0.001%～0.01%试样溶液 5mL，然后加水至 100mL。依次用 6mL、4mL、4mL、2mL 氯仿萃取 4 次，萃取液合并在 25mL 容量瓶中。每次萃取振荡 50 次，静置 10min，分层。在上述容量瓶中加入 5mL 乙醇，再加氯仿至刻度，在 484nm 处测定吸光度。

在同样的分液漏斗中，加入 0.1%橙-Ⅱ溶液 1mL、缓冲溶液（pH=5)2mL、0.001%～0.01%试样溶液 5mL，一边稍加振荡一边加入氯化钾溶液 2mL。同样用氯仿萃取，各萃取液通过底部装有 0.3g 玻璃棉（玻璃棉预先用氯仿润湿）的圆柱（滴定管式，$\phi=1$cm，高 20cm)，流速 12～15mL/min，流出液合并在 25mL 容量瓶中。在容量瓶中加入 5mL 乙醇，用洗涤玻璃棉的氯仿稀释至刻度，在 484nm 处测定吸光度。

6. 注意事项

(1) 用亚甲基蓝试验测定阴离子表面活性剂时，若阴离子表面活性剂与非离子表面活性剂并存时，多少会有乳化现象发生，因此影响分层所需时间，但不妨碍定性鉴定。

(2) 用亚甲基蓝试验测定阴离子表面活性剂时因试剂呈酸性，皂类不显示上述颜色变化，故该试验不能用于皂类的检出。

(3) 溴酚蓝试验中所有阳离子表面活性剂都呈阳性结果。非离子表面活性剂呈阴性，与阳离子表面活性剂共存时并不干扰。

(4) 硫氰酸盐试验可鉴定非离子表面活性剂，该方法有下列干扰因素：阳离子表面活性剂能起类似反应，有阳离子表面活性剂存在时本法不适用；阴离子活性物在测定范围内并不干扰，但有降低或增加颜色的作用；短链烷基苯磺酸盐和螯合剂（如 EDTA）也有上述阴离子活性物的作用，但作用强度比阴离子活性物弱得多；肥皂没有干扰作用。

(5) 两性离子表面活性剂的鉴定方法可作定量分析，存在非离子表面活性剂并不干扰。氯仿需用新鲜试剂。

7. 思考题

(1) 为什么说亚甲基蓝法可鉴定除皂类以外的烷基硫酸酯盐和烷基苯磺酸盐等阴离子表面活性剂?

(2) 鉴定阴离子表面活性剂时可用亚甲基蓝法和混合指示剂法，两种方法有何异同?

(3) 为什么说浊点法鉴定非离子表面活性剂，仅适用于聚氧乙烯类表面活性剂的粗略鉴定?

实验38 有机化合物羰值的测定

实验38（a） 滴定盐酸法

1. 实验目的

（1）学习自动电位滴定法测定有机化合物羰值（价）的方法。

（2）掌握自动电位滴定仪及pH计的使用方法。

2. 实验原理

羰基化合物与盐酸羟胺起化合反应时，游离出盐酸，然后用KOH中和

$$\begin{matrix}R \\ R'\end{matrix}\!\!>C{=}O + NH_2OH\cdot HCl \longrightarrow \begin{matrix}R \\ R'\end{matrix}\!\!>C{=}NOH + H_2O + HCl$$

$$HCl + KOH \longrightarrow KCl + H_2O$$

因为反应液中盐酸羟胺试剂是过量的，因此要求滴定过程中严格控制pH，否则盐酸羟胺中的盐酸也要与KOH起反应。pH一般控制在3.3较合适。所以一般选用溴酚蓝（变色范围pH3.6～4.6）为指示剂，但此种滴定终点不明显。因此一般采用电位滴定来解决这一困难。

3. 实验仪器

羰值瓶（50～100mL）；带磨口五球冷凝器；ZD-1型自动滴定仪；DZ-2型pH计；231型甘汞玻璃电极；电磁搅拌棒。

4. 实验试剂

0.5mol/L $NH_2OH\cdot HCl$乙醇溶液（称取34.7g盐酸羟胺于40mL蒸馏水中加热溶解，温度不超过100℃，并用已处理好的乙醇稀释至1L）；0.1mol/L KOH乙醇标准溶液；无醛乙醇（在3L无水乙醇中溶解5g氢氧化钠，待全部溶解后，另称10g $AgNO_3$ 于20mL蒸馏水中，加热全部溶解后，加入3L无水乙醇中，放置24h后进行蒸馏，截取78℃馏分）。

5. 实验步骤

准确称取1～2g试样（精确至0.0001g）于羰值瓶中，准确加入50mL 5mol/L盐酸羟胺乙醇溶液，装上磨口冷凝器于95℃水浴中反应30min，取出冷却至室温，用0.1mol/L KOH标准乙醇溶液滴定至pH3.3为止，同时做空白试验。

用自动电位滴定仪，滴定试样前，首先用缓冲液标定pH，然后调节滴定终点，固定在pH3.3方可滴定试样，按下式计算羰值。

$$羰值=\frac{(V_1-V_0)\times c\times 56.1}{m}\quad (\text{mg KOH/g})$$

式中 V_0——空白试验耗用KOH乙醇溶液的体积，mL；

V_1——滴定试样耗用KOH乙醇溶液的体积，mL；

c——KOH乙醇溶液的浓度，mol/L；

m——试样质量，g。

实验38（b） 滴定羟胺法

1. 实验原理

盐酸羟胺（$NH_2OH\cdot HCl$，相对分子质量69.5；化学纯≥96.0%）先用KOH处理，

游离羟胺与羰基化合物发生肟化反应，过量的羟胺用标准盐酸滴定。

$$NH_2OH \cdot HCl + KOH \longrightarrow NH_2OH + KCl(\text{过滤掉}) + H_2O$$

$$\begin{matrix} R \\ \quad \end{matrix}\!\!\searrow\; C{=}O + NH_2OH \longrightarrow \begin{matrix} R \\ \quad \end{matrix}\!\!\searrow\; C{=}NOH + H_2O \quad (R,\ R'\ \text{同连于} C)$$

$$NH_2OH + HCl \longrightarrow NH_2OH \cdot HCl$$

2. 实验仪器

羰值瓶（50～100mL）；带磨口五球冷凝器；ZD-1 型自动滴定仪；DZ-2 型 PH 计；231 型甘汞玻璃电极，电磁搅拌棒；滤纸；玻璃漏斗；电炉或水浴锅；锥形瓶（250mL）。

3. 实验试剂

盐酸羟胺；KOH；95％乙醇；0.2mol/L HCl 标准溶液。

4. 实验步骤

羟胺溶液的制取（现配现用）：称取 2.5g 盐酸羟胺，用 5mL 水温热溶解，加入 95mL 95％乙醇，再加入 1g KOH（先用 5mL 水溶解好）搅拌后用滤纸过滤除去白色沉淀（KCl）。

用移液管吸取 25mL 羟胺溶液于羰值瓶中，再准确称取 0.1g（精确至 0.0001g）试样，加入杯中，接上冷凝器，在水浴 80℃上加热 30min，冷却到室温，用少量乙醇洗涤冷凝器和杯盖，用自动电位滴定仪进行滴定，平行进行空白试验。

用自动电位滴定仪滴定试样之前，首先用缓冲溶液标定 pH，计算：

$$\text{羰值} = \frac{(V_0 - V) \times c \times 56.01}{m}$$

式中 V_0——空白试验耗用 HCl 标准溶液的体积，mL；

V——滴定试验耗用 HCl 标准溶液的体积，mL；

c——HCl 标准溶液的浓度，mol/L；

m——试样质量，mg。

5. 注意事项

实验用羟胺试剂最好现用现配。

6. 思考题

为什么要做空白试验？

实验 39 折射率的测定

1. 实验目的

了解阿贝折射仪测定折射率的原理，掌握其测试方法。

2. 实验原理

光线自一种透明介质进入另一种透明介质时，便产生折射现象。这种现象是由于光线在各种不同介质中传播的速度不同所造成的。所谓折射率是指光线在空气中传播的速度与在其他物质中传播的速度的比值。在一定温度下，对一定的介质，其比值为一常数，不同的介质有不同的折射率。折射率是物质的特性常数，除与光线波长、温度有关外，主要决定于该物质的结构。

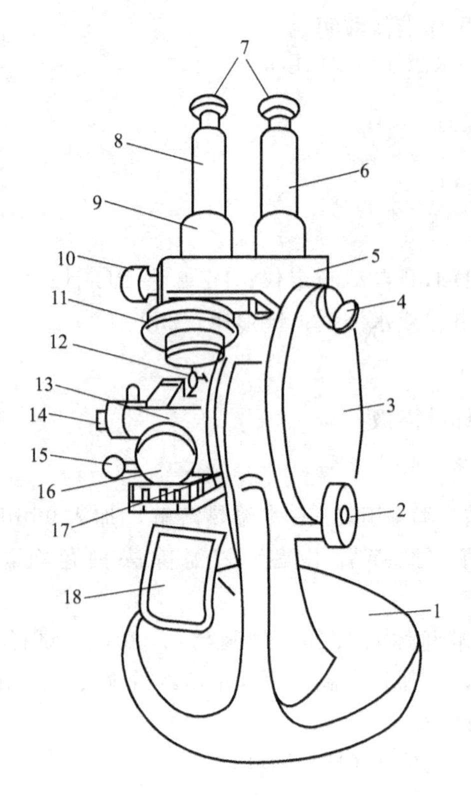

图 39-1　阿贝折射仪

1—底座；2—棱镜转动手轮；3—圆盘组（内有刻度板）；4—小反光镜；5—支架；6—读数镜筒；7—目镜；8—望远镜筒；9—示值调节螺钉；10—阿米西棱镜手轮；11—色散值刻度圈；12—棱镜锁紧扳手；13—棱镜组；14—温度计座；15—恒温器接头；16—保护罩；17—主轴；18—反光镜

3. 实验仪器

阿贝折射仪：是根据测定临界角的原理而设计的，其结构如图 39-1 所示。

恒温水浴（准确度 0.1℃）。

4. 实验试剂

乙醚或乙醇。

5. 实验步骤

在阿贝折射仪上插入温度计，旋紧，并通入 20℃的恒温水，稳定约 20min。打开折光仪的两面棱镜，用擦镜纸或脱脂棉蘸取乙醚或乙醇拭净，待棱镜完全干燥后，用玻璃棒滴加 1～2 滴试样于下面的棱镜上，迅速闭合棱镜即锁棱镜（若被测试液为易挥发物质，则在测定过程中须用滴管在棱镜组侧面的一个小孔内补充），静置数分钟，使试样达到 20℃，调节反光镜 18，使镜筒视场明亮，得到最强的光线。旋转棱镜转动手轮 2，在镜筒中观察明暗分界线，使分界线调节在两条交叉线的交点上，同时旋转色散棱镜手轮 10，使视场中除明显的两色外无其他颜色。

观察读数镜内所指的刻度值，此值即为所测物质的折射率 n_D，读数应估计到 0.0001，一般重复三次，取其平均值。

6. 注意事项

(1) 仪器校正方法。在标准玻璃块的抛光面上加一滴溴代萘，贴在折射棱镜的抛光面上，标准玻璃块抛光的一端应向上，以接受光线，当读数镜内指示于标准玻璃块上的刻度线时，观察望远镜内明暗分界线是否在十字线中间，若有偏差则用方孔调节扳手转动示值调节螺钉 9 使明暗分界线调整至中央，在以后测定过程中螺钉 9 不允许再动。

(2) 如在室温测折射率时，可按下式核算到 20℃时的折射率（A）。

$$A=\gamma+f(t-20)$$

式中　γ——室温（t）时的折射率；

t——测读折射率时的温度；

f——每差 1℃时折射率的校正数。

平行试验的允许差为 0.0002。

注：在测定折射率前，应先用二级蒸馏水校正折光仪。

蒸馏水的折射率如表 39-1 所示。

但在室温为 10℃以下或 30℃以上不可用上式计算，须通过恒温水流，使试样达到规定温度后测定。

表 39-1 不同温度下蒸馏水的折射率

温度/℃	折射率	温度/℃	折射率	温度/℃	折射率
10	1.3337	20	1.3330	30	1.3319
12	1.3336	22	1.3328	32	1.3316
14	1.3335	24	1.3326	34	1.3314
16	1.3333	26	1.3324		
18	1.3332	28	1.3322		

7. 思考题

温度对折射率有何影响？

实验 40 中和值的测定

1. 实验目的

(1) 了解测定中和值的意义和目的。

(2) 掌握测定中和值的方法。

2. 实验原理

中和值即中和 1g 磺酸（或混酸）所需氢氧化钠的质量（mg NaOH/g），在生产中常用它来控制磺化终点，中和值的测定原理与一般中和反应相同。

3. 实验仪器

锥形瓶（250mL）；滴定管（25mL 或 50mL）。

4. 实验试剂

1%酚酞指示剂；0.1mol/L 氢氧化钠标准溶液；烷基苯磺酸（或混酸、废酸）。

5. 实验步骤

准确称取 0.2～0.3g 的试样于 250mL 锥形瓶中（瓶中先注有少量的水），加入水共 50mL，加 2 滴酚酞指示剂，用 0.1mol/L 氢氧化钠标准溶液滴定至微红色。

$$中和值=\frac{cV\times 40}{m}$$

式中 V——滴定耗用氢氧化钠标准溶液的量，mL；

c——氢氧化钠标准溶液的浓度，mol/L；

m——样品质量，g。

6. 注意事项

测定中和值的目的在于调节和控制烃酸比，计算磺化转化率，指示反应终点，发现生产上存在的问题。混酸的中和值控制在 350～380mg NaOH/g。

此法对于磺酸、废酸和回收油都可进行测定。测定磺酸的中和值可控制混酸的分酸程度，计算耗碱量，全分酸磺酸的中和值应小于 160mg NaOH/g，半分酸磺酸的中和值为170～210mg NaOH/g。以 SO_3 磺化时磺酸的中和值还表示反应程度和过磺化情况，一般控制在 130mg NaOH/g。对于废酸，中和值表示废酸的浓度，控制加水量，一般大于 600mg NaOH/g。

7. 思考题

磺酸中和值偏高或偏低说明了什么？

实验41 阴离子表面活性剂的定量分析

实验41（a） 亚甲基蓝法

1. 实验目的

掌握亚甲基蓝法测定阴离子表面活性剂的原理及步骤。

2. 实验原理

亚甲基蓝无机盐溶于水而不溶于氯仿中，但阴离子活性物与亚甲基蓝生成的配合物溶于氯仿中。用阳离子表面活性剂标准溶液滴定溶液中的阴离子活性物，当接近终点时，阳离子与配合物发生复分解反应，释放出亚甲基蓝，蓝色从氯仿层逐渐转移到水层。以氯仿层和水层呈同一蓝色为滴定终点。氯仿层中蓝色完全转移到水层滴定才到达等当点，可以用试样滴定作空白试验，消除氯仿层中蓝色引起的误差。

3. 实验仪器

具塞量筒（100mL）；容量瓶（1000mL、500mL或250mL）；试剂瓶（2000mL）；移液管（25mL）。

4. 实验试剂

氯仿（化学纯）；0.004mol/L月桂醇硫酸钠标准溶液（参照混合指示剂法）。

亚甲基蓝溶液（溶解0.1g亚甲基蓝于50mL水中，稀释至100mL，吸取30mL于1000mL容量瓶中，加6.8mL浓硫酸和50g无水硫酸钠，溶解后用水稀释至1L）。

0.004mol/L阳离子标准溶液：称取3.6g 100%新洁尔灭，即十二烷基苄基二甲基溴化铵，加水稀释至2L。

标定：吸取25mL 0.004mol/L月桂醇硫酸钠标准溶液于100mL具塞量筒中，以下操作同试样测定。按下式计算阳离子溶液的浓度。

$$c_2=\frac{c_1\times 25}{V_2}$$

式中 c_2——标定的阳离子标准溶液的浓度，mol/L；

c_1——月桂醇硫酸钠标准溶液的浓度，mol/L；

V_2——滴定消耗阳离子标准溶液的体积，mL。

5. 实验步骤

（1）亚甲基蓝法　称取适量试样（0.3～0.4g阴离子活性物，精确至0.001g）于烧杯中，加水加热溶解，转移至250mL容量瓶中，稀释至刻度。吸取25mL上述试样溶液于100mL具塞量筒中，加10mL水，25mL亚甲基蓝溶液和15mL氯仿。摇匀后，用阳离子标准溶液滴定，先加2mL，振摇均匀，放置2min待两相分离。继续加入阳离子标准溶液，每次2mL，在每次加入后都应振摇并静置，直到蓝色开始稳定地出现在水相中。降低滴定液加入速度，最后降到每次一滴，以白色板为背景，两相颜色相同为终点。

量取45mL水，置于100mL量筒中，加入25mL亚甲基蓝溶液和15mL氯仿，用试样溶液作空白滴定，试样溶液中阴离子活性物与亚甲基蓝生成配合物，并转移到氯仿层中，氯仿层呈蓝色，直到两相颜色相同为终点。则试样中阴离子活性物的质量分数为：

$$x=\frac{V_3c_2M}{m\times\frac{25-V_0}{250}}\times 100\%$$

式中　x——试样中阴离子活性物的质量分数，%；

V_3——试样试验消耗阳离子标准溶液的体积，mL；

c_2——阳离子标准溶液的浓度，mol/L；

M——阴离子活性物的平均相对分子质量；

m——称取样品的质量，mg；

V_0——空白试验消耗试样溶液的体积，mL。

(2) 亚甲基蓝两相逆滴定法　称取约含阴离子表面活性剂 1g 的样品，加水溶解，定容至 500mL 作为试验溶液。在 100mL 具塞量筒中加入试验液 10mL、亚甲基蓝溶液 25mL 和氯仿 15mL，再准确加入 0.004mol/L 阳离子标准液 25mL，强烈振荡混合后，用 0.004mol/L月桂醇硫酸钠标准溶液滴定。在滴定开始时，每次加 2mL，强烈振荡混合后静置分层，等分层速度加快，即减少每次滴定量，接近终点时，注意每次滴加 1 滴。滴定的终点，需用白色背景观察，当两层的蓝色相同时作为终点。

用 10mL 水代替试样溶液，在相同条件下作空白试验。

试样中阴离子活性物质量分数按下式计算：

$$x=\frac{(V_0-V_1)cM}{m\times\frac{10}{250}}\times100\%$$

式中　x——试样中阴离子活性物质量分数，%；

V_0——空白试验消耗月桂醇硫酸钠标准溶液的体积，mL；

V_1——试样试验消耗月桂醇硫酸钠标准溶液的体积，mL；

c——月桂醇硫酸钠标准溶液的浓度，mol/L；

M——试样中阴离子活性物的平均相对分子质量；

m——称取样品的质量，mg。

亚甲基蓝两相逆滴定法的终点容易判断，分析速度快。

6. 注意事项

本试验达终点时，尚有部分试样留在氯仿层中，为此需用试样溶液作空白滴定消除误差。但一般洗衣粉生产厂，直接用已知阴离子活性物质量分数的洗衣粉（用乙醇萃取法测定，此洗衣粉中不应含非离子活性物）来标定阳离子标准溶液，也以氯仿层和水层颜色相同作为终点，计算阳离子标准溶液浓度时未考虑氯仿层中颜色的影响，所以用这样标定的阳离子标准液反过来滴定阴离子试样溶液时也可以不考虑氯仿层中颜色的影响。

7. 思考题

(1) 亚甲基蓝两相逆滴定法的分析速度比亚甲基蓝法快，其原因是什么？

(2) 解释做空白试验的作用是什么？

实验 41 (b)　混合指示剂法

1. 实验目的

(1) 掌握混合指示剂法测定阴离子表面活性剂的原理及步骤。

(2) 了解阴离子基准物的配制方法。

2. 实验原理

在水-氯仿介质中，以阳离子和阴离子混合染料为指示剂，用阳离子表面活性剂标准溶液作滴定液，分相滴定试样中的阴离子活性物。

阴离子活性物与阳离子染料生成配合物，并溶于氯仿中，使氯仿层呈粉红色。在滴定过程中，当阴离子活性物被作用完后，滴下的阳离子表面活性剂标准溶液中的阳离子活性剂便夺取配合物中的阴离子活性物，因染料转入水层而使氯仿层粉红色退去。当临近终点时阳离子活性剂与阴离子染料生成配合物，并转移到氯仿层并呈蓝色，与即将完全退去的粉红色相混合，使氯仿层呈灰蓝色，将氯仿层呈现灰蓝色定为终点。

本法阴离子活性物种类的变化而引起等当点的变动小。阳离子滴定液用月桂醇硫酸钠标定，滴定液稳定性好。滴定终点容易判断。

3. 实验仪器

具塞量筒（100mL）；容量瓶（250mL 或 500mL）；移液管（25mL）。

4. 实验试剂

氯仿；0.5mol/L 氢氧化钠标准溶液；1mol/L 氢氧化钠标准溶液；酚酞指示剂；1%乙醇溶液；0.004mol/L 月桂醇硫酸钠标准溶液。

纯度检定：称取 5g±0.2g 月桂醇硫酸钠试样（精确至 0.001g）于 250mL 磨口圆底烧瓶中，准确加入 25mL 0.5mol/L 硫酸，装上回流冷凝装置加热，在最初 10min 内溶液变稠，并易形成泡沫，通过振摇或移除热源来消泡沫，之后回流 90min。冷却烧瓶，依次用 30mL 95%乙醇、30mL 水冲洗冷凝管内壁，加 2～3 滴酚酞指示剂，用 1mol/L 氢氧化钠标准溶液滴定。同时作空白试验，用 1mol/L 氢氧化钠标准溶液滴定 25mL 0.5mol/L 硫酸。按下式计算月桂醇硫酸钠纯度 P：

$$P=\frac{(V_1-V_0)\times c_1\times 288.4}{m_1}\times 100\%$$

式中 V_1——试样试验消耗氢氧化钠标准溶液的体积，mL；

V_0——空白试验消耗氢氧化钠标准溶液的体积，mL；

c_1——氢氧化钠标准溶液的浓度，mol/L；

m_1——称取样品的质量，mg；

288.4——月桂醇硫酸钠的平均相对分子质量。

月桂醇硫酸钠溶液配制：称取 1.14～1.16g 月桂醇硫酸钠试样（精确至 0.001g）于 200mL 水中，溶解，转移至 1L 容量瓶中，用水稀释至刻度。按下式计算浓度 c_2：

$$c_2=\frac{m_2 P}{288.4\times 100}$$

式中 c_2——月桂醇硫酸钠的浓度，mol/L；

m_2——称取月桂醇硫酸钠的质量，g；

P——月桂醇硫酸钠的纯度，%；

288.4——月桂醇硫酸钠的平均相对分子质量。

0.004mol/L 阳离子标准溶液配制：称取 1.75～1.85g（精确至 0.001g）海明 1622（对叔-辛基乙氧基乙基二甲基苄基氯化铵）于水中，转移至 1L 容量瓶中，用水稀释至刻度。

混合指示剂原液配制：称取 0.5g±0.005g 溴代米迪鎓（精确至 0.001g）于 50mL 烧杯中，将 0.25g±0.005g 二硫化蓝 VN-150 称入另一烧杯中。在每只烧杯中分别加入 20～30mL 10%热乙醇，搅拌直到溶解。将两溶液都转移至 1 只 25mL 容量瓶中，用热乙醇洗涤烧杯，洗液并入容量瓶中，用 10%乙醇稀释至刻度。

混合酸性指示剂溶液配制：准确吸取 20mL 指示剂原液于 500mL 容量瓶中，加入 200mL 水，20mL 2.5mol/L 硫酸，充分混合，再用水稀释至刻度，避光保存。

5. 实验步骤

（1）阳离子标准液的标定　吸取 25mL 0.004mol/L 月桂醇硫酸钠溶液于 100mL 具塞量筒中，加入 10mL 水、15mL 氯仿和 10mL 混合酸性指示剂溶液，用配好的阳离子溶液滴定，每次滴加后，塞上玻塞，充分振荡，下层呈粉红色。继续滴定，并不断激烈振荡。接近终点时，由于被乳浊液掩蔽，这时每加一滴都要充分振荡，粉红色由下层（氯仿层）消失，使灰色变为灰蓝色为终点。按下式计算阳离子滴定液的浓度 c_2：

$$c_3=\frac{c_2\times 25}{V_2}$$

式中　c_3——阳离子滴定液的浓度，mol/L；

c_2——月桂醇硫酸钠溶液的浓度，mol/L；

V_2——耗用阳离子滴定液的体积，mL。

（2）阴离子活性物的定量　称取适量试样 1.25～2.5g（对活性物单体试样称取 0.5000g 左右，准至 0.001g），溶解于水中，加入几滴酚酞指示剂，用 1mol/L NaOH 溶液或 0.5mol/L H_2SO_4 溶液中和呈淡粉红色，转移至 250mL 容量瓶中，用水稀释至刻度，充分混合，用移液管准确吸取 25mL 溶液于具塞量筒中，加 10mL 水，15mL 氯仿和 10mL 混合指示剂溶液，用标准的阳离子滴定液滴定，每次滴加后，塞上塞子，充分摇动。下层应呈现粉红色，继续滴定，并不断激烈摇动，当接近滴定终点，由于摇动而形成的乳浊液较易破乳，然后再逐滴滴定，每加一滴滴定液，充分摇动，直到终点，氯仿层的粉红色完全退去而变成淡灰蓝色。则阴离子活性物含量为：

$$x=\frac{V_3c_3M}{m_2\times\frac{25}{250}}\times 100\%$$

式中　V_3——试样滴定消耗阳离子标准溶液的体积，mL；

c_3——阳离子标准溶液的浓度，mol/L；

m_2——称取样品的质量，mg；

M——阴离子活性物的平均相对分子质量，见表 41-1。

表 41-1　阴离子活性物的相对分子质量

阴离子活性物	相对分子质量范围	代表值
烷基苯磺酸钠	330～370	348(C_{12})
脂肪醇硫酸钠	270～380	288(C_{12})
脂肪醇醚硫酸钠	400～520	420[$C_{12}(EO)_3$]
烯基磺酸钠	300～370	325(C_{16})
烷基磺酸钠	300～380	328(C_{16})

6. 注意事项

试验开始滴定时，要耐心滴定以观察破乳现象的出现。

7. 思考题

试比较混合指示剂法与亚甲基蓝法，并用所学知识解释滴定过程中出现的实验现象。

实验 41（c）溴甲酚绿法

1. 实验目的

（1）掌握溴甲酚绿法测定阴离子表面活性剂的原理及步骤。

(2) 明确此法与亚甲基蓝法及混合指示剂法的相同点与不同点。

2. 实验原理

溴甲酚绿是阴离子染料，在碱性氯仿-异丙醇-水两相体系中，在阴离子活性物存在下，溴甲酚绿处于水相中，当用阳离子标准液滴定试样中阴离子活性物时，溴甲酚绿蓝色始终处于水相中，当阴离子活性物全部作用完后，滴下的阳离子标准液中阳离子即与溴甲酚绿作用生成配合物，蓝色转移到有机相中，本法以水相和有机相的颜色相同为终点。显然终点已超过等当点，作空白试验可以消除这一影响。亚甲基蓝与混合指示剂法可以测定磺酸盐与硫酸盐型阴离子表面活性剂，而溴甲酚绿法可以同时测定磺酸盐、硫酸盐和羧酸盐型阴离子表面活性剂的活性物质量分数。

3. 实验仪器

具塞量筒（100mL）；容量瓶（500mL）；移液管（25mL）。

4. 实验试剂

氯仿（化学纯）；异丙醇（化学纯）。

0.004mol/L 月桂醇硫酸钠标准溶液（参照混合指示剂法）。

溴甲酚绿溶液：溶解 50mg 溴甲酚绿染料于 10mL 异丙醇中，溶解 50g NaCl、20g $Na_3PO_4 \cdot 12H_2O$、20g $Na_2HPO_4 \cdot 2H_2O$ 于 800mL 水中。将两种溶液混合，用水稀释至 1L。

0.004mol/L 特殊阳离子标准溶液：称取 1.8g 100％新洁尔灭溶于 20％异丙醇溶液中，用 20％异丙醇溶液稀释至 1L。

5. 实验步骤

(1) 特殊阳离子标准溶液的标定　吸取 25mL 0.004mol/L 月桂醇硫酸钠标准溶液于 100mL 具塞量筒中，以下操作同试样测定操作。按下式计算特殊阳离子标准溶液的浓度：

$$c_2=\frac{c_1\times 25}{V_2-V_0}$$

式中　c_2——特殊阳离子标准溶液的浓度，mol/L；

c_1——月桂醇硫酸钠标准溶液的浓度，mol/L；

V_2——滴定消耗特殊阳离子标准溶液的体积，mL；

V_0——空白滴定消耗特殊阳离子标准溶液的体积，mL。

空白滴定在 100mL 具塞量筒中加入 35mL 水、3mL 异丙醇、25mL 溴甲酚绿溶液、25mL 氯仿-异丙醇（2∶1），按试样测定操作用 0.004mol/L 特殊阳离子标准溶液滴定至两相颜色相同。记下特殊阳离子标准溶液的耗用量，此值（V_0）不应超过 1.2mL。

(2) 阴离子表面活性剂的定量　称取 0.15g 样品（纯阴离子表面活性剂和肥皂，精确至 0.001g）于烧杯中，加水，稍加热溶解，转移至 250mL 容量瓶中，用水稀释至刻度。

吸取 25mL 上述试样溶液于 100mL 具塞量筒中，加入 25mL 溴甲酚绿溶液、25mL 氯仿-异丙醇（2∶1），振摇均匀，上层显蓝色，下层无色。用 0.004mol/L 特殊阳离子标准溶液滴定，先加 2mL，振摇均匀，放置，待两相分层后，继续加入滴定液，每次加入后都应振摇并放置，直至蓝色开始转移至下层，降低加入速度，最后降到每次 1 滴。以白色板为背景，两相颜色相同为终点。记下消耗特殊阳离子标准溶液的体积（V_3）。

同混合指示剂法测定试样中阴离子活性物。试样中肥皂的质量分数按下式计算：

$$x=\frac{[(V_3-V_0)c_2-V_4c_3]M}{m\times\frac{25}{250}}\times100\%$$

式中 V_3——溴甲酚绿法滴定试样液消耗特殊阳离子标准溶液的体积，mL；

V_0——溴甲酚绿法空白滴定消耗特殊阳离子标准溶液的体积，mL；

c_2——特殊阳离子标准溶液的浓度，mol/L；

V_4——混合指示剂法滴定试样液消耗阳离子标准溶液的体积，mL；

c_3——阳离子标准溶液［同实验 41(b) 混合指示剂法］的浓度，mol/L；

m——称取试样的质量，mg；

M——肥皂分子的平均相对分子质量；

x——试样中肥皂的质量分数，%。

6. 注意事项

溴甲酚绿法可以同时测定磺酸盐、硫酸盐和羧酸盐型阴离子表面活性剂的活性物质量分数，而亚甲基蓝与混合指示剂法只可以测定磺酸盐与硫酸盐型阴离子表面活性剂。

7. 思考题

为什么溴甲酚绿法测定阴离子表面活性剂的类型比亚甲基蓝、混合指示剂法的多?

实验 42 羟值的测定

实验 42 (a) 高氯酸法

1. 实验目的

掌握含羟基有机化合物羟值的测定方法。

2. 实验原理

羟值也称羟价，是指中和 1g 样品乙酰化的醋酸所消耗的氢氧化钾的质量。本法用于测定含羟基官能团的物质。先用醋酐进行酯化反应，过量的醋酐用氢氧化钾标准溶液反滴定，反应中消耗的醋酐用氢氧化钾的质量表示。含羟基的有机化合物经高氯酸乙酰化试剂酰化后，剩余的酰化试剂经水解成醋酸，用标准碱滴定醋酸，由此可以计算出羟价。

3. 实验仪器

碘值瓶（250mL）；刻度移液管（5mL）。

4. 实验试剂

醋酸酐-醋酸乙酯酰化剂：将 150mL 醋酸乙酯加入 250mL 碘值瓶中，慢慢加入 4g (2.35mL) 71%高氯酸，再慢慢加入 8mL 醋酸酐，于室温静置 10min 后，用冰水冷至 5℃，再加入 42mL 冷的醋酸酐，在 5℃继续冷却 1h，此时溶液呈黄色。此试剂可保存两星期。

0.6mol/L 氢氧化钾乙醇标准溶液；酚酞指示剂（1%乙醇溶液）。

5. 实验步骤

称取无水样品 1.000～1.2000g(精确至 0.0002g)，置于 250mL 碘值瓶中，用刻度移液管加入 5mL 醋酸酐-醋酸乙酯酰化剂，振摇之，直至样品溶解。在室温下反应 10～15min，然后加入 10mL 水，在室温下水解 5min 后，加入酚酞指示剂 3 滴，用 0.5mol/L 氢氧化钾水（或乙醇）标准溶液滴定至呈微红色，并能维持30s不退去为终点。同时在相同条件下做空白试验，则羟值计算如下：

$$H.V=\frac{(V_0-V_1)\times c\times 56.11}{m}$$

式中　$H.V$——羟值，mg KOH/g；

V_0——空白试验消耗氢氧化钾水（或乙醇）标准溶液的体积，mL；

V_1——试样试验消耗氢氧化钾水（或乙醇）标准溶液的体积，mL；

c——氢氧化钾水（或乙醇）标准溶液的浓度，mol/L；

m——称取试样的质量，g；

56.11——氢氧化钾的相对分子质量。

6. 注意事项

本法适用于高级醇的羟值测定。

7. 思考题

(1) 做空白试验的意义是什么？做与不做对测定有何影响？为什么？

(2) 在试验中仪器不烘干带有水分对测定有什么影响？并说明为什么？

实验42（b） 对甲苯磺酸乙酰化法

1. 实验目的

了解用对甲苯磺酸乙酰化法定量测定含羟基有机化合物的原理，并掌握其测定方法。

2. 实验原理

对甲苯磺酸法的原理与高氯酸法相同，只是用对甲苯磺酸这种较温和的催化剂代替高氯酸。

3. 实验仪器

碘值瓶（250mL）；刻度移液管（5mL）。

4. 实验试剂

醋酸酐-醋酸乙酯酰化试剂：在清洁干燥的500mL棕色瓶中加入300mL醋酸乙酯，再加入对甲苯磺酸14.4g，用电磁搅拌器搅拌溶液至酸完全溶解，然后慢慢加入120mL醋酸酐，并同时搅拌。溶液会带一点黄色，只能保存一星期。

0.5mol/L氢氧化钾乙醇标准溶液；混合指示剂：1份0.1%中性甲酚红和3份0.1%中性百里酚蓝混合液。

5. 实验步骤

称取5～6mmol羟基化合物样品（精确至0.0001g），于250mL碘值瓶中，用刻度移液管加5mL醋酸酐-醋酸乙酯酰化试剂，加塞后置于50℃±1℃水浴中，烧瓶内容物完全浸在水面之下，5min后将烧瓶取出，轻轻摇动，然后在水浴中反应10min。取出烧瓶，加10mL水，加入时冲洗瓶壁。让烧瓶在室温下静置5min，水解过量的醋酐。加入2～3滴混合指示剂，用0.5mol/L氢氧化钾乙醇标准溶液滴定至终点（由黄色变为蓝色）。同时在相同条件下作空白试验。重新称样测定样品的酸度。则羟值计算如下：

$$H.V=\frac{(V_1+V_0-V_2)\times c\times 56.11}{m}$$

式中　$H.V$——羟值，mg KOH/g；

V_1——测定样品酸度（校正后）消耗氢氧化钾乙醇标准溶液的体积，mL；

V_0——空白试验消耗氢氧化钾乙醇标准溶液的体积，mL；

V_2——样品试验消耗氢氧化钾乙醇标准溶液的体积，mL；

c——氢氧化钾乙醇标准溶液的浓度，mol/L；

m——称取样品的质量，g；

56.11——氢氧化钾的相对分子质量。

6. 注意事项

(1) 若两次称取试样的质量不同，则 V_1 应进行校正：

$$V_1=\frac{m}{m_a}\times V_a$$

式中 m_a——测定样品酸值时称取样品的质量，g；

V_a——测定样品酸值时消耗氢氧化钾乙醇标准溶液的体积，mL。

(2) 本法可快速且安全地测定乙氧基化物的羟值，控制乙氧基化反应，特别适用于低加聚度的乙氧基化物的测定。但受到游离聚乙二醇等物质的干扰。应对酸度或碱度进行校正。

7. 思考题

本法与高氯酸乙酰化法比较有什么相同点及不同点？

实验 43 皂化值的测定

1. 实验目的

学习皂化值的定义及其测定原理，掌握皂化值的测定方法。

2. 实验原理

皂化值也称皂化价，即皂化 1g 试样所需氢氧化钾的质量，表示为 mg KOH/g。利用碱能皂化试样中的酯类和中和试样中的酸类，可用酸标准溶液滴定过量的碱。

3. 实验仪器

锥形瓶（250mL）；回流冷凝器；加热器（水浴或电热板）；滴定管。

4. 实验试剂

KOH(0.5mol/L 乙醇溶液)；HCl(0.5mol/L 标准溶液)；酚酞指示剂（1%乙醇溶液）。

5. 实验步骤

称取样品 2g(精确至 0.001g)，置于 250mL 锥形瓶中。用移液管加入 50mL 氢氧化钾乙醇溶液，装上回流冷凝管，置于水浴（或电热板）上维持微沸状态 1h。勿使蒸汽逸出冷凝管。取下后，加入酚酞指示剂 6～10 滴，趁热以盐酸标准溶液滴定至红色恰消失为止。同时在相同条件下作空白试验。则皂化价计算如下：

$$S.V=\frac{(V_0-V_1)\times c\times 56.11}{m}$$

式中 $S.V$——皂化值，mg KOH/g；

V_0——空白试验消耗盐酸标准溶液的体积，mL；

V_1——试样试验消耗盐酸标准溶液的体积，mL；

c——盐酸标准溶液的浓度，mol/L；

m——称取样品的质量，g；

56.11——氢氧化钾的相对分子质量。

6. 注意事项

实验中所用乙醇应精制，方法如下。

称取硝酸银1.5～2g，溶于3mL蒸馏水中，然后倒入1000mL乙醇中摇匀。另取化学纯氢氧化钾3g，溶于15mL热乙醇中，冷却后再加入以上乙醇溶液中摇匀，静置澄清后，移出澄清液再进行蒸馏。

7. 思考题

(1) 皂化值与酸值有何区别？

(2) 实验过程中为什么试样要维持微沸1h？

实验44 酸值的测定

实验44 (a) 氢氧化钾水溶液法

1. 实验目的

了解酸值的意义及掌握测定原理，并掌握酸值的测定方法。

2. 实验原理

酸值也称酸价，即中和1g试样所需KOH的质量，表示为mg KOH/g。其测定原理与一般中和反应类似。

3. 实验仪器

锥形瓶（250mL）；碱式滴定管（25mL或50mL）。

4. 实验试剂

KOH(0.02mol/L标准溶液)；95%乙醇(分析纯)；酚酞指示剂（1%乙醇溶液）。

5. 实验步骤

称取适量样品（精确至0.0001g)，置于250mL锥形瓶中，加入95%乙醇（以酚酞为指示剂，用氢氧化钾溶液中和至微红色）约70mL，加热使样品溶解。加入酚酞指示剂6～8滴，立即用0.2mol/L氢氧化钾标准溶液滴定至呈微红色，并能维持30s不退色为终点。酸值计算如下：

$$A.V=\frac{V\times c\times 56.11}{m}$$

式中 $A.V$——酸值，mg KOH/g；

V——滴定消耗氢氧化钾标准溶液的体积，mL；

c——氢氧化钾标准溶液的浓度，mol/L；

m——称取样品的质量，g；

56.11——氢氧化钾的相对分子质量。

6. 注意事项

(1) 样品的称取量决定样品中脂肪酸量，例如，一般油脂3～5g，椰子油15g，蜡类1～3g，羊毛醇、辛基十二醇1～3g，脂肪醇（如月桂醇、油醇、硬脂醇、鲸蜡醇、鲸蜡十八醇）5～6g，羊毛脂肪酸5～6g，珠光剂2～3g。

（2）香料，称样2～5g，酚酞指示剂3滴，氢氧化钾标准溶液浓度0.1mol/L。

若测定醛类产品时，掌握粉红色呈现即为终点，因为活泼的醛类在滴定时极易氧化成酸。若测定冬青油和甜樟油时（这两种精油含有大量水杨酸甲酯），则要用水代替95%乙醇，并用酚酞为指示剂。

在测定甲酸酯类（如甲酸香叶酯、甲酸苄酯）时，由于这类化合物遇碱极易水解，使酸值偏高，因此测定时溶液的温度保持在0℃左右。试样颜色较深时，可用中性精制乙醇稀释，或用pH计指示。

（3）本法适用于油脂、蜡类、羊毛醇、脂肪醇、羊毛脂肪酸、香料。

7. 思考题

（1）本中和试验操作与一般中和反应操作有何相同点和不同点？

（2）样品用量多少对滴定结果有何影响？

实验44（b） 氢氧化钾乙醇溶液法

1. 实验目的

同KOH水溶液法。

2. 实验原理

同KOH水溶液法。

3. 实验仪器

锥形瓶（250mL）；滴定管（碱式）。

4. 实验试剂

KOH 0.1mol/L乙醇标准溶液；95%乙醇（分析纯）；1%酚酞乙醇溶液（指示剂）。

5. 实验步骤

称取0.5g样品（精确至0.0001g），置于250mL锥形瓶中，加入95%乙醇（用酚酞作指示剂，以氢氧化钾乙醇溶液中和至微红色）50mL，加热使样品溶解，加入酚酞指示剂3滴，立即以0.1mol/L氢氧化钾乙醇标准溶液滴定至呈微红色，并能维持30s不退去为终点。则酸值计算如下：

$$A.V=\frac{V\times c\times 56.11}{m}$$

式中 $A.V$——酸值，mg KOH/g；

V——滴定消耗氢氧化钾乙醇标准溶液的体积，mL；

c——氢氧化钾乙醇标准溶液的浓度，mol/L；

m——称取样品的质量，g；

56.11——氢氧化钾的相对分子质量。

6. 注意事项

本法适用于脂肪酸类（如月桂酸、豆蔻酸、棕榈酸、油酸、硬脂酸、异硬脂酸、山俞酸）和山俞醇的酸值测定。

7. 思考题

KOH水溶液法与KOH乙醇溶液法有何异同点？并加以说明。

实验45 碘值的测定

1. 实验目的

掌握韦氏法和徐柏法测定有机物碘值的原理及操作技能。

2. 实验原理

碘值也称碘价，是指100g样品结合卤素的量换算成碘的克数。

测定碘值的方法是基于不饱和化合物容易为卤素所加成。卤素的加成反应，以氯最为强烈，但同时可以取代饱和烃链上的氢；溴的加成反应也很快，也有部分取代反应发生；碘的加成反应很慢，并且是非定量的。所以碘值测定中的卤素加成试剂并不用游离的卤素，而是采用氯化碘、溴化碘等卤素化合物。这些卤素化合物对不饱和化合物的双键不仅能迅速地完成加成反应，同时不会发生取代反应。少数情况下也有在低温下直接用溴加成的例子。

由于卤素化合物有多种，同时与不同溶剂配合，就出现很多种碘值测定方法。其中应用最广泛的有两种：即氯化碘-冰醋酸溶液法（韦氏法）和氯化碘-乙醇溶液法（徐柏法）。

（1）韦氏法　用氯化碘与油脂中不饱和双键起加成反应，然后用硫代硫酸钠滴定过量的氯化碘，可以计算出油脂的碘值。其反应式如下：

$$I_2 + Cl_2 \longrightarrow 2ICl$$

$$RCH{=}CHR' + ICl \longrightarrow \underset{\displaystyle I\quad\;\; Cl}{RCH{-}CHR'} \text{ 或 } \underset{\displaystyle Cl\quad\;\; I}{RCH{-}CHR'}$$

$$ICl + KI \longrightarrow KCl + I_2$$

$$I_2 + 2Na_2S_2O_3 \longrightarrow NaI + Na_2S_4O_6$$

（2）徐柏法　用氯化汞和碘的乙醇溶液组成的混合物为反应溶液，此溶液生成的氯化碘与样品中不饱和双键发生加成反应，多余的氯化碘在加入碘化钾后析出游离碘，用硫代硫酸钠标准溶液滴定。其反应式如下：

$$2I_2 + HgCl_2 \longrightarrow 2ICl + HgI_2$$

$$RCH{=}CHR' + ICl \longrightarrow \underset{\displaystyle I\quad\;\; Cl}{RCH{-}CHR'} \text{ 或 } \underset{\displaystyle Cl\quad\;\; I}{RCH{-}CHR'}$$

$$ICl + KI \longrightarrow KCl + I_2$$

$$I_2 + 2Na_2S_2O_3 \longrightarrow NaI + Na_2S_4O_6$$

如果乙醇中含有少量水，则发生如下反应：

$$ICl + H_2O \longrightarrow HIO + HCl$$

$$2HIO + C_2H_5OH \longrightarrow I_2 + CH_3CHO + 2H_2O$$

由于次碘酸很不稳定而容易分解：

$$5HIO \longrightarrow HIO_3 + I_2 + 2H_2O$$

生成的碘酸与碘和氯化氢相互作用，重新形成氯化碘：

$$HIO_3 + I_2 + 5HCl \longrightarrow 5ICl + 3H_2O$$

因此，这些反应使溶液构成一复杂平衡状态。然而，这些反应并不影响碘值，因为当加入碘化钾后，氯化碘、次碘酸、碘酸都与碘化钾反应析出相当量的碘。

3. 实验仪器

（1）韦氏法　碘值瓶（250mL）；移液管（25mL）；酸式滴定管（25mL）。

（2）徐柏法　碘值瓶（250mL）；移液管（10mL）；滴定管。

4. 实验试剂

(1) 韦氏法　冰醋酸；碘化钾（15%水溶液）；盐酸（密度 1.19g/mL）；三氯甲烷或四氯化碳；碘；氯气（99.9%）或用密度为 1.19g/mL 的盐酸滴加于高锰酸钾中，再使生成的氯气通过盛有密度为 1.84g/mL 的硫酸洗气瓶干燥的方法进行制备；氯化碘；淀粉指示剂；硫代硫酸钠（0.1mol/L 标准溶液）。

氯化碘溶液：溶解 16.24g 氯化碘于 1000mL 冰醋酸中；或按韦氏溶液配制，即溶解 13g 碘于 1000mL 冰醋酸中，然后置于 1000mL 棕色瓶中。冷却后，倒出 100～200mL 于另一棕色瓶中，置阴暗处供调整之用。通入氯气至剩余的 800～900mL 碘溶液，使溶液由深色渐渐变淡直至到橘红色透明为止。氯气通入量按校正方法校正后，用预先留存的碘液予以调整。

校正方法：分别取碘溶液及新配制的韦氏溶液各 25mL，加入 15%碘化钾溶液各 20mL，再加入水 10mL，用 0.1mol/L 硫代硫酸钠标准溶液滴定至溶液呈淡黄色时，加 1mL 淀粉指示剂，继续滴定至蓝色消失为止。新配制的韦氏溶液所消耗的 0.1mol/L 硫代硫酸钠标准溶液的体积应接近于碘溶液的 2 倍。

(2) 徐柏法　0.1mol/L 硫代硫酸钠标准溶液；6%氯化汞乙醇溶液；5%碘乙醇溶液；三氯甲烷（或四氯甲烷）；10%碘化钾溶液；淀粉指示剂。

5. 实验步骤

(1) 韦氏法　准确称取适量干燥样品（精确至 0.0001g）置于 250mL 碘值瓶中，加入三氯甲烷（或四氯化碳）15mL。待样品溶解后，用移液管加入氯化碘溶液 25mL，充分摇匀后置于 25℃左右的暗处 30min。将碘值瓶从暗处取出，加入碘化钾溶液 20mL，再加入水 100mL，用硫代硫酸钠标准溶液滴定，边摇边滴定至溶液呈淡黄色时，加入淀粉指示剂 1mL，再继续滴定至蓝色消失。同时在相同条件下作空白试验。则碘值计算如下：

$$I.V=\frac{(V_0-V_1)\times c\times 0.1269}{m}\times 100$$

式中　$I.V$——碘值，g 碘/100g；

V_0——空白试验消耗硫代硫酸钠标准溶液的体积，mL；

V_1——样品试验消耗硫代硫酸钠标准溶液的体积，mL；

c——硫代硫酸钠标准溶液的浓度，mol/L；

m——称取样品的质量，g；

0.1269——碘的相对原子质量$\times 10^{-3}$。

(2) 徐柏法　准确称取适量干燥样品（精确至 0.0001g）置于 250mL 碘值瓶中，加入 10mL 氯仿，使样品完全溶解。用移液管加入 10mL 碘乙醇溶液和 10mL 氯化汞乙醇溶液。加塞，摇匀瓶中溶液，置于室温下的暗处静置过夜。然后加入 20mL 10%碘化钾溶液，以 0.1mol/L 硫代硫酸钠标准溶液滴定至淡黄色时，再加入 1mL 淀粉指示剂，继续滴定至蓝色消失。同时在相同条件下作空白试验。碘值计算同韦氏法。

6. 注意事项

(1) 韦氏法

① 称取样品的质量决定于样品的不饱和度，样品的质量应该为使氯化碘-冰醋酸溶液过量一倍以上。应根据表 45-1 估计碘值称取适量样品。

表 45-1　不同碘值称取样品范围值

估计碘值/(mg KOH/g)	称取样品质量/g	估计碘值/(mg KOH/g)	称取样品质量/g
20 以下	1.2000～1.2200	120～140	0.1900～0.2100
20～40	0.7000～0.7200	140～160	0.1700～0.1900
40～60	0.4700～0.4900	160～180	0.1500～0.1700
60～80	0.3500～0.3700	180～200	0.1400～0.1600
80～100	0.2800～0.3000	200 以上	0.1000～0.1400
100～120	0.2300～0.2500		

② 若加入 10mL 2.5%醋酸汞的醋酸溶液作催化剂，在暗处反应时间可缩短为 5min。

③ 水分会影响氯化碘-醋酸溶液的保存时间，使其与样品的反应速度减慢到几百分之一。因此，配制用冰醋酸浓度要高，氯气要干燥，配制过程和测定操作中所有仪器都必须绝对干燥。

④ 冰醋酸不得含有还原性物质，使用前必须通过下列试验：取 2mL 冰醋酸，用 10mL 水稀释，在加入 0.1mol/L 高锰酸钾溶液 2 滴（0.1mL）后，所产生的粉红色不得在 2h 内完全消失。或者取 10mL 冰醋酸，加入含有 1 滴（0.05mL）饱和的重铬酸钾硫酸（相对密度 1.84）溶液 10mL，混匀后其溶液应不立即产生绿色，即可直接使用。否则可用下列方法精制：取冰醋酸 800mL 于 1000mL 烧瓶中，加入 8～10g 高锰酸钾，装上回流冷凝管，加热回流，使氧化完全。然后接上蒸馏装置，在电炉上加热进行蒸馏，接取 118～119℃馏出物。

（2）徐柏法

① 样品的称量要求参照韦氏法的实验注意事项①。

② 加入碘乙醇和氯化汞乙醇溶液后，如果瓶内溶液颜色显著变浅，表示加入量不够，都应相应补加；如果浑浊不清，应加入少量三氯甲烷，使溶液完全透明。

③ 加入碘化钾溶液后，如有碘化汞沉淀生成，则应补加碘化钾溶液，直到生成的沉淀完全溶解为止。

7. 思考题

（1）在韦氏液的配制过程中及碘值的测定中要求所用的所有仪器都必须绝对干燥，为什么？

（2）韦氏法与徐柏法都能测试样的碘值，试问两种方法有何相同点及不同点？

实验 46　酯值的测定

1. 实验目的

（1）了解测定试样酯值的意义及测定原理。

（2）掌握测定酯值的方法。

2. 实验原理

酯值也称酯价，是指皂化 1g 试样中的酯消耗 KOH 的质量，用 *E.V* 表示（mg KOH/g）。其测定原理同一般中和反应。

3. 实验仪器

锥形瓶（250mL）；回流冷凝管；移液管（50mL）；水浴锅；滴定管。

4. 实验试剂

0.1mol/L 氢氧化钾溶液；0.5mol/L 氢氧化钾乙醇溶液；酚酞指示剂（1%乙醇溶液）；0.5mol/L 盐酸标准溶液。

5. 实验步骤

称取样品 2g(精确至 0.0002g)，置于 250mL 锥形瓶中。加入 95%乙醇 10mL 和酚酞指示剂 3 滴，用 0.1mol/L 氢氧化钾溶液中和，然后用移液管加入 50mL 0.5mol/L 氢氧化钾乙醇溶液，装上回流冷凝管，置于水浴（或电热板）上维持微沸状态 1h。冷却后，加 6～8 滴酚酞指示剂，用 0.5mol/L 盐酸标准溶液滴定至红色恰好消失。同时在相同条件下作空白试验。则酯值计算如下：

$$E.V=\frac{(V_0-V_1)\times c\times 56.11}{m}$$

式中 $E.V$——酯值，mg KOH/g；

V_0——空白试验消耗盐酸标准溶液的体积，mL；

V_1——样品试验消耗盐酸标准溶液的体积，mL；

c——盐酸标准溶液的浓度，mol/L；

m——称取样品的质量，g；

56.11——氢氧化钾的相对分子质量。

6. 注意事项

（1）本方法是直接皂化法测定酯值，若已知试样的皂化值和酸值，可按下式求得酯值：

酯值=皂化值－酸值

（2）平行试验结果的允许差如下：酯值在 10 以下允许差为 0.2；酯值在 10～100 允许差为 0.5；酯值在 100 以上允许差为 1.0。

注意：①取样多少，视含酯量高低而定，试样用量一般为 0.5～5g；②回流一般为 1h，但有些酯需要较长回流时间。如水杨酸甲酯回流 2h，乙酸松油酯回流 4h，乙酸柏木酯回流 48h，异戊酸异戊酯回流 6h，倍半萜烯醇的某些酯需 2h 或 2h 以上；③如试样皂化后颜色较深，滴定前可加蒸馏水 50mL，空白试验加水量同；④如试样为甲酸酯类，则中和游离酸时，应将试样溶液的温度保持在 0℃左右进行；⑤如试样酸值高者，应另取试样测定酸值，在酯值的结果中扣除。

7. 思考题

（1）试比较测定酸值、酯值、皂化值有何相同点和不同点。

（2）实验开始加入 0.1mol/L 的 KOH 溶液中和，而后加入 0.5mol/L 的 KOH 溶液，试分析这样试验的目的和作用是什么？

实验 47 烷醇酰胺中游离胺含量的测定

1. 实验目的

（1）进一步学习有机物酸碱滴定的原理和方法。

（2）掌握测定烷醇酰胺游离胺含量的测定方法和操作。

2. 实验原理

利用游离胺呈碱性的特点，用标准酸滴定烷醇酰胺中的游离胺含量。

3. 实验仪器

锥形瓶（250mL）；滴定管。

4. 实验试剂

异丙醇；0.1%溴酚蓝指示剂；0.5mol/L盐酸标准溶液。

5. 实验步骤

称取2.0g（或5.0g）样品（精确至0.0002g）于250mL锥形瓶中，加入50mL（或75mL）异丙醇，3～4滴溴酚蓝指示剂，用0.5mol/L盐酸标准溶液滴定至溶液由蓝色变为淡黄色为终点。则游离胺含量计算如下：

$$游离胺含量=\frac{VcM}{m}\times 100\%$$

式中 V——滴定消耗盐酸标准溶液的体积，mL；

c——盐酸标准溶液的浓度，mol/L；

M——胺相对分子质量；

m——称取试样的质量，mg；

6. 注意事项

此测定属于非水滴定。非水滴定的介质溶剂包括碱性、酸性、惰性及两性溶剂。

7. 思考题

此实验所用溶剂异丙醇属于非水滴定的介质溶剂的哪一种？

实验48 *N*,*N*-二甲基十二烷基胺的测定

1. 实验目的

学习非水电位滴定法的原理及PHS-3型电位滴定仪的使用法。

2. 实验原理

伯、仲、叔胺是一类具有不同碱性的有机碱，一般难溶或微溶于水，必须使用三种不同的非水电位滴定法来测定它们的质量分数。

（1）总胺值　用标准的盐酸异丙醇溶液滴定样品中的伯、仲、叔胺的总值。

$$RNH_2 + HCl \longrightarrow R\overset{\oplus}{N}H_3Cl^{\ominus}$$

$$RNHCH_3 + HCl \longrightarrow R\overset{\oplus}{N}H_2CH_3Cl^{\ominus}$$

$$RN(CH_3)_2 + HCl \longrightarrow R\overset{\oplus}{N}H(CH_3)_2Cl^{\ominus}$$

（2）仲、叔胺值　样品预先用水杨醛处理，使伯胺与水杨醛反应生成无碱性的西佛碱，而仲、叔胺与水杨醛不起反应，因此可以用标准盐酸异丙醇溶液滴定。

$$RNH_2 + C_6H_4(CHO)(OH) \longrightarrow C_6H_4(CH{=}NR)(OH) + H_2O$$

（3）叔胺值　样品预先用乙酐处理，使伯、仲胺与乙酐反应生成相应的乙酰化产物。

$$RNH_2 + Ac_2O \longrightarrow RNHAc + HOAc$$

$$RNHCH_3 + Ac_2O \longrightarrow RN(CH_3)Ac + HOAc$$

乙酰化产物不呈碱性。叔胺虽不能发生类似的乙酰化反应。但依靠其碱性能与乙酸发生中和反应而生成铵盐。

$$RN(CH_3)_2 + HOAc \longrightarrow R\overset{\oplus}{N}H(CH_3)_2\overset{\ominus}{O}Ac$$

这种弱酸铵盐仍可用强酸 $HClO_4$ 溶液来滴定叔胺。

$$R\overset{\oplus}{N}H(CH_3)_2\overset{\ominus}{O}Ac + HClO_4 \longrightarrow R\overset{\oplus}{N}H(CH_3)_2ClO_4^{\ominus} + HOAc$$

胺值的定义为每克样品含有碱性物质所相当的 KOH 的质量，mg KOH/g。

3. 实验仪器

PHS-3 型电位滴定仪；酸式滴定管；容量瓶；烧杯等。

4. 实验试剂

浓盐酸；异丙醇；*N*,*N*-二甲基十二烷胺；碳酸钠基准物；冰乙酸；乙酐；邻苯二甲酸氢钾；基准物；氯仿；水杨醛。

5. 实验步骤

（1）标准溶液的配制

① 标准 0.2mol/L HCl 溶液　在 1000mL 烧杯中加入 500mL 异丙醇、17mL 浓盐酸（浓度为 36%～38%，密度 1.19）。然后移入 1000mL 容量瓶中，用异丙醇稀释至刻度，摇匀。

准确称取 0.1g(精确至 0.1mg) 碳酸钠基准物，加入少量蒸馏水溶解，再加入 20mL 异丙醇。然后用 HCl 溶液滴定至等当点。记录所用去的体积和电位计的读数。

② 标准 0.2mol/L $HClO_4$ 溶液　在 1000mL 烧杯中加入 500mL 冰乙酸（若室温较低可稍预热），再加入 28.4g $HClO_4$[$w(HClO_4)=70\%\sim72\%$]，搅拌下慢慢加入 46.6g 乙酐，然后移入 1000mL 容量瓶中，用冰乙酸稀释至刻度，摇匀，放置 24h。

准确称取 0.62～0.78g(精确至 0.1mg) 邻苯二甲酸氢钾基准物，加入 50mL 冰乙酸，微热溶解。冷却后，再加入 50mL 冰乙酸，用 $HClO_4$ 溶液滴定。记录所用去的体积和电位计的读数。

（2）产品胺值的测定

① 总胺值　在 100mL 烧杯中加入准确称取的 0.5g(精确至 0.1mg) 脂肪胺产品，加入 45mL 氯仿，10mL 异丙醇溶液（在 9.5mL 异丙醇中加入 0.5mL 水），搅拌下用 0.2mol/L HCl 标准溶液滴定至等当点。按照式(48-1) 测定总胺值：

$$胺值=\frac{VM\times 56.1}{m} \tag{48-1}$$

式中　V——滴定所耗 HCl 溶液的体积，mL；

M——HCl 溶液的浓度，mol/L；

m——产品质量，g；

56.1——KOH 的相对分子质量。

② 仲、叔胺值　在 100mL 烧杯中加入准确称取的 0.5g(精确至 0.1mg) 脂肪胺产品，加入 45mL 氯仿、10mL 异丙醇溶液（在 9.5mL 异丙醇中加入 0.5mL 水）、5mL 水杨醛。搅拌均匀，放置 30min，用 0.2mol/L HCl 标准溶液滴定至等当点。按照式(48-1) 测定仲、叔胺值。

③ 叔胺值　在 100mL 烧杯中加入准确称取的 0.5g(精确至 0.1mg) 脂肪胺产品，并加入 25mL 乙酐、2mL 冰乙酸。搅拌均匀，放置 0.5h 以上，用 0.2mol/L $HClO_4$ 标准溶液滴定至等当点。按照式(48-1) 测定叔胺值，注意在此 V 代表滴定所耗 $HClO_4$ 溶液的体积，mL；M 代表 $HClO_4$ 溶液的浓度，mol/L。

(3) 产品中叔、仲、伯胺的质量分数分别为：

$$叔胺的质量分数=\frac{叔胺值}{56.1}\times 213\times 10^{-3}\times 100\% \tag{48-2}$$

$$仲胺的质量分数=\frac{仲、叔胺值-叔胺值}{56.1}\times 199\times 10^{-3}\times 100\% \tag{48-3}$$

$$伯胺的质量分数=\frac{总胺值-仲、叔胺值}{56.1}\times 185\times 10^{-3}\times 100\% \tag{48-4}$$

式(48-2)～式(48-4) 中的 213、199、185 分别为 N,N-二甲基十二烷胺（叔胺）、N-甲基十二烷胺（仲胺）及十二烷胺（伯胺）的相对分子质量。

6. 注意事项

测定伯、仲、叔胺时，若它们两两相互混合，测定时需对试样进行有效处理。

7. 思考题

(1) 何谓非水电位滴定？与一般的电位滴定有何异同点？

(2) 为什么说伯、仲、叔胺必须使用非水电位滴定法来测定？

实验 49　阳离子表面活性剂的定量分析

实验 49 (a)　四苯硼钠法

1. 实验目的

掌握用四苯硼钠法定量分析阳离子表面活性剂的原理及方法。

2. 实验原理

十二烷基二甲基苄基氯化铵俗称洁尔灭，是一种广泛使用的季铵盐，其结构式如下：

$$\left[C_{12}H_{25}-\overset{\displaystyle CH_3}{\underset{\displaystyle CH_3}{\overset{|}{\underset{|}{N}}}}-CH_2-C_6H_5 \right] Cl$$

洁尔灭为季铵盐类阳离子表面活性剂，能与二氯荧光黄生成螯合物。当用四苯硼钠标准溶液滴定时，可从螯合物中置换出二氯荧光黄，生成红色复合物。到终点时，过量的四苯硼钠与二氯荧光黄反应，溶液中的复合物由嫣红色变成黄色。由四苯硼钠的消耗量计算出试样中活性物含量。

对于铵盐含量的测定，由于试样中的铵盐是以十二叔胺乙酸盐或十二叔胺盐的形式存在，呈酸性，故可用 NaOH 标准溶液滴定。

3. 实验仪器

锥形瓶 (250mL)；滴定管 (50mL)；容量瓶 (250mL)；恒温水浴；G-4 号玻璃坩埚过滤器。

4. 实验试剂

(1) 二氯荧光黄溶液。10g/L 乙醇溶液。

（2）四苯硼钾溶液的制备。称 0.1g 邻苯二甲酸氢钾，加水 50mL 溶解，加冰醋酸 1.0mL，加 0.02mol/L 的四苯硼钠[$(C_6H_5)_4BNa$]15mL，混匀后放置 1h。将生成的沉淀过滤，用水洗涤。取沉淀约一半加水 100mL，在 50℃水浴上恒温 5min，搅拌。迅速冷却至室温，放置 2h，过滤，弃去最初的 30mL 滤液，其余备用。

（3）四苯硼钠标准溶液的配制与标定。$(C_6H_5)_4BNa$ 约 7g，加水 50mL，微热溶解，加 $Al(NO_3)_3$ 0.5g，振摇 5min，加水 250mL、NaCl 16.6g，溶解后静置 30min，用双层滤纸过滤，再加水 600mL，用 NaOH 溶液调节 pH=8～9，稀释至 1000mL，再过滤，置于棕色瓶中。此溶液浓度约为 0.02mol/L。

标定：准确称取 105～110℃下恒重的邻苯二甲酸氢钾 0.58g，加水 100mL 溶解，加冰醋酸 2.0mL，在水浴中加热至 50℃。缓缓加入已配制好的四苯硼钠标准溶液 50mL，迅速冷却并放置 1h。用恒重过的 4 号玻璃坩埚过滤器过滤，沉淀用上述的四苯硼钾溶液洗涤 3 次，每次 5mL，在 105℃干燥箱中干燥至恒重。

$(C_6H_5)_4BNa$ 标准溶液的浓度为：

$$c=\frac{m-m_0}{V\times 10^{-3}}\times\frac{1}{358.3}=2.791\frac{m-m_0}{V}\quad (\text{mol/L})$$

式中 m——坩埚和沉淀的总质量，g；

m_0——坩埚的质量，g；

V——被测定的 $(C_6H_5)_4BNa$ 标准溶液的体积，mL；

358.3——沉淀物即 $(C_6H_5)_4BK$ 的摩尔质量，g/mol。

（4）异丙醇。

（5）NaOH 标准溶液 0.05mol/L。

（6）酚酞指示剂。

5. 实验步骤

（1）活性物的含量测定　准确称取 2g 十二烷基二甲基苄基氯化铵试样，定容于 250mL 容量瓶中。

吸取 25mL 试液于锥形瓶中，加入 1.5g 蔗糖，微热溶解，冷至室温，加入 2～3 滴二氯荧光黄指示剂，用四苯硼钠标准溶液滴定，使溶液中的沉淀由嫣红色变成黄色时即为终点。

活性物含量为

$$x_1=\frac{CV_1}{m_0(V/V_0)}\times 340\times 10^{-3}\times 100\%=\frac{0.34c\times V_1V_0}{m_0V}\times 100\%$$

式中 C——$(C_6H_5)_4BNa$ 标准溶液的浓度，mol/L；

V_1——$(C_6H_5)_4BNa$ 标准溶液的体积，mL；

V——被测试液的体积，mL；

V_0——试液的总体积，mL；

340——洁尔灭的摩尔质量，g/mol。

（2）铵盐（以十二叔胺乙酸盐计）的含量测定　准确称取 3g 左右十二烷基二甲基苄基氯化铵试样，加 30mL 异丙醇溶解，加 3～4 滴酚酞指示剂，用 NaOH 标准溶液滴至溶液呈粉红色，且 30s 内不变色时即为终点。

铵盐含量计算

$$x_2=\frac{cV\times 273.4\times 10^{-3}}{m_0}\times 100\%$$

式中　c——NaOH 标准溶液的浓度，mol/L；

V——NaOH 标准溶液的体积，mL；

m_0——试样的质量，g；

273.4——十二叔胺乙酸盐摩尔质量，g/mol。

6. 注意事项

(1) $(C_6H_5)_4BK$ 虽然是沉淀，但它的溶解度不是很小，因而用重量法标定 $(C_6H_5)_4BNa$ 时不可用水洗涤沉淀，而必须用 $(C_6H_5)_4BK$ 的溶液洗涤。应该说，这种 $(C_6H_5)_4BK$ 溶液是饱和溶液，用它洗涤沉淀物是不会造成溶解损失的；由于浓度又极低，也不会造成正误差。

(2) 邻近终点时，滴定速度一定要慢。

(3) 合格产品中活性组分质量分数应控制在 44%～46%。

(4) 合格产品中铵盐质量分数（以十二叔胺乙酸盐计）应不大于 4.0%。

7. 思考题

用四苯硼钠法是否能定量各种类型的阳离子表面活性剂？

实验 49（b） 溴甲酚绿指示剂两相逆滴定法

1. 实验目的

掌握用溴甲酚绿指示剂两相逆滴定法测定阳离子表面活性剂的方法。

2. 实验原理

溴甲酚绿是阴离子染料，在碱性氯仿-异丙醇-水两相体系中，加入阳离子表面活性剂样品，再加入过量的阴离子表面活性剂溶液，与阳离子表面活性剂作用生成配合物转移到油相后，水相中仅存过量的阴离子表面活性剂和溴甲酚绿阴离子染料。当用阳离子标准溶液滴定时，可与过量的阴离子表面活性剂作用，然后与溴甲酚绿指示剂作用，蓝色开始转移到油相中，至两相蓝色相同作为终点。在同样条件下作空白试验可以计算样品中阳离子表面活性剂质量分数。

3. 实验仪器

具塞量筒（100mL）；容量瓶（250mL 或 500mL）；移液管（25mL）；小烧杯（50mL 或 100mL）。

4. 实验试剂

氯仿（化学纯）；异丙醇（化学纯）；0.004mol/L 月桂醇硫酸钠标准溶液［参照实验 41(b) 混合指示剂法］；0.004mol/L 特殊阳离子标准溶液［参照实验 41(c) 溴甲酚绿法］；溴甲酚绿溶液（溶解 50mg 溴甲酚绿染料于 10mL 异丙醇中，溶解 50g NaCl、20g $Na_3PO_4 \cdot 12H_2O$、20g $Na_2HPO_4 \cdot 2H_2O$ 于 800mL 水中，将两液混合，用水稀释至 1L）。

5. 实验步骤

称取 0.5g 样品（纯阳离子表面活性剂，精确至 0.001g）于烧杯中，加水溶解，定容至 250mL 作为试验溶液。

吸取 10mL 试验液于 100mL 具塞量筒中，加入 15mL 溴甲酚绿溶液、15mL 氯仿-异丙醇（体积比 2∶1），再准确加入 0.004mol/L 月桂醇硫酸钠溶液 15mL，强烈振荡后，用 0.004mol/L 特殊阳离子标准溶液滴定。在滴定开始时，每次加 2mL，强烈振荡混合后静置分层，等分层速度加快，即每次减少滴定量，快近终点时，注意每次滴加1滴。滴定的终点，需用白色背景观察，当两层的蓝色相同时作为终点。

用10mL水代替试样溶液，在相同条件下作空白试验。则试样中阳离子表面活性剂质量分数按下式计算：

$$x=\frac{(V_0-V_1)cM}{m\times\frac{10}{250}}\times 100\%$$

式中 x——试样中阳离子表面活性剂质量分数，%；

V_0——空白试验消耗特殊阳离子标准溶液的体积，mL；

V_1——试样试验消耗特殊阳离子标准溶液的体积，mL；

c——特殊阳离子标准溶液的浓度，mol/L；

m——称取试样的质量，mg。

6. 注意事项

(1) 在阳离子表面活性剂两相滴定中，用标准阴离子表面活性剂溶液滴定阳离子表面活性剂样品为正向滴定；加入过量的阴离子表面活性剂溶液，用标准阳离子表面活性剂溶液滴定过量的阴离子表面活性剂为逆向滴定。本方法属逆向滴定，其终点容易判断，分析速度快。

(2) 特殊阳离子表面活性剂标准溶液可以用新洁尔灭配制，也可用海明1622配制。

7. 思考题

新洁尔灭与海明1622同是阳离子表面活性剂，二者有何异同点？

实验50 两性表面活性剂的定量分析

实验50 (a) 磷钨酸滴定法

1. 实验目的

掌握磷钨酸滴定法定量测定两性表面活性剂的原理与方法。

2. 实验原理

两性表面活性剂在等电点以下的pH时呈阳离子型，可与磷钨酸定量反应形成配合物。把含有苯并红紫4B(作指示剂) 的两性表面活性剂的盐酸溶液用磷钨酸溶液滴定，两性表面活性剂与苯并红紫4B形成配合物，滴定接近终点时，配合物被磷钨酸复分解。色素在等当点游离出来，体系显示出最初的酸性颜色，基于这样的事实，本法以苯并红紫4B为指示剂，以磷钨酸标准溶液直接滴定两性表面活性剂以求得质量分数。

3. 实验仪器

锥形瓶 (250mL)；滴定管；容量瓶 (500mL)。

4. 实验试剂

0.1%苯并红紫4B指示剂：0.1g苯并红紫4B，溶于适量水中，并稀释至100mL；1mol/L盐酸溶液；硝基苯（分析纯）。

0.02mol/L阳离子标准溶液：称取4.4～4.7g海明1622(精确至0.001g) 于水中，溶解，转移至500mL容量瓶中，用水稀释至刻度[标定方法参照实验41(b) 混合指示剂法]。

0.02mol/L 磷钨酸标准溶液：称取 25g 磷钨酸($P_2O_5 \cdot 24WO_3 \cdot nH_2O$，$n=26\sim30$)，溶于适量水中，并稀释至 1L(如有沉淀，需过滤)，放置数天进行标定。

磷钨酸标准溶液标定方法：吸取 0.02mol/L 阳离子标准溶液 20mL，置于 250mL 锥形瓶中，加 2 滴 0.1%刚果红指示剂，用 1mol/L 盐酸调节 pH 至 2 左右，加硝基苯 10 滴，用待标定的磷钨酸溶液滴定至溶液由红色变为蓝色为终点。按下式计算磷钨酸溶液的浓度：

$$c=\frac{20\times c'}{V'}$$

式中 c——磷钨酸标准溶液的浓度，mol/L；

V'——滴定消耗磷钨酸标准溶液的体积，mL；

c'——阳离子标准溶液的浓度，mol/L。

5. 实验步骤

称取 0.2g 样品（纯两性表面活性剂，精确至 0.0002g）于 250mL 锥形瓶中，加入 20mL 水溶解，加 2～3 滴 0.1%苯并红紫 4B 指示剂，用 1mol/L 盐酸调节 pH 为 2 左右，加 5～6 滴硝基苯，摇匀使其分散，用 0.02mol/L 磷钨酸标准溶液滴定至溶液由红色变为蓝色为终点。则试样中两性表面活性剂质量分数计算如下：

$$x=\frac{VcM}{m}\times100\%$$

式中 x——试样中两性表面活性剂质量分数，%；

V——试样试验中消耗磷钨酸标准溶液的体积，mL；

c——磷钨酸标准溶液的浓度，mol/L；

M——试样中两性表面活性剂的相对分子质量；

m——称取试样的质量，mg。

6. 思考题

在磷钨酸溶液配制过程中，若有沉淀，应怎样处理？标定前，所配制的溶液要放置数天，为什么？

实验 50 (b) 高氯酸滴定法

1. 实验目的

了解高氯酸滴定法定量两性表面活性剂的原理及方法。

2. 实验原理

两性表面活性剂在有机溶剂中用高氯酸溶液进行非水滴定，在终点时由于游离出高氯酸而使电位发生急剧变化，用电位计指示终点。由于大多数两性表面活性剂产品都是水溶液，不可能用蒸馏的方法除去样品中的水分，所以本法采用正丁醇萃取法提取水溶液中的两性表面活性剂，除去溶剂后可得精制样品供分析。

3. 实验仪器

烧杯（150mL)；分液漏斗（250mL)；移液管（20mL)；pH 计自动电位滴定仪（一套)。

4. 实验试剂

冰醋酸（分析纯)；正丁醇（分析纯)；甲醇（分析纯)；邻苯二甲酸氢钾（基准

试剂）。

0.2mol/L 高氯酸-冰醋酸标准溶液：量取 17mL 71%高氯酸，在搅拌下注入 500mL 冰醋酸中，加入 20mL 醋酸酐，再加入 470mL 冰醋酸，混匀。

高氯酸-冰醋酸标准溶液的标定方法：称取 0.6g 于 105～110℃烘至恒重的基准邻苯二甲酸氢钾（精确至 0.0002g），置于干燥的 250mL 锥形瓶中，加入 50mL 冰醋酸，温热溶解，加入 4～5 滴 0.2%结晶紫的冰醋酸溶液，用待标的高氯酸-冰醋酸溶液滴定至溶液由紫色变为蓝色（微带紫色）为终点。则该标准溶液的浓度计算如下：

$$c=\frac{m}{204.2V}\times 1000$$

式中　c——高氯酸-冰醋酸标准溶液的浓度，mol/L；

V——滴定消耗高氯酸-冰醋酸标准溶液的体积，mL；

m——称取邻苯二甲酸氢钾的质量，g；

204.2——邻苯二甲酸氢钾的相对分子质量。

5. 实验步骤

称取 9～10g 样品（精确至 0.0002g）于 150mL 烧杯中，加入 25mL 水溶解，样品液转移至 250mL 分液漏斗中。用水洗净烧杯三次，每次 15mL，洗涤水一并加入分液漏斗中。再用 40mL 正丁醇冲洗烧杯，冲洗液也并入分液漏斗中，加塞，激烈振荡至少 15s，注意放气。放置分层，将下层水液放入第二只分液漏斗中，并加入 25mL 正丁醇，激烈振荡，放置分层，弃去下层水液。

合并两只分液漏斗中的正丁醇层，置于干燥的 100mL 容量瓶中，用少量甲醇冲洗分液漏斗，加入到容量瓶中，并用甲醇稀释至刻度，摇匀。

用移液管吸取 20mL 正丁醇萃取液，置于 150mL 烧杯中，在封闭电炉上低温驱赶溶剂，直至留下 3mL 液体。冷却，加入 60mL 冰醋酸，置于电磁搅拌器上，用 0.2mol/L 高氯酸-冰醋酸标准溶液进行电位滴定。作出体积-电位曲线图，以确定滴定终点。则试样中两性表面活性剂质量分数计算如下：

$$x=\frac{(5V_1c_1-V_2c_2)M}{m}\times 100\%$$

式中　x——试样中两性表面活性剂质量分数，%；

V_1——试样试验消耗高氯酸-冰醋酸标准溶液的体积，mL；

c_1——高氯酸-冰醋酸溶液的浓度，mol/L；

m——称取试样的质量，mg；

V_2——测定游离胺消耗盐酸标准溶液的体积（已作过样品称量校正），mL；

c_2——测定游离胺用盐酸标准溶液的浓度（校正未反应物原料），mol/L；

M——两性表面活性剂的相对分子质量。

6. 注意事项

高氯酸是强氧化剂，使用时要注意安全，不要和强还原剂混放在一起。

7. 思考题

试比较本方法与磷钨酸滴定法的特点。

实验51 非离子表面活性剂的定量分析

实验51（a） 硫氰酸钴法

1. 实验目的

掌握硫氰酸钴法测定非离子表面活性剂的原理及方法。

2. 实验原理

聚氧乙烯非离子表面活性剂与浓的硫氰酸钴盐反应，生成蓝色复合物，用二氯甲烷萃取，取一定量二氯甲烷萃取液，用异丙醇稀释后，在640nm波长测定其消光值，其消光强度与聚氧乙烯非离子表面活性剂质量分数成比例。

3. 实验仪器

722型分光光度计；容量瓶（25mL，6只；100mL、250mL，各1只）；分液漏斗（250mL，6只）。

4. 实验试剂

硫氰酸钴铵试剂溶液［用蒸馏水溶解30g $Co(NO_3)_2 \cdot 6H_2O$、143g氯化铵、256g硫氰酸钾，或者30g $Co(NO_3)_2 \cdot 6H_2O$、200g硫氰酸铵、200g氯化钾，配成1L溶液］；二氯甲烷（化学纯）；异丙醇（化学纯）。

5. 实验步骤

（1）绘制标准曲线　称取0.8g样品（纯聚氧乙烯非离子表面活性剂，精确至0.0002g），溶于水后，转移至250mL容量瓶中，用水稀释至刻度，摇匀。在5只250mL分液漏斗中分别用移液管加入20mL二氯甲烷、20mL硫氰酸钴铵试剂溶液，然后再依次加入2mL、4mL、6mL、8mL、10mL上述非离子表面活性剂溶液和18mL、16mL、14mL、12mL、10mL蒸馏水，加塞，摇动分液漏斗1min(注意，随时放出产生的气体)，静置分层。

用移液管分别将10mL异丙醇加至完全干燥的5只25mL容量瓶中，当分液漏斗中液体分层完全后，先放出1mL二氯甲烷萃取液，弃去，然后分别放入上述相应的25mL容量瓶中，至刻度，混合后，立即在722型分光光度计上，在640nm波长、用1cm比色槽，以蒸馏水为空白，测定混合液的消光值，制作浓度-消光值标准曲线。

（2）样品测定　称取1g样品（含2%～4%聚氧乙烯型非离子表面活性剂，精确至0.0002g），溶于水中，转移至100mL容量瓶中，即为试样溶液。然后在250mL分液漏斗中加20mL二氯甲烷，20mL硫氰酸钴铵试剂溶液和20mL试样溶液，进行萃取操作，其他操作同标准曲线绘制。根据试样溶液的消光值从标准曲线查出试样溶液中非离子表面活性剂浓度。则试样中非离子表面活性剂浓度可以计算如下：

$$x=\frac{c_1}{c_2}\times 100\%$$

式中　x——试样中非离子表面活性剂浓度，%；

c_1——由标准曲线查出的试样溶液中非离子表面活性剂量浓度，mg/mL；

c_2——试样溶液中非离子表面活性剂量浓度，mg/mL。

6. 注意事项

若试样中存在阴离子表面活性剂、甲苯磺酸盐等，对测定有一定干扰，可在绘制标准曲线时加入相应的阴离子表面活性剂等，避免干扰。

7. 思考题

（1）试述硫氰酸钴法测定非离子表面活性剂的原理。

（2）测定时为何要绘制标准曲线？

实验 51（b） 磷钼酸法

1. 实验目的

了解磷钼酸法定量非离子表面活性剂的原理，并掌握其测定方法。

2. 实验原理

聚氧乙烯非离子表面活性剂可与磷钼酸生成配合物（盐）沉淀，再用氯化亚锡和硫氰酸铵处理，生成的黄橙色可以进行比色分析。

3. 实验仪器

容量瓶（100mL）；刻度离心管（10mL）；离心机；722 型分光光度计。

4. 实验试剂

盐酸（1∶4，体积比）；10%氯化钡溶液；10%磷钼酸（$P_2O_5 \cdot 24MoO_3 \cdot nH_2O$，分析纯）溶液；98%硫酸；5%硫氰酸铵溶液；浓盐酸；氯化亚锡溶液［将 35g 氯化亚锡（$SnCl_2 \cdot 2H_2O$）溶于 10mL 盐酸（相对密度 1.16）中，用水稀释至 1L］。

5. 实验步骤

（1）方法一　将含有 10～30μg 聚氧乙烯非离子表面活性剂水溶液置于 10mL 刻度离心管中，用水稀释至 10mL，加入盐酸（1∶4，体积比）3 滴，10%氯化钡溶液 2 滴，再加 10%磷钼酸溶液 2 滴，摇匀混合物，将试管以 3000r/min 的速度离心分离。弃去上层液体，将离心管倒置在滤纸上 1～2min，以除去管内水分。边搅拌边将沉淀再溶解于浓硫酸中，再加酸至总量为 4mL。溶液由玫瑰色或粉红色变为紫色。将溶液置于 1cm 比色槽中，40min 后，用分光光度计于 520nm 处测定其消光值，由标准曲线求得试样中聚氧乙烯非离子表面活性剂质量分数。

（2）方法二　将方法一所得到的配合物沉淀离心分离，倾除清液，倒置试管 1～2min，除去管内水分，再加浓硫酸 1.2mL 溶解沉淀，用水稀释至 6mL，然后加入 0.5mL 硫氰酸铵-氯化亚锡混合液（1mL 5%硫氰酸铵溶液和 10mL 氯化亚锡溶液混合，用水稀释至 100mL）。为使溶液保持还原状态，溶液中可加入少量锡，用水稀释至 10mL 后，搅匀，用离心分离直至透明。30min 后用分光光度计于 470nm 波长处测定其消光值，由标准曲线求得试样中聚氧乙烯非离子表面活性剂的质量分数。

（3）标准曲线绘制　溶解 0.5g 纯非离子表面活性剂于水中，并稀释至 1L，取 100mL 此液稀释至 1L。然后取 1mL、2mL、5mL、10mL 此液分别置于 10mL 离心管内，将每一份溶液都稀释至 10mL，其他操作按上述试样测定进行，最后绘制浓度-消光值标准曲线。

6. 注意事项

烷基硫酸盐及羧甲基纤维素对本实验有干扰，而烷基苯磺酸盐、磷酸盐、硅酸盐无干扰。

7. 思考题

试比较本法与硫氰酸钴法的优缺点。

实验 52 聚氧乙烯非离子表面活性剂憎水基的测定

1. 实验目的

(1) 了解气相色谱法的测定原理及色谱条件。

(2) 掌握气相色谱法测定表面活性剂憎水基碳链分布的具体方法。

2. 实验原理

利用氢碘酸与非离子表面活性剂反应，使醚键断裂，生成碘代烷，提取醚断裂产物，进行气相色谱分析。

$$RCH_2O(CH_2CH_2O)_nH+(2n+1)HI \longrightarrow RCH_2I+nCH_2=CH_2+nH_2O+nI_2$$

$$RN(CH_3)_2+HOAc \longrightarrow R\overset{\oplus}{N}H(CH_3)_2\overset{\ominus}{O}Ac$$

3. 实验仪器

加压管（自制）；气相色谱仪（氢火焰检定器和程序升温装置）。

4. 实验试剂

氢碘酸（用前重新蒸馏）；石油醚（30～60℃）；20%硫代硫酸钠溶液；氮气。

5. 实验步骤

取 20～35mg 试样于长 10cm、内径 1cm 的具塞试管中，加入 1.5mL 氢碘酸（相对密度 1.74），通入氮气 1～2min 驱赶上部空气。放入封闭的加压管中，将加压管在 185℃ 加热 10min，冷却后，取出玻璃试管，向其中加入 3mL 水，用石油醚（30～60℃）萃取 3 次，每次 1mL，合并萃取液，将其用 20%硫代硫酸钠洗涤 2 次，蒸去试剂，将得到的碘代烷作气相色谱分析。憎水基链长分布由峰面积求取。

色谱条件：柱长 1.5m，硅藻土（100～200 目）以 10%聚乙二醇的己二酸酯涂渍；柱温 200℃。

6. 思考题

色谱柱中固定相的装柱采用什么方法？应注意什么？如何保证固定相填装均匀？

实验 53 壬基酚聚氧乙烯醚的定量分析

1. 实验目的

了解紫外分光光度法的测定原理及方法，并掌握用此法测定壬基酚聚氧乙烯醚质量分数的原理及方法。

2. 实验原理

壬基酚聚氧乙烯和其他聚氧乙烯系非离子表面活性剂共存的场合，利用其芳香环在紫外区的特有吸收，可以测定质量分数。对于三聚丙烯壬基酚聚氧乙烯醚其最大吸收波长出现在 277nm，而直链壬基酚聚氧乙烯醚的最大吸收波长出现在 273nm。壬基的邻、对位异构体不影响最大吸收波长和消光系数。

3. 实验仪器

紫外分光光度仪；容量瓶（25mL）。

4. 实验试剂

非离子表面活性剂（酚醚型）。

5. 实验步骤

（1）标准溶液的配制　准确取 1.5g 的直链壬基酚聚氧乙烯醚（除去所有杂质）于 25mL 容量瓶中，用蒸馏水溶解并定容至刻度。用移液管分别吸取 0mL、1mL、2mL、3mL、4mL、5mL 于 6 只 10mL 容量瓶中，分别用蒸馏水稀释至刻度。

（2）标准曲线的绘制　打开电源开关，旋转总开关到“校正”，打开氢灯，打开放大器开关稳定 20min。调节波长调节器至 273nm。选用蓝光电管，调节灵敏度控制器，从逆时针极限顺时针旋三周。调节暗电流调节器，使指针指零。移动空白比色皿进入光路，打开暗室闸门，调节狭缝控制至指针到零。关闭暗室闸门，移动试样进入光路，调总开关至“1.0”，打开暗室闸门。调节“透光度/光密度”控制，使指针至零，关闭暗室闸门，读取光密度，再将第二个试管移入光路，打开暗室闸门，调节“透光度/光密度”控制。使指针至零，关闭暗室闸门，再读取光密度，依次类推，测出各标准溶液的光密度。以光密度为纵坐标，以浓度为横坐标作标准曲线。

（3）测定试样　准确称取 0.5g(按活性物计）于 25mL 容量瓶中，用蒸馏水溶解并稀释至刻度。以蒸馏水为空白，测定试样的光密度，测定步骤同标准曲线绘制。由试样的光密度，从标准曲线查得试样密度，然后按下式计算壬基酚聚氧乙烯醚的质量分数 x。

$$x=\frac{c_{试}}{m/25}\times 100\%$$

式中　$c_{试}$——由标准曲线查得的试样浓度，%；

$m/25$——配制的试样浓度，%；

m——试样质量，g。

6. 注意事项

如果试样中其他组分在工作波长也有少量吸收，则在绘制标准曲线时，应进行校正。

7. 思考题

用紫外分光光度法是否能测定所有的非离子表面活性剂？

第4部分　产品制备及质量控制实验

Ⅰ 产品制备

实验54　珠光浆的制备

1. 实验目的

学习珠光浆的制备原理和方法。

2. 实验原理

珠光是由具有高折射率的细微薄片平行排列而产生的，这些细微薄片是透明的，能反射部分入射光，传导和透射剩余光线至细微薄片的下面，如此平行排列的细微薄片同时对光线的反射就产生了珠光。化妆品厂一般采用珠光片来生产珠光浆。

3. 实验仪器及装置

烧杯（1000mL、600mL、250mL，各1个）；温度计（0～100℃）；电炉（1000W）；水浴锅；电动搅拌器。

4. 实验试剂

AES（脂肪醇聚氧乙烯醚硫酸钠），6501（月桂酸二乙醇酰胺），卡松（甲基-氯-异噻唑啉酮及甲基异噻唑啉酮），柠檬酸，氯化钠，均为工业品；珠光片（自制）。

5. 实验步骤

（1）参考配方（%）如下：

珠光片，15；AES，15；6501，20；卡松，0.1；柠檬酸，0.5；氯化钠，0.5；水，余量。

（2）实验步骤。将水加热到80℃，加入柠檬酸、氯化钠，搅拌溶解；然后，加入AES和6501溶解；接着加入珠光片（温度要求在72℃以上）熔化，搅拌，缓慢冷却至50℃，加入卡松，搅拌均匀后，缓慢搅拌冷却至35℃，产生珠光，即为珠光浆。

6. 注意事项

操作过程中应注意控制加入珠光片或珠光块的温度和冷却过程中的冷却速度和搅拌速度，以得到理想的珠光效果。

7. 实验记录及讨论

记录实验现象，分析导致珠光效果不一致的原因。

实验55　洗衣粉的制备

1. 实验目的

（1）了解洗衣粉的配方组成及所用助剂的作用。

(2) 了解料浆配制过程中的物理和胶体化学变化情况，掌握配料工艺过程及操作。

(3) 学习合成洗涤剂的一般性能分析。

2. 实验原理

合成洗涤剂的种类很多，用途亦很广。按商品的外观形态分为粉状洗涤剂、液体洗涤剂、膏状洗涤剂和块状洗涤剂等；按用途分为民用洗涤剂和工业用洗涤剂。其中粉状洗涤剂是目前产量最大的民用及工业用洗涤剂，粉状洗涤剂的生产方法有凉干法、冷拌结晶法、干法中和法、高塔喷雾干燥法、附聚成型法等，其中高塔喷雾干燥法是生产空心颗粒状洗衣粉的主要方法。高塔喷雾干燥工艺包括配料、喷雾干燥成型及后配料三部分。本实验由于受条件限制，仅进行配料工序的操作，并对配好的料浆进行烘干处理。

洗衣粉配方中，除活性物外，还添加有各种无机助剂［如五钠（三聚磷酸钠）、纯碱（碳酸钠）、泡花碱（硅酸钠）、芒硝（十水硫酸钠）等］和有机助剂［如CMC（羧甲基纤维素钠）等］。所谓配料就是将活性物和各种助剂，根据不同品种的配方，将各种原料按一定次序在配料缸中均匀混合制成料浆的操作。各种无机和有机助剂与活性物配合能够发挥各组分相互协调，互补的作用，进一步提高产品的洗净力，使其综合性能更趋完善，成本更为低廉。因此配制洗衣粉料浆时，正确选用和适当配入助剂具有十分重要的意义。

3. 实验仪器及装置

烧杯（1000mL、600mL、250mL）；温度计（0～100℃）；电炉（1000W）；水浴锅；电动搅拌器。

4. 实验试剂

烷基苯磺酸（自制）；$Na_5P_3O_{10}$，硅酸钠，Na_2SO_4，CMC，荧光增白剂，甲苯磺酸钠，AEO_9，碳酸钠（Na_2CO_3），均为工业品；NaOH（化学纯）。

5. 实验步骤

(1) 干法中和法普通洗衣粉的参考配方（%）如下：

烷基苯磺酸，15；$Na_5P_3O_{10}$，25；硅酸钠，5（干基）；Na_2CO_3，22；AEO_9，1；甲苯磺酸钠，2；CMC，1；荧光增白剂，0.1；Na_2SO_4，余量。

根据上述配方要求，计算出配制500g料浆所需各种原料的投料量。将Na_2CO_3、Na_2SO_4、$Na_5P_3O_{10}$、硅酸钠、CMC与甲苯磺酸钠和荧光增白剂搅拌均匀先混合，然后，加入烷基苯磺酸搅拌均匀，接着加AEO_9搅拌均匀即制得普通洗衣粉。

(2) 烘干法（工业生产采用高塔喷雾干燥工艺），也可先将各种物料按一定总固体含量配制成料浆，然后经干燥、粉碎制成洗衣粉。根据各助剂的不同作用及其性质、工艺要求拟定工艺操作条件及加料顺序，制定操作规程。采用该方法应适量减少Na_2CO_3的用量，适量加入NaOH以中和磺酸。

6. 实验分析

(1) 测定洗衣粉的泡沫性能。

(2) 去污性能的测定。

7. 注意事项

(1) 实验中所用磺酸等有腐蚀性，应注意安全。

(2) 操作规程要制订合理。

8. 实验记录及讨论

记录实验中观察到的现象及分析结果。

(1) 洗涤剂助剂有哪些？各起什么作用？

(2) 干法中和法与烘干法各有什么优缺点？各自加料顺序有何不同？并说明其理由。

(3) 烘干法配料过程中有些什么现象发生？并加以解释。

实验 56 餐具洗涤剂的制备

1. 实验目的

(1) 了解和掌握几种常用表面活性剂的性能及复配原理。

(2) 了解餐具洗涤剂的要求及各种表面活性剂及助剂的作用。

(3) 掌握餐具洗涤剂的配方技术及生产操作。

2. 配方原则

餐具洗涤剂是厨房中使用的一种典型的轻垢型洗涤剂，主要有液体和粉状两种。粉状产品主要用于机器洗涤。按照功能分为单纯洗涤和洗涤消毒两种。

餐具洗涤剂必须有效地去除污垢，对皮肤刺激性小，无毒或低毒，生物降解性好，对环境不产生污染。除此之外，液体餐具洗涤剂还必须具有适宜的黏度、透明的外观、怡人的香味等。

3. 实验仪器

烧杯（400mL，50mL）；电炉；温度计（0～100℃）；量筒（100mL）；台秤天平。

4. 实验试剂

LAS（直链烷基苯磺酸钠，自制）；AES（自制）；6501（自制）；AEO_9（工业品）；NaCl（化学纯）；尿素（化学纯）；尼泊金丁酯（化学纯）；柠檬酸（化学纯）；水果香精（工业品）。

5. 实验步骤

(1) 液体餐具洗涤剂配方（表 56-1）及工艺流程（图 56-1）。

(2) 生产 50kg 餐具洗涤剂，按配方计算各种表面活性剂及助剂的投料量。

(3) 按配方计算量，将中和用水加入一耐酸碱的反应器中，将 NaOH 缓慢加入搅拌溶解。接着再加入一定量磺酸中和反应，不断加磺酸，直至 pH=7～8。

(4) 将溶解 AES 的水加入到 100L 反应釜中，加热至 80℃左右再加入 AES，搅拌溶解，加入尼泊金丁酯，搅拌溶解均匀。

(5) 降温到 50℃加入磺酸中和产物、6501、AEO_9，搅拌使之混合均匀。

(6) 加尿素增溶。

(7) 加入香精、搅拌使混合均匀。

(8) 用柠檬酸或碱液调节 pH 至 7 左右。

(9) 用 NaCl 调整产品黏度。

6. 实验分析

(1) 用 NDJ-79 型黏度计测定产品黏度。

(2) 测定产品泡沫性能。

表 56-1 液体餐具洗涤剂配方

原 料	质量分数/%	备 注
水	30.0	用于中和
磺酸	10.0	
NaOH	1.3	
AES	6	用 41% 水溶解
尼泊金丁酯	0.1	
尿素	2	用 3% 水预溶
AEO_9	1	
6501	2.5	
香精	0.2	
NaCl	0.2	用 3% 水预溶

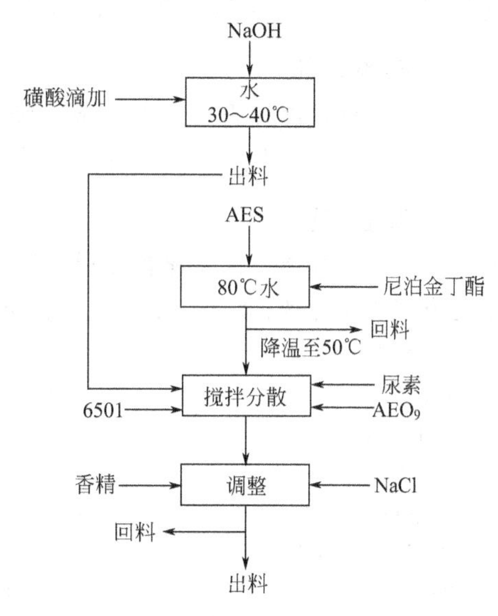

图 56-1 液体餐具洗涤剂工艺流程

7. 注意事项

(1) 尿素的加入会使产品黏度降低，应视具体情况决定加入与否。

(2) AES 难溶，加热下搅拌溶解速度加快，但注意不要加热时间过长，否则 AES 易发生水解，AES 的溶解最好在 50℃以下进行。

8. 思考题

AES、AEO_9 在配方操作中，为什么最好在 50℃以下加入？

实验 57 润肤膏霜的制备

1. 实验目的

(1) 了解乳剂类化妆品的乳化原理和生产方法。

(2) 初步掌握乳剂类化妆品的配方原理、配方原则和配方中各原料的作用。

(3) 了解乳剂类化妆品的生产工艺、设备、灌装等。

2. 实验原理

乳剂类护肤化妆品按外观性状分：半固体的称为膏霜，流体的称为奶液或蜜。按乳化体的类型分为水包油（O/W）型和油包水（W/O）型。一般讲对于干性皮肤适宜敷用 W/O 型乳化制品，对于油性皮肤适宜敷用 O/W 型乳化制品。润肤霜是以保持皮肤的光滑柔软为主要目的。产品的外观、结构、色泽和香气都是重要的感观质量，使用时应涂敷容易，既不阻曳又不过分滑溜，有滋润感但并不油腻，经常使用能保持皮肤的光滑、滋润、柔软和弹性。

配方组成包括滋润性物质（各种油、脂、蜡和保湿剂等）、乳化剂（阴离子、非离子表面活性剂）、添加剂（防腐剂、香精等）和去离子水。

3. 实验仪器

乳化设备（1 套）；灌装设备（1 台）；包装瓶等；烧杯（50mL、100mL，各 1 个）；温度计（0～100℃，1支）；电炉（1000W，1台）；台秤天平（1架）；显微镜（1台）。

4. 实验试剂

白油；棕榈酸异丙酯；十六醇；硬脂酸；单硬脂酸甘油酯；Tween-20；丙二醇、Carbopol-934；三乙醇胺；杰马Ⅱ或尼泊金甲酯；香精（青香或花香）；去离子水。

5. 实验步骤

（1）实验配方　由于化妆品原料发展很快，配方结构的变化也很大，因此在此给定一参考配方（质量分数，%），实验时可根据具体情况做相应调整。

参考配方：

白油	15～18	18
棕榈酸异丙酯	3～7	—
十六醇	1～3	6
硬脂酸	1～3	3
单硬脂酸甘油酯	3～5	4
Tween-20	0.8～1.2	1
丙二醇	3～5	4（甘油）
Carbopol-934	0.1～0.2	—
三乙醇胺	1.5～2.0	2
防腐剂	适量	适量（尼泊金）
香精	适量	适量
去离子水	余量	余量

（2）工厂生产操作步骤

① 将Carbopol称入水相搅拌锅中，加入丙二醇润湿，然后加入去离子水，开启搅拌直至溶成均一溶液，加热至90℃，保温20min后降温至75℃。开启真空，将水相吸入乳化锅中。

② 将白油、棕榈酸异丙酯、十六醇、硬脂酸、单硬脂酸甘油酯、Tween-20放入油相锅中，加热至90℃溶化均匀，保持20min后降温至75℃。

③ 将油相吸入乳化锅中，开启搅拌乳化，然后加入三乙醇胺，进行搅拌中和，均质乳化5～10min后降温，温度降至50℃时加入香精和防腐剂，搅拌均匀后即可放料。

④ 用灌装机进行灌装。

（3）实验室配制步骤

① 按参考配方计算50g产品各组分用量。

② 将白油、十六醇、硬脂酸、单硬脂酸甘油酯、Tween-20加到烧杯中，加热到95℃，溶解均匀，保持20min后降到75℃，得油相。

③ 将Carbopol称入水相烧杯中，加入丙二醇润湿，然后加入去离子水，搅拌直至溶成均一溶液，加热至90℃，保温20min后降温至75℃，得水相。

④ 搅拌下将水相加入油相中。

⑤ 滴加三乙醇胺，继续搅拌15min，降温到50℃，加入香精和防腐剂，搅拌得到产品。

6. 注意事项

（1）原料的质量直接影响产品的质量，硬脂酸应采用三压硬脂酸，其碘价在2以下。

（2）去离子水应控制pH在6.5～7.5，总硬度小于100×10^{-6}，氯离子小于50×10^{-6}，铁离子小于0.3×10^{-6}。

7. 思考题

(1) 配方中各组分的作用是什么?

(2) 水质对膏体质量有什么影响?

实验 58 洗发香波的制备

1. 实验目的

(1) 了解香波的配方原理和配制方法。

(2) 掌握香波配方中各组分的作用及添加量。

(3) 掌握香波的生产工艺、配制设备和灌装设备。

2. 实验原理

香波是专为洗发而设计的化妆品，其原料组成包括表面活性剂、添加剂(钙皂分散剂、调理剂、增稠剂、珠光剂、去屑止痒剂、防腐剂、香精、pH 调节剂等)和去离子水。性能优良的香波应具有适度的去污性，泡沫丰富且有一定的稳定度，洗后头发保持光滑、柔软、易梳理、去屑止痒及低刺激性，且使用方便，具有良好外观等。为此在配方时，要使表面活性剂和表面活性剂之间，表面活性剂和添加剂之间以及添加剂和添加剂之间取得良好平衡，才能获得良好的使用效果。

香波的生产有热配和冷配两种，热配对原料溶解性方面要求不高，且有杀菌作用，但需加热，浪费能源，生产周期长；冷配对原料溶解性要求较高，不易溶或不溶物应预先溶解，同时需采取良好的灭菌措施，但冷配节省能源，生产周期短。因此对于小厂来说采用热配较好，对于大厂由于产量大，设备条件好，可采用冷配。

3. 实验仪器

洗化生产设备(1 套)；罗氏泡沫仪(1 套)；NDJ-79 型旋转式黏度计(1 台)。

4. 实验试剂

脂肪醇聚氧乙烯醚硫酸铵(AESA，自制)；月桂酸二乙醇酰胺(6501，自制)；椰油酰胺丙基甜菜碱(CAB-30)；月桂醇硫酸铵($K_{12}A$)；乙二醇单硬脂酸酯(自制)；乳化硅油；阳离子瓜尔胶；卡松；柠檬酸；香精；NaCl；去屑止痒剂。

5. 实验步骤

(1) 实验配方(%)如下：

EDTA(乙二胺四乙酸钠)，0.1；AESA(脂肪醇聚氧乙烯醚硫酸铵，70%)，12.0；$K_{12}A$(70%)，4.0；CAB-30，6.0；甘宝素(二唑酮)，0.2；6501，3.0；瓜尔胶，0.4；柠檬酸，0.4；硅油，4.0；珠光剂，4.0；M3330(季铵盐阳离子调理剂)，1.0；卡松，0.1；香精，0.2；水，64.5。

(2) 根据配方，按下述操作工艺，配制产品 50kg。如在实验室配制，可配制 100g 产品。

① 生产 50kg 香波，按配方计算各种表面活性剂及助剂的投料量。

② 按配方计算量，用水溶解 AESA、$K_{12}A$ 后加入耐酸碱的反应器中，升温至 80℃，将 EDTA 均匀加入，搅拌溶解，接着分别加入 AESA、$K_{12}A$，搅拌溶解。不时放料观察物料溶解程度，直至完全溶解。

③ 加入CAB-30搅拌溶解，接着投入已预溶好的瓜尔胶到反应釜中，搅拌溶解均匀。用柠檬酸调整pH为7～8。

④ 投入已预溶好的甘宝素，搅拌溶解均匀。

⑤ 降温到45℃以下分别加入M3330、硅油、卡松、珠光剂。搅拌使之混合均匀。

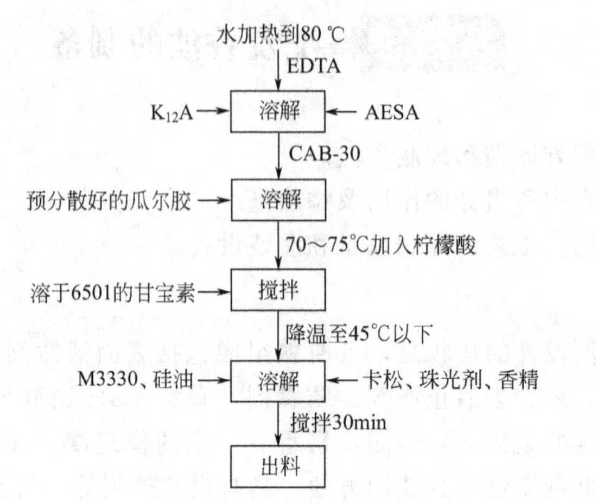

⑥ 加入香精、搅拌约30min使混合均匀，待泡沫消失即可出料包装。

6. 注意事项

(1) 配方中的瓜尔胶、柠檬酸和M3330事先分别用7%、5%、10%的水预分散或溶解。

(2) 称好的瓜尔胶置于容器中，将80℃热水迅速加入，并搅拌。

(3) 将称好的甘宝素加入称好的6501中，加热至完全溶解。

(4) 将水分成四份：第1份溶解AESA、$K_{12}A$；第2份溶解瓜尔胶；第3份溶解柠檬酸；第4份溶解M3330。

(5) 测定产品的黏度，并做相应调整直至符合要求。

7. 思考题

(1) 配方中各组分的作用是什么？

(2) 配制香波对水质有什么要求？为什么？

实验59 聚丙烯酸酯乳液胶黏剂的制备

1. 实验目的

(1) 了解表面活性剂在乳液聚合中的应用原理。

(2) 学习胶黏剂的基本知识，掌握乳液聚合制备丙烯酸酯乳液胶黏剂的方法和操作技术。

2. 实验原理

同乳液聚合。

乳液聚合是自由基聚合方式之一，它借助于表面活性剂，使单体在水相中进行自由基聚合，并能乳化成均一的、相当稳定的乳液。

3. 实验仪器

三口瓶（250mL）；回流冷凝管；Y形三通管；滴液漏斗；电动搅拌器；温度计

(0～150℃)。

4. 实验试剂

丙烯酸丁酯(重蒸);乳化剂 OP-10(壬基酚聚氧乙烯醚);丙烯酰胺;十二烷基硫酸钠;丙烯酸;过硫酸铵。

5. 实验步骤

(1) 准备物料。将 0.2g 过硫酸铵溶于 5mL 去离子水中,配成过硫酸铵溶液;将 29g 丙烯酸丁酯与 1.0g 丙烯酸混合,成为混合单体;将 0.6g 丙烯酰胺溶于 5mL 去离子水中,配成丙烯酰胺的水溶液。在 250mL 三口瓶上装置电动搅拌器、回流冷凝管和 Y 形三通管,Y 形三通管上口分别连接温度计和滴液漏斗。加入 0.3g 十二烷基硫酸钠、1g 乳化剂 OP-10 和 50mL 去离子水,搅拌并加热升温至 60℃左右。待乳化剂溶解后,加入 2mL 过硫酸铵水溶液、4g 丙烯酸丁酯与丙烯酸的混合单体和 2mL 丙烯酰胺的水溶液。搅拌升温,在 20min 左右使反应混合物的温度上升至 78～80℃。然后将剩余的混合单体、丙烯酰胺水溶液以及 2mL(约剩余 1mL)过硫酸铵溶液分多次轮流滴入反应混合物中,约 2h 加完。此过程中要保持反应温度为 78～80℃。然后将剩余的过硫酸铵溶液一次加入,提高反应温度至 88～90℃,并在此温度下继续搅拌 20～40min,然后冷却至 60℃。加浓氨水将反应混合物的 pH 调至 8～9,得到乳白色的黏稠乳液成品约 90g。

(2) 产品分析-胶接试验。使用本实验制得的聚丙烯酸酯乳液,与市售胶水、聚乙烯醇缩醛乳胶、聚醋酸乙烯酯乳胶等比较胶黏效果。方法如下:将标签纸涂一薄层以上几种胶黏剂,然后粘贴在普通盛饮料的聚丙烯塑料瓶上,在 40℃的电烘箱中烘干。放置 24h、48h 和 96h 后,比较不同胶黏剂的胶接效果。经 96h 后标签仍能粘在瓶上,并且可以反复撕贴,说明胶黏剂符合使用要求。实验时间约 6h。

6. 思考题

(1) 简述乳化剂 OP-10 和十二烷基硫酸钠的作用原理。

(2) 在制备过程中,如何控制工艺条件以使产品指标达到最佳?

实验 60 醇酸树脂的制备

1. 实验目的

了解缩聚反应的原理和醇酸树脂的合成方法。

2. 实验原理

醇酸树脂是指以多元醇、多元酸与脂肪酸为原料制成的树脂。由邻苯二甲酸酐和甘油以等物质的量反应时,反应到后期会发生凝胶化,形成网状交联结构的树脂。若加入脂肪酸或植物油,使甘油先变成甘油一酸酯 $RCO_2CH_2CH(OH)CH_2OH$,这是二官能团化合物,再与苯酐反应就是线型缩聚了,不会出现凝胶化。如果所用脂肪酸中含有一定数量的不饱和双键,则所得的醇酸树脂能与空气中的氧发生反应,而交联成不溶不熔的干燥漆膜。

合成醇酸树脂通常先将植物油与甘油在碱性催化剂存在下进行醇解反应,以生成甘油一酸酯。然后加入苯酐进行缩聚反应,同时脱去水,最后得醇酸树脂。

$$
\begin{array}{l}
CH_2OCOR \\
| \\
CHOCOR' \\
| \\
CH_2OCOR''
\end{array}
+2
\begin{array}{l}
CH_2OH \\
| \\
CHOH \\
| \\
CH_2OH
\end{array}
\longrightarrow
\begin{array}{l}
CH_2OCOR \\
| \\
CHOH \\
| \\
CH_2OH
\end{array}
+
\begin{array}{l}
CH_2OH \\
| \\
CHOCOR' \\
| \\
CH_2OH
\end{array}
+
\begin{array}{l}
CH_2OH \\
| \\
CHOH \\
| \\
CH_2OCOR''
\end{array}
$$

$$*\!-\!\left[O-\overset{O}{\overset{\|}{C}}-C_6H_4-\overset{O}{\overset{\|}{C}}-O-CH_2-\underset{OCOR'}{\underset{|}{CH}}-CH_2\right]_x\!-\!*$$

$$*\!-\!\left[O-\overset{O}{\overset{\|}{C}}-C_6H_4-\overset{O}{\overset{\|}{C}}-O-CH_2-\overset{CH_2OCOR}{\overset{|}{CH}}\right]_y\!-\!* \qquad *\!-\!\left[O-\overset{O}{\overset{\|}{C}}-C_6H_4-\overset{O}{\overset{\|}{C}}-O-CH_2-\overset{CH_2OCOR''}{\overset{|}{CH}}\right]_z\!-\!*$$

3. 实验仪器

三口瓶（250mL）；搅拌器；温度计（0～400℃）；球形冷凝管；油水分离器。

4. 实验试剂

亚麻油；甘油；苯酐；氢氧化锂；二甲苯；溶剂汽油。

5. 实验步骤

（1）亚麻油醇解　在装有搅拌器、温度计、球形冷凝管的250mL三口烧瓶中加入84g亚麻油和26.5g甘油。加热至120℃，然后加0.05～0.10g氢氧化锂。继续加热至240℃，保持醇解0.5h，取样测定反应物的醇溶性。当达到透明时即为醇解终点；若不透明，则继续反应，定期测定，到达终点后即降温至200℃。

（2）酯化　将三口烧瓶与球形冷凝管之间装上油水分离器，分离器中装满二甲苯（到达支管口为止，这部分二甲苯未计入配方量中）。将53.2g苯酐分批慢慢地加入三口烧瓶中，温度保持180～200℃，在15～30min内加完。然后加入7.8g二甲苯，缓慢升温至230～240℃，回流2.5～3h。取样测定酸值，酸值小于20时为反应终点。冷却后，加入148g溶剂汽油稀释，得米棕色醇酸树脂溶液，装瓶备用。

（3）终点控制及成品测定

① 醇解终点测定　取醇解物0.5mL加入95％乙醇5mL，剧烈振荡后放入25℃水浴中，若透明说明终点已到，浑浊则继续醇解。

② 测定酸值　取样2～3g（精确称至0.1mg），溶于30mL甲苯-乙醇的混合液中（甲苯：乙醇＝2：1），加入酚酞指示剂4滴，用氢氧化钾-乙醇标准溶液滴定。然后用下式计算酸值：

$$酸值=\frac{N_{KOH}\times 56.1}{m_{样品}}\times V_{KOH}$$

③ 测定固含量　取样3～4g，烘至恒重（120℃约2h），计算固含量：

$$固含量=\frac{m_{固体}}{m_{溶液}}\times 100\%$$

④ 测定黏度　用溶剂汽油调整固含量至50％后测定。

6. 注意事项

（1）本实验必须严格注意安全操作，防止火灾。

（2）各升温阶段必须缓慢均匀，防止冲料。

（3）加苯酐时不要太快，注意是否有泡沫升起，防止溢出。

(4) 加二甲苯时必须熄火，并注意不要加到烧瓶的外面。

7. 思考题

(1) 为什么反应要分成两步，即先醇解后酯化，是否能将亚麻油、甘油和苯酐直接混合在一起反应?

(2) 缩聚反应有何特点? 加入二甲苯的作用是什么?

(3) 为什么用反应物的酸值来决定反应的终点? 酸值与树脂的相对分子质量有何联系?

实验 61 醇酸清漆的制备

1. 实验目的

(1) 了解醇酸清漆的制备原理。

(2) 掌握醇酸清漆的制备工艺及漆膜干燥的过程。

2. 实验原理

醇酸树脂一般情况下主要是线形聚合物，但由于所用的油如亚麻油、桐油等的脂肪酸根中含有许多不饱和双键，当涂成薄膜后与空气中的氧发生反应，逐渐转化成固态的漆膜，这个过程称为漆膜的干燥。其机理是相当复杂的，主要是氧与双键邻近的亚甲基（$—CH_2$）在受热或光照下，形成过氧化物，这些氢过氧化物再发生引发聚合，使分子间交联，最终形成网状结构的干燥漆膜。现以 ROOH 代表脂肪酸根中的过氧化物，则形成网状结构的机理大致如下：

$$ROOH \longrightarrow RO\cdot + \cdot OH$$

$$2ROOH \longrightarrow RO\cdot + ROO\cdot + H_2O$$

$$RO\cdot + RH \longrightarrow ROH + R\cdot$$

$$R\cdot + \cdot R \longrightarrow R—R$$

$$RO\cdot + \cdot R \longrightarrow ROR$$

$$RO\cdot + \cdot OR \longrightarrow ROOR$$

这个过程在空气中进行得相当缓慢，但某些金属如钴、锰、铅、锌、钙、锆等有机酸皂类化合物对此过程有催化加速的作用，故这类物质称为催干剂。

醇酸清漆主要是由醇酸树脂、溶剂如甲苯、二甲苯、溶剂汽油等以及多种催干剂组成。

3. 实验仪器

烧杯；搅拌棒；漆刷；三合板样板。

4. 实验试剂

亚麻油醇酸树脂（50%）；环烷酸钴（4%）；环烷酸锌（3%）；环烷酸钙（2%）；溶剂汽油。

5. 实验步骤

(1) 清漆的调配　将 84g 亚麻油醇酸树脂（50%）、0.45g 环烷酸钴（4%）、0.35g 环烷酸锌（3%）、2.40g 环烷酸钙（2%）和 12.80g 溶剂汽油放入烧杯内，用搅拌棒调匀。

(2) 成品要求

外观：透明无杂质

黏度：40～60s(25℃，涂-4 杯)

不挥发分：≥45%

干燥时间：25℃，表干≤6h，实干≤18h。

（3）干燥时间的测定　用漆刷均匀涂刷三合板样板，观察漆膜干燥情况，用手指轻按漆膜直至无指纹为止，即为表干时间。

6. 注意事项

（1）调配清漆时必须仔细搅匀，但搅拌不能太剧烈，防止混入大量空气。

（2）涂刷样板时要涂得均匀，不能太厚，以免影响漆膜的干燥。

（3）工作场所必须杜绝火源。

7. 思考题

（1）调漆时为什么要同时加入多种催干剂？

（2）涂刷样板时，为什么涂得太厚会影响漆膜的干燥？

实验 62　醋酸乙烯酯的乳液聚合

1. 实验目的

（1）学习自由基型加聚反应的原理。

（2）了解表面活性剂在乳液聚合中的应用。

（3）掌握乳液聚合的具体方法。

2. 实验原理

烯类单体的自由基型加聚反应可按本体、溶液、悬浮和乳液等方法进行。采用何种方法主要决定于产物的用途。

乳液聚合就是烯类单体在乳化剂（表面活性剂）的作用下，分散在水相中呈乳状液，并在引发剂的作用下进行聚合反应，得到以微胶粒（0.1～1.0μm）状态分散在水相中的聚合物乳液。这种乳液稳定性良好，由于使用水作分散介质，具有经济、安全和不污染环境等优点，所以得到迅速的发展。广泛应用于涂料、黏合剂、纺织印染和纸张助剂等的制造。

醋酸乙烯酯通过乳液聚合得到的聚醋酸乙烯酯乳液，广泛用于建筑涂料的制造和木材、纸品的黏合剂等。除此之外，醋酸乙烯与各种其他单体的共聚型乳液的不断问世，改善了性能，拓宽了用途。

$$n\mathrm{CH_2{=}CH_2OAc} \longrightarrow *\!-\!\!\left[\mathrm{CH_2{-}\underset{\displaystyle OAc}{\underset{|}{CH}}}\right]_n\!\!-*$$

3. 实验仪器

三口烧瓶（250mL）；电动搅拌器；温度计（0～200℃）；球形冷凝管；滴液漏斗。

4. 实验试剂

醋酸乙烯酯；过硫酸铵；聚乙烯醇；碳酸氢钠；乳化剂 OP-10；邻苯二甲酸二丁酯；去离子水。

5. 实验步骤

（1）聚乙烯醇的溶解　在装有搅拌器、温度计和球形冷凝管的 250mL 三口烧瓶中加入 44mL 去离子水和 0.5g 乳化剂 OP-10，开动搅拌，逐渐加入 3g 聚乙烯醇。加热升温，在 80～90℃保持 0.5h 左右，直至聚乙烯醇全部溶解，冷却备用。

（2）过硫酸铵溶液的配制　将 0.3g 过硫酸铵溶于水中，配成 5%的溶液。

(3) 聚合　把 10g 蒸馏过的醋酸乙烯酯和 5%过硫酸铵水溶液 2mL 加至上述三口烧瓶中。开动搅拌器，水浴加热，保持温度在 65～75℃。当回流基本消失时，用滴液漏斗在 1.5～2h 内缓慢地、按比例地滴加 34g 醋酸乙烯酯和余量的过硫酸铵水溶液，加料完毕后升温至 90～95℃，至无回流为止，冷却至 50℃。加入 2～4mL 5%碳酸氢钠水溶液，调整 pH 5～6。然后慢慢加入 5g 邻苯二甲酸二丁酯。搅拌冷却 1h，即得白色稠厚的乳液。

(4) 测定　测定乳液的固含量和黏度。

6. 注意事项

(1) 聚乙烯醇溶解速度较慢，必须溶解完全，并保持原来的体积。如使用工业品聚乙烯醇，可能会有少量皮屑状不溶物悬浮于溶液中，可用粗孔铜丝网过滤除去。

(2) 滴加单体的速度要均匀，防止加料太快发生爆聚冲料等事故。过硫酸铵水溶液数量少，注意均匀、按比例地与单体同时加完。

(3) 搅拌速度要适当，升温不能过快。

(4) 瓶装的试剂级醋酸乙烯酯需蒸馏后才能使用。

7. 思考题

(1) 简述乳化剂 OP-10 的作用原理。

(2) 聚乙烯醇在反应中起什么作用？为什么要与乳化剂 OP-10 混合使用？

(3) 为什么大部分的单体和过硫酸铵用逐步滴加的方式加入？

(4) 过硫酸铵在反应中起什么作用？其用量过多或过少对反应有何影响？

(5) 为什么反应结束后要用碳酸氢钠调整 pH＝5～6？

实验 63　聚醋酸乙烯乳液涂料的制备

1. 实验目的

(1) 进一步学习表面活性剂在乳液聚合中的应用原理。

(2) 了解乳胶涂料的特点及配制方法。

2. 实验原理

传统的涂料（油漆）都要使用易挥发的有机溶剂，例如汽油、甲苯、二甲苯、酯、酮等，以帮助形成漆膜。这不仅浪费资源，污染环境，而且给生产和施工场所带来危险性，如火灾和爆炸。而乳胶涂料的出现是涂料工业的重大创新。它使用水为分散介质，避免了使用有机溶剂的许多缺点，因而得到了迅速发展。目前乳胶涂料广泛用作建筑涂料，并也已进入工业涂装领域。

通过乳液聚合得到的聚合物乳液，其中聚合物以微胶粒的状态分散在水中。当涂刷在物体表面时，随着水分的挥发，微胶粒互相挤压而形成连续而干燥的涂膜。这是乳胶涂料的基础。此外，还要配入颜料、填料以及各种助剂如成膜助剂、颜料分散剂、增稠剂、消泡剂等。

3. 实验仪器

高速搅拌机；搪瓷或塑料杯；调漆刀；漆刷；水泥石棉样板。

4. 实验试剂

聚醋酸乙烯酯乳液［固含量（质量分数）45%］；去离子水；六偏磷酸钠；丙二醇；钛白粉；滑石粉；碳酸钙；磷酸三丁酯。

5. 实验步骤

(1) 涂料的配制　把 20g 去离子水、5g 10%六偏磷酸钠水溶液以及 2.5g 丙二醇加入烧杯中，开动高速搅拌机，逐渐加入 18g 钛白粉、8g 滑石粉和 6g 碳酸钙，搅拌分散均匀后加入 0.3g 磷酸三丁酯，继续快速搅拌 10min，然后在慢速下加入 40g 聚醋酸乙烯酯乳液，直至搅匀为止，即得白色涂料。若再加少量彩色颜料浆，可得彩色涂料。

(2) 成品要求

外观：白色稠厚流体

固含量（质量分数）：50%

干燥时间：25℃，表干 10min，实干 24h。

(3) 性能测定　涂刷水泥石棉样板，观察干燥速度，测定白度、光泽并作耐水性试验。制备好作耐湿擦性的样板，作耐湿擦性试验。

6. 注意事项

(1) 在搅匀颜料、填充料时，若黏度太大难以操作，可适量加入乳液至能搅匀为止。

(2) 最后加乳液时，必须控制搅拌速度，防止大量泡沫产生。

7. 思考题

(1) 试说出配方中各种原料所起的作用。

(2) 在搅拌颜料、填充料时为什么要用高速搅拌机高速搅拌？用普通搅拌器或手工搅拌对涂料性能有何影响？

实验 64　固体酒精的制备

1. 实验目的

(1) 了解表面活性剂在固体酒精制备中的作用原理。

(2) 掌握固体酒精的配制方法。

2. 实验原理

利用硬脂酸钠受热时软化、冷却后又重新固化的性质，将液态酒精与硬脂酸钠搅拌共热，充分混合，冷却后硬脂酸钠将酒精包含其中，成为固状产品。

3. 实验仪器

圆底烧瓶（250mL）；回流冷凝管；烧杯（100mL）；水浴锅。

4. 实验试剂

(1) 工业酒精　无色或淡黄色透明、易燃易爆的液体，沸点 77～78℃，本实验中作为主燃料。

(2) 硬脂酸钠　由硬脂酸和氢氧化钠中和制得。硬脂酸又名十八烷酸，是柔软的白色片状固体，凝固点 69～71℃。工业品的硬脂酸中常含有软脂酸（十六烷酸），但不影响使用。硬脂酸不溶于水而溶于热乙醇。

(3) 虫胶片　虫胶是天然树脂，由虫胶树上的紫胶虫吸食、消化树汁后的分泌液在树上凝结干燥而成。将虫胶在水中煮沸，溶去一部分有色物质后所得到的黄棕色薄片即为虫胶片。虫胶的化学成分比较复杂，主成分是一些羟基羧酸内酯和交酯混合物的树脂状物质，平均相对分子质量约 1000。碱水解物的主要成分是 9,10,16-三羟基十六烷酸和三环倍半萜烯酸，此外还有六羟基十四烷酸等多种长链的羟基脂肪酸。虫胶片不溶于水，受热软化，冷后固化，在本实验中用作黏结剂。

（4）固体石蜡　是固体烃的混合物，由石油的含蜡馏分加工提取得到。石蜡一般为块状的固体，熔点 50～60℃，可燃。在本实验中石蜡是固化剂并且可以燃烧，但加入量不能太多，否则燃烧难以完全而产生烟和令人不愉快的气味。

5. 实验步骤

（1）方法一　称取 0.8g(0.02mol) 氢氧化钠，迅速研碎成小颗粒，加入 250mL 的圆底烧瓶中，再加入 1g 虫胶片、80mL 酒精和数小粒沸石。装置回流冷凝管，水浴加热回流，至固体全部溶解为止。

在 100mL 烧杯中加入 5g（约 0.02mol）硬脂酸和 20mL 酒精，在水浴上温热至硬脂酸全部溶解。然后从冷凝管上端将烧杯中的物料加入含有氢氧化钠、虫胶片和酒精的圆底烧瓶中，摇动使其混合均匀。回流 10min 后移去水浴，反应混合物自然冷却。待降温至 60℃时倒入模具中，加盖以避免酒精挥发。冷至室温后完全固化，从模具中取出即得到成品。切一小块产品，直接点火燃烧，观察燃烧情况。

（2）方法二　向 250mL 圆底烧瓶加入 9g（约 0.035mol）硬脂酸、2g 石蜡、50mL 酒精和数小粒沸石，装置回流冷凝管，摇匀。在水浴上加热约 60℃并保温至固体溶解为止。

将 1.5g（约 0.037mol）氢氧化钠和 13.5g 水加入 100mL 烧杯中，搅拌溶解后再加入 25mL 酒精，搅匀。将碱液从冷凝管上端加进含硬脂酸、石蜡和酒精的圆底烧瓶中，在水浴上加热回流 15min 使反应完全。移去水浴，待物料稍冷而停止回流时，趁热倒入模具，冷却后取出即得到成品。切一小块产品点燃，观察燃烧情况。

实验时间：每种方法均约 2h。

6. 注意事项

工业酒精为无色或淡黄色透明、易燃易爆液体，实验中应注意防火安全。

7. 思考题

简述硬脂酸钠在固体酒精制备中的作用原理。

Ⅱ　质量控制

实验 65　去污力的测定

实验 65（a）　瓶式去污试验

1. 实验目的

了解瓶式去污试验机测试去污力的原理，掌握测试技能及方法。

2. 实验原理

将人工污布放在已盛有试样溶液（洗涤剂硬水）的玻璃瓶中、瓶内放入橡皮弹子，在机械的转动作用下，人工污布受到擦洗。

3. 实验仪器

QW-2 型瓶式去污试验机。该去污试验机外形见图 65-1，由中国日用化学工业研究院统一订制，该机主要由预热、测试、控制、动力传动系统及工作用水的排进系统等组成。

QW-2 型去污试验机有 24 只 400mL 的玻璃瓶，瓶子高 12.5cm，直径 7cm，配相当于 13 号橡皮塞子，瓶中放直径为 14mm 的橡皮弹子 20 粒（质量 38～40g）。24 只瓶子可以排装在一根转轴上，转轴每分钟 42 转。瓶子在水槽内转动。试验机附有预热水浴，是在试验前预热瓶子用的。水槽和水浴都用电热自动控制。

白度计：QBDJ-1 型或 QBDJ-2 型数字式白度计，并附稳压器。

电动搅拌器（直流马达，220V，150W，3000r/min，1A）；不锈钢搅拌桨一只（双叶片宽 30mm、高 15mm、厚 1mm，两片距离 25mm，相互垂直如图 65-2 所示）。电炉（500W）；瓷研钵（内径 12cm）；大搪瓷盘（长 46cm，宽 36cm）；搪瓷杯（1000mL，内径 12cm，高 12cm）；烧杯（400mL）。

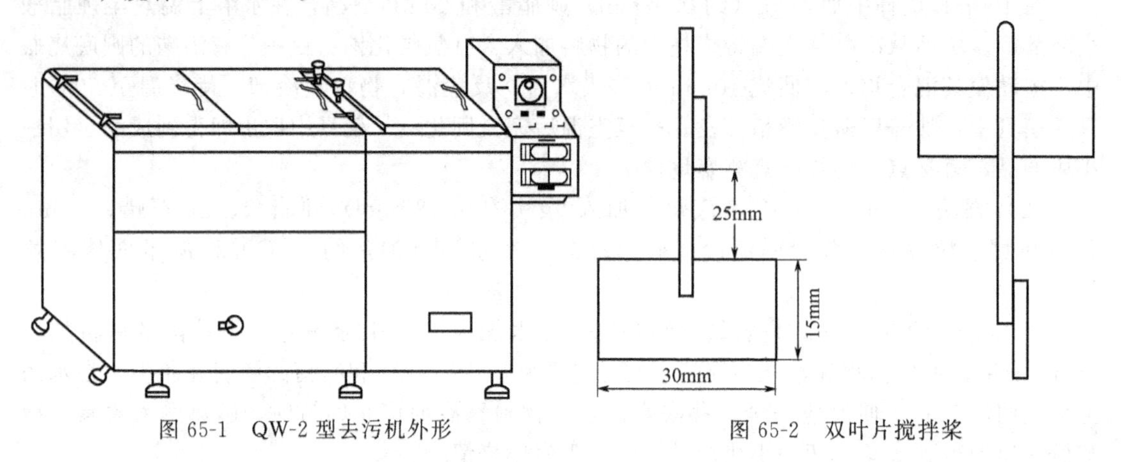

图 65-1 QW-2 型去污机外形　　图 65-2 双叶片搅拌桨

4. 实验试剂及材料

95%工业乙醇；阿拉伯树胶粉（符合 B·P，1968 版）；炭黑（全国统一专用原料）；蓖麻油（医用）；液体石蜡（医用）；医用羊毛脂（符合中国药典规定的纯度）；磷脂（统一原料，规格含油量为 37%～35%，丙酮不溶物 63%～65%）；氯化钙（$CaCl_2$）；硫酸镁（$MgSO_4 \cdot 7H_2O$）分析纯；漂白布（经纬度 32×32 工业漂白布，全国统一材料）；NaOH 分析纯（符合 GB 629—81）；中性皂基。

5. 实验步骤

（1）白布处理　将漂白布（经纬度 32×32 工业漂白布）裁成 27cm×44cm 长方形布块，用 7000mL 浓度为 0.8%的 NaOH 溶液煮沸 1h 后，倾去溶液用自来水漂洗几次，直至洗液使 pH 试纸呈中性，再用蒸馏水洗几次，然后用 7000mL 0.13%中性皂溶液煮沸 0.5h，再用清水漂洗，最后用蒸馏水漂洗几次，将此布烫干待用。

（2）炭黑污液制备　炭黑污液是阿拉伯树胶与炭黑的乙醇溶液，操作方法为：称取阿拉伯树胶 3.2g 于 100mL 烧杯中，加入 15mL 蒸馏水，加热使其溶解；然后称 2.3g 炭黑于直径 12cm 的瓷研钵中，加入 10mL 95%工业乙醇湿润，再加水 10mL，进行研磨，在研磨过程中慢慢补加水，总计补加 25mL，共研磨 0.5h，研磨完毕将溶解好的阿拉伯树胶移入研钵中，研磨 2min，然后用少量蒸馏水将烧杯中剩余物洗入研钵中，一并转入 400mL 烧杯内，再用蒸馏水将研钵中炭黑全部洗入 400mL 烧杯中，总溶液量约 150mL，在室温下搅拌 0.5h（搅拌器、搅拌马达与制备油污液所用的相同，转速约 1200r/min）。搅拌完毕用蒸馏水稀释至 750mL，再加工业酒精 750mL 共 1500mL 摇匀，即为制成的炭黑污液。

(3) 油污液制备　油污液即为染布用的污液，是采用蓖麻油、液体石蜡和羊毛脂为油污，其质量比为（蓖麻油：液体石蜡：羊毛脂=1：1：1），用磷脂作为乳化剂，乳化好坏直接影响油污液的质量，也直接影响染布的深浅。磷脂与混合油之比为2：1。将磷脂与混合油加入已制备好的炭黑污液中搅拌即制成染布所需的油污液。油污液是染制合格污布的关键，为此，必须按下述方法制备。

称取磷脂10g±0.01g于100mL烧杯中，加入25mL 50％乙醇，然后将烧杯放在水浴锅中加热溶解，待全部溶化后，加入混合油5g±0.01g，继续加热搅拌，直至不分层，呈棕黄色黏稠状，另取制备好的并摇匀的炭黑污液500mL，于1000mL搪瓷杯中将搅拌叶装在搪瓷杯正中，下部叶底离杯底10mm，搪瓷杯外，用水浴保温加热，边搅拌边加热，待搪瓷杯中炭黑污液温度升到55℃后，开始慢慢滴入已溶解好的磷脂与混合油，加完后再用25mL 50％乙醇将烧杯中剩余量洗下。滴加磷脂与混合油时间总共为10min，然后再继续搅拌30min（搅拌转速为1200r/min，温度仍保持在55℃左右），此油污液即可供染布用。

(4) 油污布的染制　将上述油污液冷却到46℃，用两层纱布滤去上层泡沫，倒入略微倾斜的搪瓷盘中，轻轻将少量泡沫吹去，即开始染布。染布时将白布浸入油污液中很快拖过，垂直拉起静止1min，将布调个头，用图钉钉在木条上晾干，将搪瓷盘中油污液倒入搪瓷杯中，置于阴凉处供第二次染污用。待经第一次染污的布干后，将搪瓷杯中的油污液加热到46℃再倒入搪瓷盘中进行第二次污染，操作同第一次，但布面要翻转并调向。500mL污液最多只能染三块布（即270mm×440mm）。若需要平行染四块布时，可将污液增加到600mL。

(5) 白度值的测定　白布处理后应在白度计上测定白度，处理好的白布读数一般为65～70（读50个点取平均值）。染好的污布，每块布可裁成直径6cm的圆片24片，将每片污布在五个固定的部分上测定出白度值，正反两面共测10个数，取其平均值，然后进行洗涤试验，染好的布洗前白度值最好控制在14左右，小于11或大于20者舍弃不用。

(6) 硬水的配制　根据国内各地区硬水情况平均约为250mg/L，所以洗涤试验中采用这种硬水来配制洗涤液，钙与镁离子之比为6：4，配制方法如下：称取分析纯氯化钙($CaCl_2$)16.7g和分析纯硫酸镁（$MgSO_4 \cdot 7H_2O$）24.7g，配制10000mL硬水，即将2500mg/L硬水取1000mL冲至10000mL即为250mg/L硬水。

(7) 洗涤试验　洗涤试验是在瓶式去污机内进行的，每个试样至少要用4只去污瓶作平行试验（瓶中放有直径约14mm橡皮弹子20粒），试验时先在去污瓶内分别倒入300mL配好的试样和标准洗涤液（是用250mg/L硬水配制的0.2％的洗衣粉溶液）。在预热槽中预热到43℃，各放入一片测定过白度的污布。再将去污瓶装入转轴架中，在45℃下转动1h，取出布片用自来水冲洗，按序号排放在搪瓷盘中晾干后，进行白度测定。

去污值计算：

$$去污值\ R=\frac{洗后白度读数-洗前白度读数}{白布白度读数-洗前白度读数}\times 100\%$$

附：标准洗衣粉的配制

(1) 标准洗衣粉配方：烷基苯磺酸钠15份；三聚磷酸钠17份；硅酸钠10份；碳酸钠3份；硫酸钠58份；羧甲基纤维素（CMC）1份。

(2) 标准洗衣粉原料规格如下。

① 烷基苯磺酸钠为三氧化硫磺化烷基苯（烷基苯：溴指数＜20，APHA色泽＜10，南京烷基苯厂产品）所得单体（不皂化物以100％活性物计不超过2％）。

② 三聚磷酸钠（昆明五钠厂产品），符合QB 762—80工业三聚磷酸钠部标准的一

级品。

③ 碳酸钠，符合 GB 210—63 一级品要求。

④ 硫酸钠，符合 HG 520—67 的一级品。

⑤ CMC，取代度 0.6～0.7，2%溶液黏度为 20～50cP。

⑥ 硅酸钠，为工业品、符合 HG 1871—76 标准中四类。

(3) 标准洗衣粉的配制。标样洗衣粉由轻工业部委托某厂用统一原料生产，如需自配时，配制方法如下。

在实验室中将烷基苯磺酸钠及水玻璃准确称到磁蒸发皿中，再将所有称好的物料混匀，研细后加以磁蒸发皿中，在室温下充分搅拌混匀即可，将配好的样品于 105℃±2℃的烘箱中烘干。研钵研细，过筛（20 目）。过不去的继续研细，直到全部通过为止，将该标样洗衣粉装入瓶中备用。

试样与标样洗衣粉的去污力比较

标样洗衣粉溶液配制与试样溶液配制相同，为了将试样洗衣粉与标样洗衣粉作去污力比较，需将试样与标样洗衣粉备用 4 小片布样作同车去污试验，取各自的平均去污值 R，然后进行相对比较。

实验 65（b） 立式去污试验

1. 实验目的

了解 RHLQ-Ⅱ立式去污试验机测试去污力的原理，掌握其测试方法。

2. 实验原理

洗涤原理类似于家用波轮式洗衣机，由六个工作单元组成，通过圆弧齿同步带传动，带动六根搅拌叶轮作往返式旋转，每个洗涤单元在完全相同的条件下同时进行。

3. 实验仪器

RHLQ-Ⅱ型立式去污试验机，由中国日用化学工业研究院统一订制。该机为台式外型，由工作主轴、恒温水浴槽、主传动机构、仪表、电气控制等组成。

本仪器框架结构采用方管组焊而成。

外壳：板式组合铝合金。

4. 实验试剂及材料

同瓶式法。

5. 实验步骤

(1) 白布处理、(2) 炭黑污液制备、(3) 油污液制备、(4) 油污布的染制、(5) 白度值的测定、(6) 硬水的配制步骤与瓶式法相同。

(7) 洗涤试验

① 首先将上式去污试验机运作起来，操作方法如下。

a. 合上总电源，循环水泵和电加热开始工作。（注：该系统只有水箱达到要求水位时才能工作）

同时 E9S 变频器显示出转动速度，LT4H 数字定时器，显示出运转时间，PYW4 数字温控仪，显示出水浴温度。

出厂前转动速度设定 160r/min，如需改变可按变频器∧、∨增、减键。运转时间出厂设定 15min，如需改变时间值，可按 4 个▲▼键调整所需值。水浴温度改变，需用 PYW4 的温控器▲、▼增键、减键重新设定。仪表其他键请勿动，因出厂时已调好。

b. 将 6 个不锈钢洗杯分别放入六个孔内，注意洗杯外上沿的销子要嵌入孔边的槽内。

c. 把搅拌叶轮轴放入洗杯并使底孔插入洗杯的轴座上，用手向上推搅拌轴联轴套，使搅拌叶轮轴套入联轴套内，放下联轴套。

② 将洗涤液（用 250ppm 硬水配制 0.2%洗涤液）分别注入各洗杯内（通常在 500～1000mL）。

③ 待温度显示器显示实际温度达到设定温度时，启动 K_1 开关，并向各洗杯内同时投入标准污布，仪器系统开始工作，仅需操作 K_1（面板右侧绿色方形带锁定按钮）和 K_2（面板右侧红色方形自复位按钮），其中 K_1 为首次启动，暂停操作用，K_2 为重新启动重复循环用。

④ 当洗涤时间到达所设定的洗涤时间时，搅拌叶轮自动停止转动，蜂鸣器发出报警，此时按 K_2 又可重复循环工作一次，并报警停止。

⑤ 如果运行中途需要停机，可按下 K_1 暂停键。使循环暂停（计时器停计时）停计时时间操作人员通过再按 K_1 键来控制和恢复循环。

⑥ 试验结束后，取出污布，用自来水冲洗（按国标操作），将搅拌叶轮轴和洗杯取出，用清水冲洗，按序号排放在搪瓷盘中，晾干后，进行白度测定，去污值计算如下式：

$$去污值=\frac{洗后白度读数-洗前白度读数}{白布白度读数-洗前白度读数}\times 100\%$$

6. 注意事项

(1) 本机需放在紧固的工作台或实验桌上（台上最好垫一块厚 5mm 的橡胶板）。

(2) 打开上盖，检查传动带是否脱落，检查张紧机构的固定螺栓是否松动。

(3) 清洗水槽内由于包装、运输掉入的杂物，用纯水洗净后，再加入 35～40L 纯水，约至水槽的 3/5 深度。

(4) 主电源插座要求单相 220V，50/60HZ 的交流电。

(5) 该机减速器润滑油采用 200 号工业齿轮油，根据使用频繁程度，应定期进行更换，第一次使用，运转 7～14 天后更换新油，一般情况须在 6～8 个月更换一次。

(6) 恒温水槽，补充纯水，使水位保持在 3/5 深度左右，严禁用自来水。

(7) 定期检查传动系统的紧固螺栓，防止松动影响正常使用。

(8) 做完试验后，应将洗杯和搅拌叶轮轴用清水洗干净，放在通风干净处待用。

实验 66 发泡力的测定

1. 实验目的

学会用罗氏泡沫仪测定试液的发泡力。

2. 实验原理

利用物质具有表面活性及起泡能力而达到测定目的。当一定体积的液体以一定流速落下时，与预先加入的一定量的试液产生冲击搅拌作用，从而产生泡沫。

3. 实验仪器

罗氏泡沫仪（如图 66-1 所示）；自动控制恒温仪；容量瓶（500mL、1000mL）。

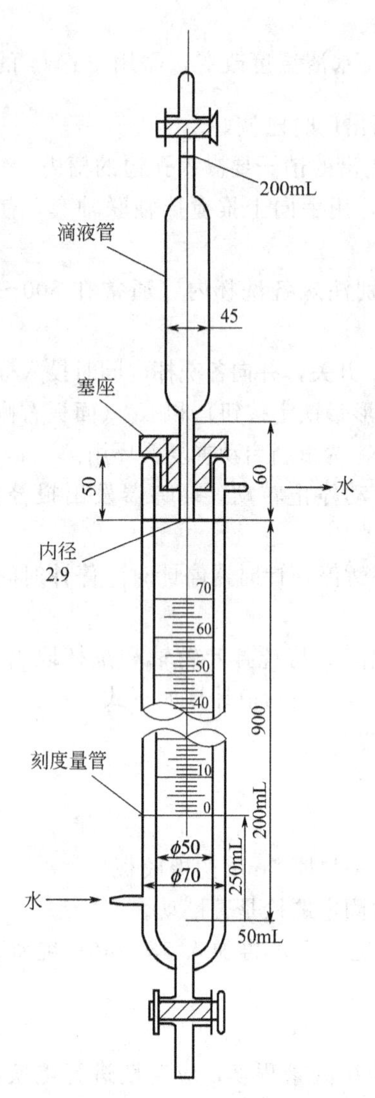

图 66-1 罗氏泡沫仪

4. 实验试剂

氯化钙（$CaCl_2 \cdot 2H_2O$，化学纯）；硫酸镁（$MgSO_4 \cdot 7H_2O$，化学纯）。

5. 实验步骤

（1）150mg/L 硬水的配制　称取硫酸镁（$MgSO_4 \cdot 7H_2O$）0.143g，氯化钙（$CaCl_2 \cdot 2H_2O$）0.132g，溶解于1000mL 容量瓶中，加蒸馏水至刻度，摇匀。

（2）试液的配制　称取 2.5g 试样于 1000mL 容量瓶中，加 150mg/L 硬水至刻度，摇匀。

（3）测量　打开恒温水浴，达到一定温度时开动水泵，保持刻度管夹套水温度稳定在 40℃±1℃。用蒸馏水冲洗刻度管内壁，冲洗必须完全，然后用试液冲洗管壁，亦应冲洗完全。关闭刻度管的活塞，自刻度管底部注入试液约50mL，静止 5min，调节活塞，使试液面恰在 50mL 刻度处，此试液须预先加热到 40℃。

将滴液管注满 200mL 试液，安放在事先预备好的管架上（一般可用橡胶塞或木塞安装于刻度管口），与刻度管的断面垂直，使溶液流到刻度管的中心，滴液管的出口应安置在 900mm 刻度线上。打开滴液管的活塞，使溶液流下，当滴液管中的溶液流完时立即开动秒表，并记录泡沫的高度，再记录 5min 以后的高度。重复以上试验 2～3 次，每次试验之前必须将管壁洗净，两次试验的平均数为最后结果，允许误差应不超过 5mm。

6. 注意事项

（1）装置罗氏泡沫仪必须全部垂直，否则液面不平，读数不准。

（2）试液在放入滴液管前预热至 41℃左右，使注入后操作时的温度为 40℃±1℃。

（3）有些溶液的泡沫很不稳定，数分钟后泡沫表面破裂，成为高低不平的表面，此时高度读数只能取估计的平均数字。

7. 思考题

（1）在实验操作过程中，为何先自刻度管底部注入试液约 50mL，而不是从顶部加入试液，再加入测试液？

（2）记录 5min 后的泡沫高度有何意义？

实验 67　黏度的测定

实验 67（a）旋转式黏度计

1. 实验目的

（1）学习 NDJ-1 型旋转黏度计的测定原理。

(2) 掌握 NDJ-1 型旋转黏度计的使用方法。

(3) 学会用此仪器测定一些精细化学品黏度的方法。

2. 实验原理

黏度是流体的主要物理特性。流体在外力作用下流动和变形，黏度是对流体具有的抗拒流动的内部阻力的量度，所以黏度也称为内摩擦力系数。它以对流体施加的外力与产生流动速度梯度的比值表示。

3. 实验仪器

NDJ-1 型旋转黏度计（上海天平仪器厂）。

4. 实验试剂

待测的具有一定稠度的试样。

5. 实验步骤

(1) 插上电源插头后，调水平，将旋转黏度计置于平台上，若指示盘旁的气泡不在正中圆圈内，调节底部两只底脚螺丝，将气泡调至圆圈中央，使旋转黏度计保持水平状态。

(2) 选择合适的转子，装在连接指示盘的接头处，再将指示每分钟转数的旋钮调至所需数字处（在旋转转子时需用左手把住接头，不使红色指针产生位移，令指示盘指零，并使其摆动幅度不太大，以免造成测定误差）。

(3) 将转子伸入待测之物，按下开关，转盘即开始转动，待转动稳定后（可规定按开关后 1min），读取数值，再乘上系数，即得黏度，单位为 cP：

$$黏度=指示读数\times系数$$

若转盘转动过快或过慢，则可调换转子后再测。

6. 注意事项

(1) 该仪器备有四个粗细不等的转子，供测定不同范围的黏度，粗转子测定低黏度制品，细转子测定较高黏度制品。

(2) 转子换算系数表参见表 67-1。

表 67-1 转子换算系数表

转子	转速/(r/min)			
	60	30	12	6
1	1	2	5	10
2	5	10	25	50
3	20	40	100	200
4	100	200	500	1000

7. 思考题

说明使用时旋转黏度计转盘转动过快或过慢的原因。如何调换转子？

实验 67 (b) 涂-4 杯黏度计

1. 实验目的

(1) 了解涂-4 杯黏度计的实验原理及适用性。

(2) 学会使用该仪器测定试样的相对黏度。

2. 实验原理

通过测定液体试样在一定容积的容器（流量杯）内流出的时间来表示此试样的黏度。该方法所测黏度为运动黏度，以秒为单位。这种方法适用于低黏度的清漆和色漆，而不适用于测定非牛顿型流动的物料如高稠度、高颜料分散物料。

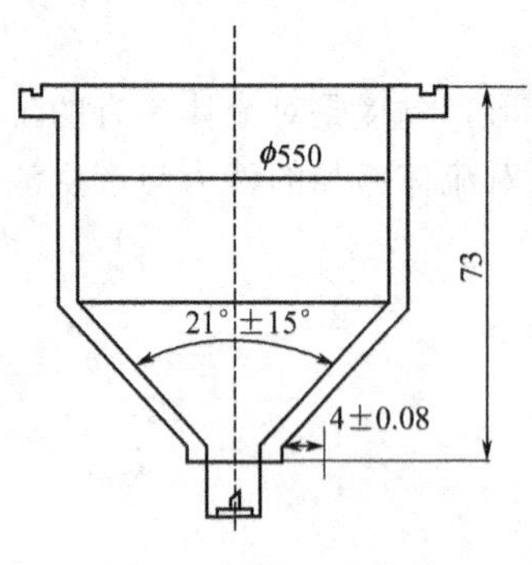

图 67-1　涂-4 黏度计

3. 实验仪器

涂-4 杯黏度计；秒表；玻璃棒。

4. 实验试剂

待测物料或试样。

5. 实验步骤

（1）准备好涂 4-杯黏度计，保证仪器干净、干燥。

（2）用左手的食指按紧涂-4 杯的流出孔，用右手将待测物料倾注于杯中，直至装满为止（有少量溢出为好）。

（3）右手拿玻璃棒将溢出的物料擀平，使多余物料被擀在杯的边缘槽内。接着放开按在流出孔的左手，物料从流出孔流出，并与此同时，右手按秒表记时。当物料快流完时，从流出孔中流出的物料出现断滴现象，按秒表，记录从物料开始流出到物料流完时的时间，该时间即为黏度值的衡量尺度。

（4）清洗涂 4-杯，干燥。

6. 注意事项

世界各国使用的流量杯黏度计各有不同名称，都按流出孔径大小划分为不同型号。各种黏度杯的形状大致相同，但结构尺寸略有差别。我国通用涂-1 黏度计和涂-4 黏度计（GB 1723—79），同时等效采用 ISO 流量杯（GB 6753.4—86）；美国 ASTM 规定采用的是福特（Ford）杯，此外还有壳牌杯（Shell cup）；德国采用的称为 DIN 黏度杯。它们都按孔径大小分为不同的型号，如 ISO 杯有 3 号、4 号和 6 号 3 种。每种型号的黏度杯都有其最佳的测量范围，我国涂-1 黏度计适用于测定流出时间大于 20s 的涂料，涂-4 黏度计适宜测定流出时间在 20～100s 的涂料，ISO 杯及福特杯则规定为 30～90s，若低于或高于流出时间范围，则所测得的数据准确度就差。用流出时间可换算成运动黏度，但各种黏度杯换算公式不同，同样孔径大小的黏度杯因其结构尺寸不同，同样流出时间换算得到的运动黏度值不同，也就是同一运动黏度值的样品在不同的型号黏度杯的流出时间有很大差别。我国涂 4-杯黏度计接近福特 4 号杯，但与 ISO 4 号杯差别很大。因此在选用流量杯测定黏度时，需根据样品黏度情况选择合适型号的黏度计，对测得的流出时间最好在规定范围的中间，并且注明使用何种型号的黏度计所测。

7. 思考题

（1）涂 4-杯黏度计对测定的试样有何要求，是否任何流动的物料都能测定？

（2）涂 4-杯黏度计在工业生产中常用来测哪些工业产品？

实验 68　pH 的测定

1. 实验目的

（1）学习 pH 计的工作原理。

(2) 掌握使用 pH 计测定试样 pH 的方法。

2. 实验原理

水溶液酸碱度的测量一般用玻璃电极作为测量电极，甘汞电极作为参考电极，当氢离子浓度发生变化时，玻璃电极和甘汞电极之间的电动势也随着引起变化，而电势变化符合下列公式

$$E=E_0-2.3026\frac{RT}{F}\text{pH}$$

式中 R——气体常数，8.314J/(mol·K)；

T——绝对温度，273℃±t，K；

F——法拉第常数，96495C；

E_0——零电位；

pH——表示被测溶液 pH 和内溶液 pH 的差值。

3. 实验仪器

pH 计；台称。

4. 实验试剂

去离子水；试样（待测）。

5. 实验步骤

(1) 打开 pH 计，预热，并校正。

(2) 称取样品试样于 100mL 烧杯中，如果是浓缩的样品，可以用去离子水配成溶液，用 pH 计测样品的 pH。

6. 注意事项

(1) 使用 pH 计的注意事项

① 参比电极中的 KCl 溶液（3.33mol/L）每天早晨换一次新溶液。

② pH 计开启之后，1min 内不作测定。

③ 当仪器的电极电势稳定之后，用 pH4.0 和 pH7.0 的缓冲溶液核对。

④ 在测定的时候，指针不稳定，可用一个适宜的溶剂清洁电极的顶端。如果指针一直不稳定，用去离子水清洗参比电极的内侧并调进新的 KCl 溶液。

⑤ 当指针轻微振颤时，仪器应接地。

⑥ 如果 pH 计一直不正常，则调换电极。

(2) 使用去离子水的注意事项

① 所使用的水规定电阻是 $2\times10^6\Omega$，pH6.5～5.8。

② 当水的指定电阻为 $2\times10^6\Omega$ 时，也要小心水的 pH。

③ 有时候，水可能是碱性或酸性。

④ 陈水是酸性的，这种水不能用。

7. 思考题

在用 pH 计测定试样前，为何要用缓冲作用进行校对？

实验69 洗涤剂中总活性物含量的测定

实验69（a） 加热回流法

1. 实验目的

掌握洗涤剂中总活性物含量（质量分数）的测定方法。

2. 实验原理

利用洗涤剂中活性物能溶于乙醇，而无机物不溶的原理将活性物与其他组分分离。用乙醇萃取试样，过滤分离，定量乙醇萃取液中的氯化钠；并用原试样测定水分，可计算出总活性物质量分数（该原理也适用于表面活性剂产品）。

总活性物量＝乙醇萃取物量－氯化钠量－水分

3. 实验仪器

玻璃过滤器 G_4；三角烧瓶（250mL）；干燥器；水浴锅。

4. 实验试剂

95％乙醇（用于粉状或粒状试样的溶解）；99.5％乙醇（用于液体或浆状试样的溶解）。

5. 实验步骤

称取5g试样（精确至1mg）于250mL三角烧瓶中，加入100mL乙醇，装上长65cm以上的玻璃管，在水浴上回流30min，随时加以摇动而煮沸溶解，将此温液用玻璃过滤器过滤，再将残渣加入50mL 95％乙醇中，并加热溶解，重复操作一次，温液过滤方法不变。用热乙醇充分洗涤三角瓶及玻璃过滤器，并过滤。冷却至室温，把滤液和洗液移入250mL容量瓶，加95％乙醇至刻度。然后用移液管吸取100mL两份，分别放入已称重的2只200mL烧杯中。将其中一只置于水浴上加热以蒸去乙醇，然后在100℃±2℃下干燥1h，在干燥器内放冷，称重。按式(69-1)计算总活性物质量分数 c。

$$c=\frac{A}{m\times\frac{100}{250}}\times 100\% \qquad (69\text{-}1)$$

式中 A——干燥残渣质量，g；

m——试样质量，g。

6. 注意事项

上述结果含有微量氯化钠，若需准确测定总活性物质量分数，应将氯化钠质量分数定量，并从 c 值中扣除，即得准确的总活性物含量。

NaCl的定量分析：向所得乙醇萃取液中加入100mL水、2滴酚酞指示剂，如呈现红色，则用1∶1硝酸中和至微红色；如不呈红色，则用0.5mol/L NaOH中和至微红色，然后加入2～3mL铬酸钾指示剂，用0.1mol/L $AgNO_3$ 标准溶液滴定至溶液由黄色变为橙色为止。则总活性物含量（质量分数）＝c－NaCl的含量。

$$\text{NaCl的含量}=\frac{0.0585Vc(AgNO_3)}{m}\times 100\% \qquad (69\text{-}2)$$

式中 V——$AgNO_3$ 标准溶液的滴定体积，mL；

$c(AgNO_3)$——$AgNO_3$ 标准溶液的浓度，mol/L；

m——乙醇萃取液的质量，g。

7. 思考题

(1) 加热回流法的特点是什么?

(2) 为什么95%乙醇用于粉状或粒状试样的溶解，99.5%乙醇用于液体或浆状试样的溶解?

实验69(b) 多步提取法

1. 实验目的

掌握洗涤剂中总活性物含量(质量分数)的测定方法。

2. 实验原理

利用乙醇能够将洗涤剂中活性物组分溶解并与其他非活性组分分离的特性而进行测定。

3. 实验仪器

玻璃过滤器(漏斗)；小烧杯(100mL)；容量瓶(100mL或250mL)；小烧瓶(150mL)；移液管(25mL或50mL)；水浴锅；蒸馏装置(1套)。

4. 实验试剂

95%乙醇；洗衣粉。

5. 实验步骤

(1) 称取5g试样(洗衣粉，精确至1mg)于100mL小烧杯中(注：同时称量一张滤纸、小烧杯、小烧瓶的质量)。

(2) 加入约20mL(或50mL)乙醇溶解样品(若不溶，可在水浴锅或电炉上加热溶解)，将溶解物过滤到100mL(或250mL)的容量瓶里，再加入约5mL(或10mL)乙醇，继续溶解样品，加热过滤，再加入少量乙醇于样品中，这样反复数次，当容量瓶中大约到90mL(或200mL)时，用乙醇冲洗洗一下滤纸及过滤漏斗，直至刻度，摇匀。

(3) 经上述操作，已将绝大部分乙醇可溶物溶解过滤到容量瓶中，在小烧杯里和滤纸上剩余物为乙醇不溶物，将二者在水浴上蒸发乙醇，继而放到烘箱中烘干(温度100～120℃)，时间为1h，称重，得到乙醇不溶物质量(保留待用)。

(4) 在容量瓶中，用25mL(或50mL)移液管吸取两次，放在小烧瓶中，可连接冷凝器(直管式)蒸馏回收乙醇(最好在水浴锅上)，乙醇回收完后，留在小烧瓶中的物质便是乙醇可溶物。放入烘箱烘干，在约100℃下烘干0.5h～1h，取出后冷却至室温(放到干燥器中冷却)，称重，得总活性物质量分数，计算方法同实验69(a)加热回流法。

6. 注意事项

同实验69(a)加热回流法中“注意事项”。

7. 思考题

加热回流法和多步提取法有何异同点?

实验70 洗涤剂磷含量的测定

实验70(a) 分光光度法

1. 实验目的

了解用分光光度法定量洗涤剂磷含量(质量分数)的原理，并掌握测定方法。

2. 实验原理

聚磷酸盐经酸性水解为正磷酸后，加入钼钒酸盐溶液，测定所形成的黄色复盐的吸光度。二氧化硅、铁、羧甲基纤维素及硼酸等均无妨碍。

3. 实验仪器

722(s) 型分光光度计（或 721 型分光光度计）；容量瓶（100mL）；容量瓶（250mL）；刻度移液管（5mL）；移液管（1mL）。

4. 实验试剂

钼钒酸盐溶液：将 1.12g 偏钒酸铵溶于 200～300mL 水中，加入 250mL 硝酸，边搅拌边注入少量的钼酸铵溶液（27g 钼酸铵溶于 100mL 水而配成），加完后，用水稀释至 1L，贮于棕色瓶中（贮存中如发现沉淀，则不能再用）。

磷酸盐标准原液：准确称取 19.174g 磷酸二氢钾（已在硫酸干燥器中干燥 24h 以上）溶于水中，并用水稀释至 1L，此溶液 1mL 含 10mg P_2O_5。

磷酸盐标准液：吸取 3mL 磷酸盐标准原液于 100mL 容量瓶中，加 2mL 硝酸，再用水稀释至刻度，此溶液 1mL 含 0.3mg P_2O_5。

0.1mol/L 高锰酸钾溶液：称取 0.33g 高锰酸钾于 200mL 烧杯中，加入约 100mL 水溶解，温和地煮沸 1～2h，在暗处放置一夜。上清液经玻璃过滤器过滤，贮存在棕色瓶中，保存在暗处。

草酸溶液：将 10g 草酸和 1g 硫酸锰（$MnSO_4 \cdot 4 \sim 6H_2O$），在约 60℃下溶解在 60mL 水中，加 20mL 硫酸水溶液（1∶4），溶液如透明，加水至 100mL。

1∶4 硫酸水溶液（体积比）的配制：搅拌下将 20mL 98% H_2SO_4 缓缓加入 80mL 去离子水中搅拌均匀即可。

5. 实验步骤

（1）标准曲线的绘制　分别移取 0mL、1mL、2mL、3mL 及 5mL 磷酸盐标准液置于各个 100mL 容量瓶中，各加入 50mL 水和 20mL 钼钒酸盐溶液后，用水稀释至刻度。放置 30min，移入 10mm 比色槽，在 400nm 波长处与空白试液对照，测定各自的吸光度，绘制成标准曲线。

（2）试样溶液的制备　称取洗涤剂所得乙醇不溶物 1.5g，加水（约 50mL）溶解于 200mL 烧杯中，加入 10mL HNO_3（65%～68%），煮沸 15min（温和煮沸），定容到 250mL 容量瓶中。以定性滤纸过滤，作为试液。

① 试样中不含过氧化物时：取试样溶液 1mL 加 50mL 水和 20mL 钼钒酸盐溶液，用蒸馏水定容到 100mL，放置 30min，然后按照绘制标准曲线时的同样操作测定吸光度。则有：

$$P_2O_5\text{ 的含量} = \frac{AB \times 250}{cm \times 1000} \times 100\% \qquad (70\text{-}1)$$

式中 A——由标准曲线求出的 P_2O_5 的质量，mg；

B——乙醇不溶物总质量，g；

c——称取乙醇不溶物的质量，g；

m——洗衣粉的称取量，g。

② 试样中含过氧化物时：取试样溶液 1mL 于 100mL 容量瓶中，加入 1mL H_2SO_4（1∶4），然后滴加高锰酸钾，振摇混合。滴加至微红色持续 1min 以上，再滴加草酸溶液，同时振摇，直至变成无色，约加 50mL 水和 20mL 钼钒酸盐溶液，充分混合，以下操作同①，按

照式(70-1) 计算 P_2O_5 的含量。

6. 注意事项

若试样明确没有配用非离子表面活性剂时，试样亦可以这样配制：称取约 5g 试样（精确至 0.001g）于 200mL 烧杯中，加入 100mL 水，在水浴上加温，同时用玻棒搅拌使溶解，冷却至室温，转移至 200mL 容量瓶中，加水至刻度。

7. 思考题

测定时，为何在将所配的待测试液放置 30min（加入显色剂后）？

实验 70（b） 磷钼酸喹啉质量法（QB 511—79）

1. 实验目的

了解磷钼酸喹啉质量法定量洗涤剂磷含量（质量分数）的原理，并掌握其测定方法。

2. 实验原理

聚磷酸盐经酸性水解为正磷酸后，加入钼酸钠-柠檬酸溶液和喹啉溶液生成磷钼酸喹啉沉淀，反应式如下：

$$H_3PO_4+3C_9H_7N+12Na_2MoO_4+24HNO_3 \longrightarrow (C_9H_7N)_3H_3[PO_4\cdot 12MoO_3]\downarrow+12H_2O+24NaNO_3$$

3. 实验仪器

3～4 号玻璃坩埚；锥形瓶（500mL）；容量瓶（500mL）。

4. 实验试剂

硝酸（65%～68%）；喹啉溶液（溶解 5mL 喹啉于 35mL 硝酸和 100mL 水的混合液中）。

钼酸钠-柠檬酸溶液：①溶解 70g 钼酸钠于 150mL 水中；②溶解 60g 柠檬酸于 85mL 硝酸和 150mL 水的混合物中；③在不断搅拌下缓慢地把①加到②中，放置 24h 后过滤，贮存于聚乙烯瓶中。

5. 实验步骤

将乙醇不溶物全部移入 200mL 的烧杯中，然后加入 10mL HNO_3 在电热板上加热煮沸，溶解后，移于 500mL 容量瓶中，用水稀释到刻度，混匀，吸出 25mL 于 500mL 锥形瓶中，加入 75mL 水，再加 50mL 钼酸铵-柠檬酸溶液，在电热板上加热煮沸后迅速滴加 5mL 喹啉溶液，加完后继续加热煮沸 1min，冷却后用倾泻法将上层清液倾入已恒重的 3～4 号玻璃坩埚内，用水洗涤沉淀两次，每次用量约 25mL。把沉淀转移入坩埚内，再用水洗涤沉淀数次，抽干后，在 105℃±2℃烘箱烘 1h，冷却后称重，重复干燥至恒重为止。五氧化二磷含量可由下式计算：

$$\text{五氧化二磷含量}=\frac{m_1\times 0.03207}{m\times\frac{25}{500}}\times 100\% \qquad (70\text{-}2)$$

式中 m_1——沉淀物质量，g；

m——试样质量，g；

0.03207——磷钼酸喹啉质量换算为五氧化二磷质量的系数。

6. 注意事项

磷钼酸喹啉质量法定量洗涤剂磷的操作过程中，要小心仔细，以免沉淀转移出现误差。

7. 思考题

（1）在乙醇不溶物中加入 HNO_3 起什么作用？

（2）如果试样中含有有机磷，应如何测定？

实验 71 涂膜硬度的测定

硬度是表示漆膜机械强度的重要性能之一，其物理意义可理解为漆膜表面对作用其上的另一个硬度较大的物体所表现的阻力。这个阻力可以通过一定质量的负荷，作用在比较小的接触面积上，测定漆膜抵抗包括由于碰撞、压陷或者擦划等而造成的变形的能力而表现出来。

涂膜的硬度测定方法很多，目前常用的有 3 类方法，即摆杆阻尼硬度法、划痕硬度法和压痕硬度法。3 种方法表达涂膜的不同类型的阻力。各代表不同的应力-应变关系。

实验 71（a） 摆杆阻尼硬度法

1. 实验目的

了解涂膜硬度的意义及测定方法，并学会利用摆杆阻尼硬度法测定硬度。

2. 实验原理

通过摆杆横杆下面嵌入的两个钢球接触涂膜样板，在摆杆以一定周期摆动时，摆杆的固定质量对涂膜压迫，而使涂膜产生抗力，根据摆杆的摇摆规定振幅所需要的时间判定涂膜的硬度，摆动衰减时间长的涂膜硬度高。

3. 实验仪器

摆杆阻尼试验仪：通用的有科尼格（König）摆（简称 K 摆）和珀萨兹（Persoz）摆（简称 P 摆）两种形式。现在这两种形式的摆杆硬度试验仪已被我国国家标准 GB 1730—88《漆膜硬度的测定摆杆阻尼试验》采用。两种摆的结构、质量、尺寸、摆动周期及摆幅不同。摆杆与涂层间的相互作用还取决于涂层具有的复杂的弹性和黏弹性。这两种摆的测定结果之间不能建立起通用的换算关系。在产品检测时通常只规定使用其中一种摆杆仪器。摆杆阻尼试验的结果与测试时环境有关，应在控制温、湿度条件，无气流影响的情况下进行。

4. 实验试样

自制涂膜（底材——抛光平板玻璃板，将涂料涂于底板上形成涂膜，并干燥至少 48h 后方能用于测定）。

5. 实验步骤

将所要测试的涂料，均匀涂（或喷涂）在处理好的平板玻璃板上，干燥 48h 后，将涂好涂料的测试玻璃板——涂膜样板，嵌入摆杆横杆下面的两个钢球下，摆杆以一定周期摆动，根据摆的摇摆时间（s）来判断涂膜硬度，摆动衰减时间越长，涂膜的硬度就越高，反之亦然。

6. 注意事项

用摆杆阻尼试验仪测定涂层时，摆动衰减的主要原因是因为涂层对机械能的吸收。

7. 思考题

摆杆阻尼试验方法测试的优点是什么？

实验71（b） 划痕硬度法

1. 实验目的

了解划痕硬度法的测定原理，并学会用此法测定硬度。

2. 实验原理

采用在涂膜表面用硬物划出痕迹或划伤涂膜的方法以测定涂膜硬度。

3. 实验仪器

QHQ型铅笔法划痕硬度仪。

4. 实验试样

自制涂膜（抛光专用测试板，将涂料涂于测试板上形成涂膜，并干燥至少48h后方能用于测定）。

5. 实验步骤

用QHQ型铅笔法划痕硬度仪在已制好的涂膜上进行，以涂膜被划伤的下一级硬度的铅笔硬度作为涂膜硬度。铅笔应采用规定的生产厂制造的符合标准的高级绘图铅笔，按规定削出笔芯，按我国国家标准GB 6739—86《涂膜硬度铅笔测定法》中规定使用的铅笔由6H到6B共13级，6H最硬，6B最软。

6. 注意事项

划痕法测定硬度与摆杆阻尼试验法有所不同。前者对涂膜产生破坏作用，而后者对涂膜不破坏。前者测定时，涂膜不仅受压力的作用，而且受剪力的作用，对涂膜的附着力也有所体现。后者测定时，涂膜仅受压力的作用。

7. 思考题

该方法与摆杆阻尼试验方法比较各有何特点？

实验71（c） 压痕硬度法

1. 实验目的

了解和掌握压痕硬度法测定涂膜硬度的原理及操作技能。

2. 实验原理

采用一定质量的压力对涂膜压入，从压痕的长度或面积来测定涂膜的硬度。

3. 实验仪器

巴克霍尔兹（Buchholz）压痕试验仪。

4. 实验试样

自制涂膜（抛光专用测试板，将涂料涂于测试板上形成涂膜，并干燥至少48h后方能用于测定）。

5. 实验步骤

将制好的涂膜样板用巴克霍尔兹（Buchholz）压痕试验仪测定，测定的压痕长度表现了涂层对仪器的压痕器压入的抵抗能力，其结果以抗压痕性H表示，假如用L表示压痕长度（单位为mm），则抗压痕性$H=100/L$。

另可采用美国ASTMD 1474—68(79) 标准方法：可使用Knoop压头和Pfund压头两种

压痕试验仪。Knoop 压头为金刚石角锥，Pfund 压头为透明无色石英半球状体。用 Knoop 压头的检验结果称为 Knoop 硬度值，简称 KHN。按以下公式计算得出：

$$KHN=\frac{L}{I^2 c_p} \tag{71-1}$$

式中 L——压头上负荷质量，kg；

I——压痕长度，mm；

c_p——压头常数，7.028×10^{-2}。

用 Pfund 压头的检验结果称为 Pfund 硬度值，简称 PHN，其计算公式为：

$$PHN=\frac{L}{A}=\frac{4L}{\pi d^2}=1.27\times\frac{L}{d^2} \tag{71-2}$$

式中 L——压头负荷质量，规定为 1.0kg；

A——压痕面积，mm^2；

d——平均压痕直径，mm。

公式(71-2) 简化为

$$PHN=1.27/d^2$$

6. 注意事项

压痕硬度在硬膜比较明显，一般结果与涂膜厚度有关，对同一涂料来说，薄膜的压痕硬度值要高于厚膜。从实际测量看，白色及彩色漆的压痕长度易于判断。压痕试验对有弹性的物质如橡胶涂层结果不准确。

7. 思考题

试比较三种测定硬度方法的异同点。

实验 72 涂膜附着力的测定

1. 实验目的

了解测定涂膜附着力的意义，掌握附着力测定的方法。

2. 实验原理

附着力是指涂膜与被涂物体表面之间物理和化学作用力大小的量度。通过采用一定的仪器对涂膜施加破坏性外力（或划格，或划圈，或扭开，或拉开）作用下，观察涂膜被破坏的状态，以涂膜从底材上不出现脱落的能力来判断涂膜附着力的大小。

3. 实验仪器

锋利刀片（划格法、交叉划痕法用）；划圈法附着力测定仪（划圈法用）——GB 1720—79(88) 中规定；扭断附着力测定仪（扭开法用）；拉力试验机（拉开法用）。

4. 实验试样

自制涂膜（抛光专用测试板，将涂料涂于测试板上形成涂膜，并干燥至少 48h 后方能用于测定）。

5. 实验步骤

(1) 划格法　用单刀或多刀的手工切割刀具和机械切割仪器，在涂膜上切 6 道平行的切痕（长约10～20mm，切痕间距离为 1mm），应该切穿涂膜的整个深度；然后再切同样的切痕6道，与前者垂直，形成许多小方格，这时用胶带（一般是25mm宽的半透明胶带，背材为聚酯薄膜或醋酸纤维）贴在整个划格上，然后以最小角度撕下，结果可根据涂膜表面被脱落面积的比例来求得，也可参照图72-1来判断其附着力大小的级别。0级：边角都无脱落，完好无损；1级：角有脱落，边无脱落；2级：边角都有脱落；3级：不仅边角有脱落，且有2～3个小方格面脱落（12%～15%）；4级：边角脱落，小方格脱落面积30%～35%；5级：脱落面积大于35%。

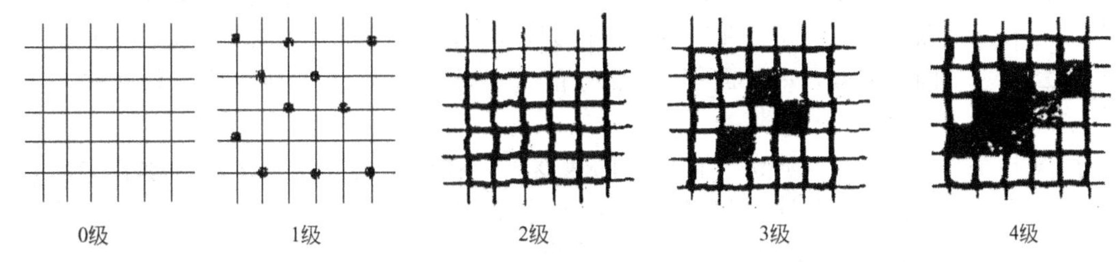

图72-1　划格法测定附着力

0级—最好；5级—最差（大于4级的严重脱落）

（2）划圈法　按国家标准GB 1720—79(88）中的规定采用附着力测定仪。针尖在漆膜上划出一定长度、依次重叠的圆滚线图形，使漆膜分成面积大小不同的7个部位，见图72-2。凡第一部位内漆膜完好者，则附着力最好，为1级；第二部位完好者，则为2级；依次类推，7级的附着力最差。

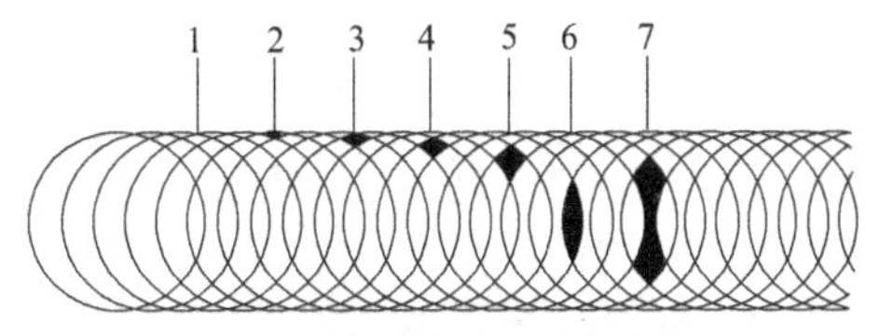

图72-2　划圈法附着力的分级

目前此法附着力测定仪有所改进，改用耐磨针头（硬度很大，可长期使用）。

（3）切痕法　原理与上述二法基本相同，但用多样交叉的切痕以形成大小不同的面积来观察附着力，如图72-3所示，此法已被某些国家列入了标准。

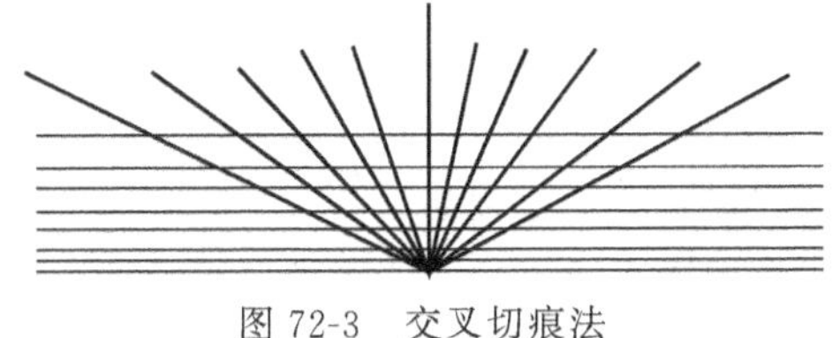

图72-3　交叉切痕法

上述三种方法测出的附着力不是单纯的附着力，它还含有涂膜的变形和破坏时的抵抗力等。

（4）扭开法　此法与前三种方法比较有所不同，它主要是测定在垂直方向把涂膜从底板上拉开一定的面积所需之力，具体操作方法如下。

采用扭断附着力测定仪，用适当的胶黏剂将一个不锈钢的圆柱形测头与待测样板的漆面黏合，再把仪器本体套在测头上，徐徐用力将仪器扭转90°，测定漆膜被扭开时所需的扭矩，可直接从表盘上得出读数，这样就可计算出不锈钢测头底面的扭断应力，该数值即相当于被试漆膜的扭断附着力。

$$f_s=\frac{Tr}{I_p}$$

式中　f_s——扭断应力，Pa；

T——扭矩，N·cm；

r——测头底面半径，cm；

I_p——扭断面有效惯量，cm^4。

$$I_p=\frac{\pi}{32}(D_0^4-D_i^4)$$

式中 D_0——筒的外径，cm；

D_i——筒的内径，cm。

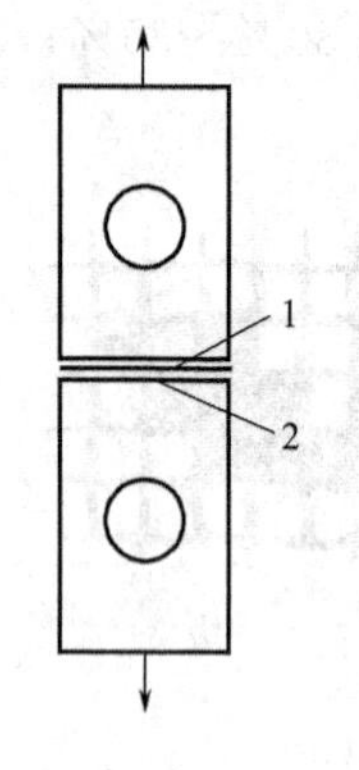

图 72-4 对接试件

1—胶黏剂；2—涂层

由于 r/I_p 均为仪器的常数，因此只需将扭矩测出，乘上一定的常数即可。

使用此法测定附着力，不论在平面、垂直面或倾斜面上均能进行，且可以不受实验室或施工现场的限制，但由于其测试过程较繁杂，为了使胶黏剂固化完全，一般需等 6h 后才能进行测定，故不如划格法、划圈法等快速简便。

(5) 拉开法 在规定的速度下，在试样的黏结面上施加垂直的均匀拉力，以测定涂层间或涂层与底材拉开时单位面积上所需的力。试验可采用一般的拉力试验机，试件为两个金属试柱的对接件（见图 72-4）或组合件，胶黏剂可用 502 胶黏剂或环氧双组分胶黏剂。测定时拉力机夹具以 10mm/min 的速度进行拉伸，直至破坏，考核其附着力和破坏形式。涂层的附着力按下式计算：

$$p=\frac{G}{S}=\frac{G}{\pi r^2}$$

式中 p——涂层的附着力，Pa；

G——试件被拉开破坏时的负荷值，N；

S——被测涂层的试柱横截面积，cm^2；

r——被测涂层的试柱半径，cm。

GB 5210—85《涂层附着力的测定法——拉开法》规定破坏形式有 4 种：附着破坏、内聚破坏、胶黏剂破坏、胶结失败，分别以 A、B、C 和 D 表示。规定试验结果用附着力与破坏形式表示。

6. 注意事项

根据实际情况及条件来选用相应的附着力测定方法。

7. 思考题

试比较附着力测定的四种方法。

第 5 部分　化工开发实验

实验 73　甲醇和水的分馏

1. 实验目的

(1) 学习精馏原理及应用范围。

(2) 熟悉精密分馏仪器的安装和操作步骤。

2. 实验原理

几种不同沸点完全互溶的液体混合物沸腾时，蒸气中易挥发液体成分比原混合液中多。以两组分混合理想溶液为例，根据拉乌尔定律与道尔顿分压定律可以得到

$$x_A^{气}=\frac{p_A}{p_A+p_B},\ x_B^{气}=\frac{p_B}{p_A+p_B}$$

$$\frac{x_B^{气}}{x_B}=\frac{1}{x_B+\frac{p_A^0}{p_B^0}x_A}$$

式中　p_A，p_B——分别为溶液中 A 和 B 组分的分压；

p_A^0，p_B^0——分别为纯 A 和纯 B 的蒸气压；

x_A，x_B——分别为 A 和 B 在溶液中的摩尔分数。

如果 $p_A^0>p_B^0$ 则 $x_B^{气}/x_B>1$，表明沸点较低的 B 在气相中的浓度较在液相中为大。此蒸气冷凝得到的液体中，B 组分比在原来液体中多（这种气体冷凝过程就当于一次简单蒸馏过程）。如果将所得液体重新汽化，蒸气冷凝后的液体中，易挥发的 B 组分又将增加。如此多次重复，最终就能将这两个组分分开（形成共沸点混合物者例外）。分馏就是利用分馏柱（一根长而垂直、柱身有一定形状的空管，或者在管中填以特制的填料，工业上称为精馏塔）来实现这一“多次重复”蒸馏过程。

在分馏过程中，沸点较高的组分易被冷凝，冷凝液中就含有较多高沸点物质，而蒸气中低沸点成分相对增多。冷凝液向下流动时又与上升蒸气接触，热量交换，使冷凝液低沸点组分进一步汽化，而上升气体中的高沸点组分被冷凝，如此经多次的液相与气相的热交换，使得低沸点的物质不断上升，最后被蒸馏出来，高沸点的物质则不断流回加热的容器中，从而将沸点不同的物质分离。然而，有时会得到与单纯化合物相似的混合物。它们具有固定的沸点和组成。其气相和液相的组成也完全相同，因此不能用分馏法进一步分离。这种混合物称为共沸混合物（或恒沸混合物），需用其他方法破坏共沸组分后再分馏，才能得到纯粹的组分。共沸混合物不是化合物，其组成和沸点要随压力而改变，其沸点称为共沸点（或恒沸点）。常见的共沸混合物的组成及其恒沸点参见附表。

3. 实验仪器

分馏装置（1 套）；相应的玻璃仪器以及电热套等。

4. 实验试剂

甲醇与水的混合物。

5. 实验步骤

在100mL圆底烧瓶中，加入25mL甲醇和25mL水的混合物，加入几粒沸石，按要求装好分馏装置。用水浴慢慢加热，开始沸腾后，蒸气慢慢进入分馏柱中，此时要仔细控制加热温度，使温度慢慢上升，以保持分馏柱中有一个均匀的温度梯度。当冷凝管中有蒸馏液流出时，迅速记录温度计所示的温度。控制加热速度，使馏出液慢慢地均匀流出。当柱顶温度维持在65℃时，收集约10mL馏出液（A）。随着温度上升，分别收集65～70℃(B)、70～80℃(C)、80～90℃(D)、90～95℃(E)的馏分；瓶内所剩为残留液。分别量出不同馏分的体积，以馏出液体积为横坐标，温度为纵坐标，绘制分馏曲线。

6. 注意事项

(1) 精馏的关键是控制分馏速度，以每分钟1～2mL（约60滴）的速度为宜。

(2) 90～95℃的馏分很少，需要隔石棉网直接进行加热。

(3) 分馏柱长短直接影响分离效率，一般来说，分馏柱越长（相当于工业上分馏塔增高）分离效果越好，但是，加长分馏柱，分馏时间延长，能耗加大。一般以35～45cm为宜。

(4) 冬季做分馏实验时，由于分馏柱受冷空气影响，需要很高温度才能够使柱顶温度上升至95℃，因此，可将分馏柱用保温材料（如石棉）包裹起来。

7. 思考题

(1) 若加热太快，用分馏法分离两种液体的能力会显著下降，为什么？

(2) 用分馏法提纯液体时，为了取得较好的分离效果，为什么分馏柱必须保持回流液？

(3) 在分离两种沸点相近的液体时，为什么装有填料的分馏柱比不装填料的效率高？

(4) 什么是共沸混合物？为什么不能用分馏法分离共沸混合物？

(5) 在分馏时通常用水浴或油浴加热，它比直接用火加热有什么优点？

(6) 根据甲醇-水混合物的蒸馏和分馏曲线分析哪一种方法分离混合物各组分的效率较高？

附表

常见的共沸混合物的组成及其恒沸点

共沸混合物	各组分沸点/℃		共沸混合物	
			各组分含量(质量分数)/%	沸点/℃
二元共沸混合物	水 乙醇	100 78.5	4.4 95.6	78.2
	水 苯	100 80.1	8.9 91.1	69.4
	乙醇 苯	78.5 80.1	32.4 67.6	67.8
	水 氯化氢	100 −83.7	79.8 20.2	108.6
	丙酮 氯仿	56.2 61.2	20.0 80.0	64.7
三元共沸混合物	水 乙醇 苯	100 78.5 80.1	7.4 18.5 74.1	64.6
	水 乙醇 乙酸丁酯	100 78.5 126.5	29.0 8.0 63.0	90.7

实验 74 萃取法分离三组分混合物

1. 实验目的

(1) 掌握萃取分离原理及应用范围。

(2) 熟悉萃取方法分离有机化合物的一般步骤。

2. 实验原理

液-液萃取基本原理参见实验 80 从可可豆粉中提取卡卡因，本实验是将实验室现有一种三组分混合物（对甲苯胺、β-萘酚和萘），试根据其化学性质和溶解度，设计合理方案将各组分分离出来。对甲苯胺、β-萘酚和萘均为固体化合物，但是三者的酸碱性不同，对甲苯胺为碱性化合物，β-萘酚为酸性化合物，而萘为中性化合物，因此，利用酸碱性差异，借助萃取原理能够将其分开。现将混合物溶解在乙醚中，然后分别用强酸性溶液和强碱性溶液萃取，萃取液与残液分别做不同的处理，即可得到每一个单一的化合物。整个过程如下：

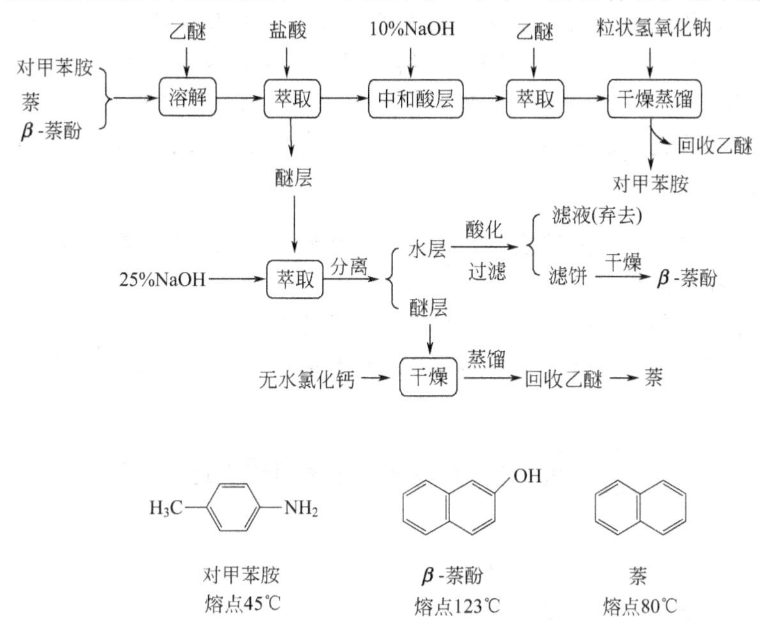

3. 实验仪器

分液漏斗（125mL，1 只）；烧杯；三角瓶；量筒；滴管；蒸馏所用的玻璃仪器（1 套）。

4. 实验试剂

三元组分混合物；乙醚，浓盐酸，氢氧化钠，无水氯化钙若干。

5. 实验步骤

称取 3g 三组分混合物样品，溶于 25mL 乙醚中，将溶液转入 125mL 分液漏斗中，加入 25mL 盐酸溶液（10mL 浓盐酸溶解在 80mL 水中），并充分摇荡，静置分层后，放出下层液体（水溶液）于锥形瓶中。再用第二份酸溶液萃取一次。最后用 10mL 水萃取，以除去可能溶于乙醚层过量的盐酸，合并三次酸性萃取液，放置待处理。

剩下的乙醚溶液每次用 25mL 10％氢氧化钠萃取两次，并用 10mL 水再萃取一次，合并碱性溶液放置待处理。

将剩下的乙醚溶液从分液漏斗颈部倒入锥形瓶中，加适量无水氯化钙不时振荡 15min。

然后将乙醚溶液滤入已知质量的圆底烧瓶中，水浴蒸馏回收乙醚，称量残留物，同时测定其熔点。

在搅拌下向酸性萃取液中滴加10%氢氧化钠溶液至其对石蕊试纸呈碱性。然后每次用25mL乙醚分两次萃取碱液。合并醚萃取液，用粒状氢氧化钠干燥15min。然后将乙醚溶液滤入已知质量的圆底烧瓶或锥形瓶中，水浴蒸馏回收乙醚。称量残留物，并测定其熔点。

在搅拌下向碱性溶液中缓缓滴加浓盐酸，直至溶液对石蕊试纸呈酸性为止。在中和过程中外部用冷水浴冷却，至终点时有白色沉淀析出，真空抽滤，回收β-萘酚，干燥后称量，并测定其熔点。

必要时，每种组分可进一步重结晶，以获得熔点尖锐的纯晶。

6. 注意事项

(1) 本实验中，教师可随意分配给每个学生一种三组分混合物，其中含有一种碱、一种酸和一种中性化合物。除上面一组化合物之外，可用苯甲酸（熔点122℃）、肉桂酸（熔点133℃）、联苯（熔点70℃）、对二氯苯（熔点53℃）、对氯苯胺（熔点72℃）与间硝基苯胺（熔点111℃）等。学生可以从它们的熔点来鉴定所给混合物的各组分。

(2) 乙醚容易着火，也容易爆炸，回收乙醚一定要按照基础有机化学实验要求进行。

7. 思考题

(1) 此三组分混合物分离实验中，利用了什么性质，在萃取过程中各组分发生的变化是什么？写出分离提纯的流程图。

(2) 乙醚作为一种常用的萃取剂，其优缺点是什么？

(3) 若用乙醚、氯仿、己烷、苯溶剂萃取水溶液，它们将分别在上层还是下层？

实验75 工业粗制苯甲醇的精制

1. 实验目的

(1) 了解减压蒸馏的原理及应用范围。

(2) 熟悉减压蒸馏仪器的安装和操作步骤。

2. 实验原理

当液体蒸气压等于施加于液体表面的大气压力时，液体就开始沸腾，因此，可以通过减小施加于液面上的大气压力的办法来降低液体的沸点，即减压蒸馏，也叫真空蒸馏。减压蒸馏是分离和提纯有机化合物的一种重要方法。特别适用于那些在常压蒸馏时未达到沸点即已受热分解、氧化或聚合的有机化合物。

物质的沸点与压力有关。水泵（真空度约10～25mmHg）可以将液体沸点降低约100℃，真空泵（真空度约0.1mmHg）可以将液体沸点降低约150℃。根据有机化合物沸点-压力经验计算图（一般有机化学实验教材中都有此图），可以估算某一压力下该化合物的沸点。

3. 实验仪器及装置

水循环泵（1台）；旋片式真空泵（1台）；减压蒸馏所用的玻璃仪器（1套）。

实验装置见图75-1。

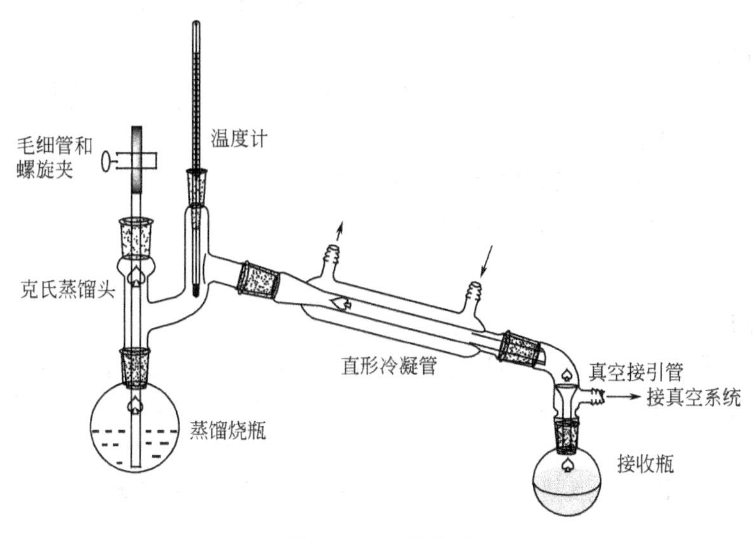

图 75-1　实验装置

4. 实验试剂

工业粗制苯甲醇。

5. 实验步骤

在 50mL 蒸馏烧瓶中，加入 15g 粗制苯甲醇，加入几粒沸石，常压蒸馏，收集 120℃以下物质，当无馏分流出时，停止蒸馏。换成减压蒸馏装置，先用水泵减压蒸馏，至 60℃无馏分流出。再换成油泵减压蒸馏，收集前馏分和预期沸点前后 2～5℃温度范围的馏分，即为纯苯甲醇。称重，计算纯化过程的收率。

6. 注意事项

(1) 工业粗制苯甲醇常含有低沸点物质，必须常压蒸馏后再减压蒸馏；而减压蒸馏必须先用水泵减压蒸馏，再用油泵减压蒸馏。

(2) 减压蒸馏瓶中的待蒸液体不超过总容量的一半，以防暴沸。

(3) 各个接口处应用固体石蜡密封。

(4) 打开缓冲瓶放空阀后，开启真空泵，慢慢关闭放空阀，最后缓缓旋紧毛细管螺旋夹使液体中有连续平稳的小气泡产生。

(5) 调节好系统真空度后，开启冷凝水，选用适当热浴（温度比待蒸液体沸点高 20～30℃）加热蒸馏，使每秒钟馏出 1～2 滴。整个蒸馏过程应注意温度计和真空计读数。

(6) 蒸馏完毕，移去热源，慢慢旋开毛细管螺旋夹（防止倒吸），再慢慢打开缓冲瓶活塞，待内外压力平衡，关闭油泵和冷却水。

7. 思考题

(1) 常用的减压蒸馏系统由哪些部分组成？简述各部分的作用。

(2) 减压蒸馏的应用范围如何？

(3) 使用油泵减压蒸馏时，需要哪些吸收和保护装置？其作用是什么？

(4) 减压蒸馏时，为什么必须先抽气才能加热？

(5) 减压蒸馏完毕后，应如何停止减压蒸馏？说明理由。

实验 76 反应精馏法制醋酸乙酯

1. 实验目的

(1) 了解反应精馏是既服从质量作用定律又服从相平衡规律的复杂过程。

(2) 掌握反应精馏的操作。

(3) 能进行全塔物料衡算和塔操作的过程分析。

(4) 了解反应精馏与常规精馏的区别。

(5) 学会分析塔内物料组成。

2. 实验原理

在反应精馏操作过程中，化学反应与分离同时进行，故能显著提高总转化率，降低能耗，因此在酯化、醚化、酯交换、水解等化工生产中得到应用，而且越来越显示其优越性。

反应精馏过程不同于一般精馏，它既有精馏的物理相变及传递现象，又有物质变性的化学反应现象。两者同时存在，相互影响，使过程更加复杂。因此，反应精馏对下列两种情况特别适用。①可逆平衡反应，一般情况下，反应受平衡影响，转化率只能维持在平衡转化的水平。但是，若生成物中有低沸点或高沸点物质存在，则精馏过程可使其连续地从系统中排出，结果超过平衡转化率，大大提高了效率。②异构体混合物分离，通常因它们的沸点接近，靠精馏方法不易分离提纯，若异构体中某组分能发生化学反应并能生成沸点不同的物质，这时可在过程中得以分离。

对醇酸酯化反应来说，适于第一种情况。但该反应若无催化剂存在，单独采用反应精馏操作也达不到高效分离的目的，这是因为反应速度非常缓慢，故一般都用催化反应方式。酸是有效的催化剂，常用硫酸。反应随酸浓度增高而加快，浓度（质量分数）在 0.2%～1.0%。此外，还可用离子交换树脂、重金属盐类和丝光沸石分子筛等固体催化剂。反应精馏的催化剂用硫酸，是由于其催化作用不受塔内温度限制，在全塔内都能进行催化反应，而应用固体催化剂则由于存在一个最适宜的温度，精馏塔本身难以达到此条件，故很难实现最佳化操作。本实验是以醋酸和乙醇为原料、在酸催化剂作用下生成醋酸乙酯的可逆反应。反应的化学方程式为

$$CH_3COOH + C_2H_5OH \rightleftharpoons CH_3COOC_2H_5 + H_2O$$

实验的进料有两种方式：一是直接从塔釜进料；另一种是在塔的某处进料。前者有间歇和连续式操作；后者只有连续式。本实验用后一种方式进料，即在塔上部某处加带有酸催化剂的醋酸，塔下部某处加乙醇。釜沸腾状态下塔内轻组分逐渐向上移动，重组分向下移动。具体地说，醋酸从上段向下段移动，与向塔上段移动的乙醇接触，在不同填料高度上均发生反应，生成酯和水。塔内此时有 4 组元。由于醋酸在气相中有缔合作用，除醋酸外，其他三个组分形成三元或二元共沸物。水-酯、水-醇共沸物沸点较低，醇和酯能不断地从塔顶排出。若控制反应原料比例，可使某组分全部转化。因此，可认为反应精馏的分离塔也是反应器。全过程可用物料衡算式和热量衡算式描述。

(1) 物料平衡方程　全塔物料总平衡如图 76-1 所示。

对第 j 块理论板上的 i 组分进行物料衡算如下：

$$L_{j-1}X_{i,j-1} + V_{j+1}Y_{i,j+1} + F_jZ_{i,j} + R_{i,j} = V_jY_{i,j} + L_jX_{i,j} \tag{76-1}$$

$$2 \leqslant j \leqslant n,\ i=1,2,3,4$$

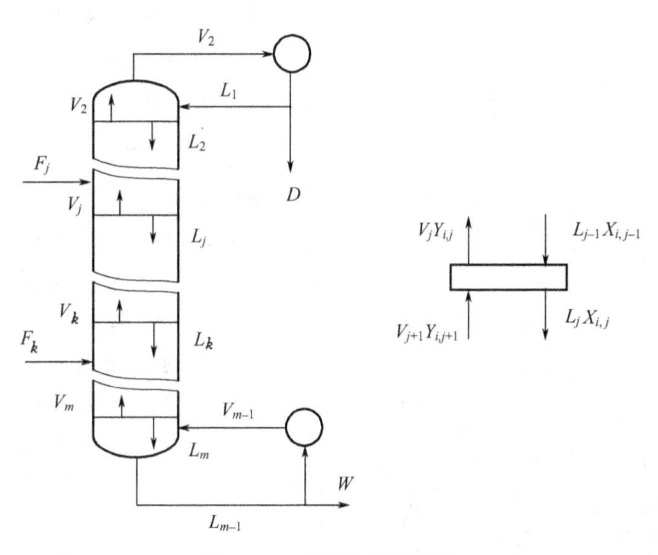

图 76-1　全塔物料总平衡

（2）汽液平衡方程　对平衡级上某组分 i 有如下平衡关系：

$$K_{i,j}X_{i,j}-Y_{i,j}=0 \tag{76-2}$$

每块板上组成的总和应符合式(76-3)：

$$\sum_{i=1}^{n}Y_{i,j}=1,\ \sum_{i=1}^{n}X_{i,j}=1 \tag{76-3}$$

（3）反应速率方程

$$R_{i,j}=K_{i,j}P_j\left(\frac{X_{i,j}}{\sum\theta_{i,j}X_{i,j}}\right)^2\times10^5 \tag{76-4}$$

式(76-4) 在原料中各组分的浓度相等条件下才能成立，否则应予修正。

（4）热量衡算方程　对平衡级上进行热量衡算，最终得到式(76-5)：

$$L_{j-1}h_{j-1}-V_jH_j-L_jh_j+V_{j+1}H_{j+1}+F_jH_{fj}-Q_j+R_{ij}H_{rj}=0 \tag{76-5}$$

符号说明：

F_j——j 板进料流量；
h_j——j 板上液体焓值；
H_j——j 板上气体焓值；
H_{fj}——j 板上原料焓值；
H_{rj}——j 板上反应热焓值；
L_j——j 板下降液体量；
$K_{i,j}$——i 组分的汽液平衡常数；
P_j——j 板上液体混合物体积（持液量）；
$R_{i,j}$——单位时间 j 板上单位液体体积内 i 组分反应量；
V_j——j 板上升蒸汽量；
$X_{i,j}$——j 板上组分 i 的液相摩尔分数；
$Y_{i,j}$——j 板上组分 i 的气相摩尔分数；
$Z_{i,j}$——j 板上 i 组分的原料组成；
$\theta_{i,j}$——反应混合物 i 组分在 j 板上的体积；
Q_j——j 板上冷却或加热的热量。

3. 实验装置及试剂

实验装置如图 76-2 所示。

反应精馏塔用玻璃制成。直径 20mm，塔高 1500mm，塔内填装 3mm×3mm 不锈钢 θ 网环形填料（316L）。塔釜为四口烧瓶，容积 500mL，塔外壁镀有金属膜，通电流使塔身加热保温。塔釜置于 500W 电热包中。采用 XCT-191、ZK-50 可控硅电压控制器控制釜温。塔

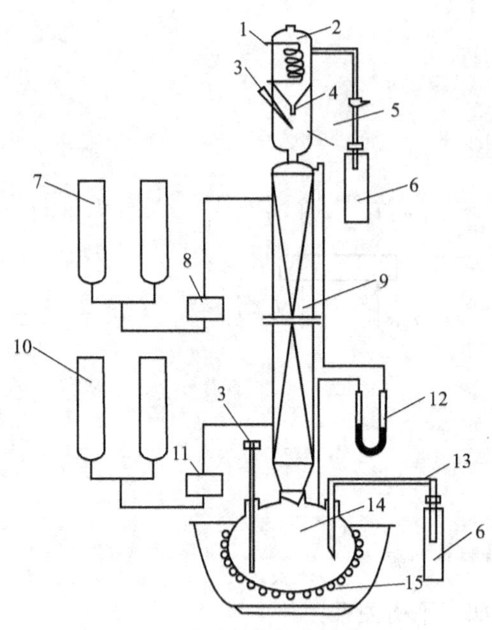

图 76-2 反应精馏实验装置

1—冷却水；2—塔头；3—温度计；4—摆锤；5—电磁铁；6—收集量管；7—醋酸及催化剂计量管；8—醋酸及催化剂加料泵；9—反应精馏塔体；10—乙醇计量管；11—乙醇加料泵；12—压差计；13—出料管；14—反应粗馏釜；15—电热包

顶冷凝液体的回流采用摆动式回流比控制器操作。此控制系统由塔头上摆锤、电磁铁线圈、回流比计数拨码电子仪表组成。

4. 实验步骤

操作前在釜内加入 200g 接近稳定操作组成的釜液，并分析其组成。检查进料系统各管线是否连接正常。无误后将醋酸、乙醇注入计量管内（醋酸内含 0.3%硫酸），开动泵微微调节泵的流量给定转柄，让液料充满管路各处后停泵。开启加热釜系统，开始时用手动挡，注意不要使电流过大，以免设备突然受热而损坏。待釜液沸腾，开启塔身保温电源，调节保温电流（注意：不能过大），开塔头冷却水。当塔头有液体出现，待全回流 10～15min 后开始进料，实验按规定条件进行。一般可把回流比拨码给定在 3∶1，酸醇分子比定在 1∶1.3，乙醇的进料速度为 0.5mol/h。进料后仔细观察塔底和塔顶温度与压力，测量塔顶与塔釜出料速度。记录所有数据，及时调节进出料，使处于平衡状态。稳定操作 2h，其中每隔 30min 用小样品瓶取塔顶与塔釜流出液，称重并分析组成。在稳定操作下用数量注射器在塔身不同高度取样口内取液样，直接注入色谱仪内，取得塔内组分浓度分布曲线。

如果时间允许，可改变回流比或改变加料分子比，重复操作，取样分析，并进行对比。

实验完成后关闭加料泵，停止加热，让残液全部流至塔釜，取出釜液称重，分析组成，停止通冷却水。

5. 数据处理

自行设计实验数据记录表格。

可根据下式计算反应转化率和收率。

$$\text{转化率}=\frac{(\text{醋酸加料量}+\text{原釜内醋酸量})-(\text{馏出物醋酸量}+\text{釜残液醋酸量})}{\text{醋酸加料量}+\text{原釜内醋酸量}}$$

进行醋酸和乙醇的全塔物料衡算，计算塔内浓度分布、反应收率、转化率等。

6. 思考题

(1) 怎样提高酯化收率?

(2) 不同回流比对产物分布影响如何?

(3) 采用釜内进料，操作条件要做哪些变化? 酯化率能否提高?

(4) 进料摩尔比应保持多少为最佳?

(5) 用实验数据能否进行模拟计算? 如果数据不充分，还要测定哪些数据?

实验 77 超过滤膜分离

1. 实验目的

(1) 了解和熟悉超过滤膜分离的工艺过程。

(2) 了解膜分离技术的特点。

(3) 培养学生的实验操作技能。

2. 分离机理

膜分离技术是近几十年迅速发展起来的一类新型分离技术。膜分离法是用天然或人工合成的高分子薄膜，以外界能量或化学位差为推动力，对双组分或多组分的溶质与溶剂进行分离、分级、提纯和富集的方法。膜分离法可用于液相和气相。对于液相分离可用于水溶液体系、非水溶液体系、水溶胶体系以及含有其他微粒的水溶液体系。膜分离包括反渗透、超过滤、电渗析、微孔过滤等。膜分离过程具有无相态变化、设备简单、分离效率高、占地面积小、操作方便、能耗少、适应性强等优点。目前，在海水淡化、食品加工工业的浓缩分离、工业超纯水制备、工业废水处理等领域的应用越来越多。超过滤是膜分离技术的一个重要分支，通过实验掌握这项技术具有重要的意义。

根据溶解-扩散模型，膜的选择透过性是由于不同组分在膜中的溶解度和扩散系数不同而造成的。若假设组分在膜中的扩散服从 Fick 定律，则可推出透水速率 F_w 及溶质透过速率 F_s 方程。

(1) 透水速率

$$F_w=\frac{D_w c_w V_M(\Delta p-\Delta\pi)}{RT\delta}=A'(\Delta p-\Delta\pi) \tag{77-1}$$

式中 F_w——透水速率，$g/(cm^2 \cdot s)$；

D_w——水在膜中的扩散系数，cm^2/s；

c_w——水在膜中的浓度，g/cm^3；

V_M——水的偏摩尔体积，cm^3/mol；

Δp——膜两侧的压力差，atm；

$\Delta\pi$——膜两侧的渗透压差，atm；

R——气体常数；

T——温度，K；

δ——膜的有效厚度，cm；

A'——膜的水渗透系数$\left(=\frac{D_w c_w V_M}{RT\delta}\right)$，$g/(cm^2 \cdot s \cdot atm)$。

(2) 溶质透过速率

$$F_s=\frac{D_s K_s \Delta c}{\delta}=\frac{D_s K_s (c_2-c_3)}{\delta}=B\Delta c=B(c_2-c_3) \tag{77-2}$$

式中 D_s——溶质在膜中的扩散系数，cm^2/s；

K_s——溶质在溶液和膜两相中的分配系数；

B——溶质渗透系数；

Δc——膜两侧的浓度差。

有了上述方程，下面建立中空纤维在定态时的宏观方程。料液在管中流动情况如图77-1所示。

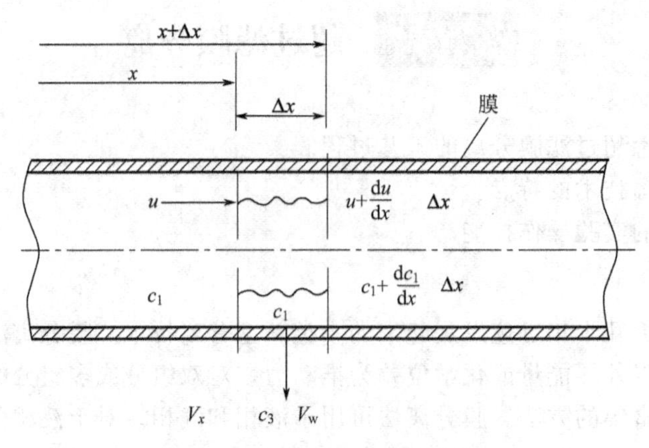

图 77-1 料液在管路中流动情况

取假设条件：

① 径向混合均匀；

② $\pi_A = Bx_A$，渗透压正比于摩尔分数；

③ $N_A \ll N_B$，$x_{A3} \ll 1$，B 组分优先透过；

④ $D_{AM}/(k\delta)$，与 x_{A1} 无关；

⑤ $PeB = \dfrac{\bar{u}_0 L}{E} = \infty$，忽略轴向混合扩散。

由假设看出，其实质是一维问题，只是侧壁有液体流出的情况，因为关心的是管中组分的浓度分布和平均速度分布，只需做出两个质量衡算方程即可求解。

由连续性方程：

$$\frac{\partial c}{\partial t} + \mathrm{div} c \cdot \bar{u} = -p \tag{77-3}$$

$$\downarrow \qquad \downarrow \qquad \downarrow$$

$$0 \qquad \frac{\mathrm{d}c \cdot \bar{u}}{\mathrm{d}x} \qquad (\text{源项})$$

（定态）（无混合扩散）

和总流率方程：

$$J_t = Ap - A\pi_{A1}^0 (c_1 - c_3) \tag{77-4}$$

压力项 渗透项

可推出

$$\frac{\mathrm{d}\bar{u}}{\mathrm{d}x} = \frac{V_w^* [1 - r(c_1 - c_3)]}{h} \tag{77-5}$$

式中 h——装填系数。

对于圆管 $h = R/2$，R 为管半径。

$$V_w^* = \frac{Ap}{c_2}$$

$$r = \frac{\pi_{A1}^0}{p}$$

由溶质 A 的连续性方程

$$\frac{\partial c_A}{\partial t}+\mathrm{div} c_A \cdot \bar{u}=-p'_A$$

可推出

$$\frac{-\mathrm{d}\bar{u}c_1}{\mathrm{d}x}=\frac{c_3 V_w}{h} \quad (77\text{-}6)$$

符号说明：

c_1——主体溶液的对比浓度或无量纲浓度；

c_2——高压侧界面溶液的对比（或无量纲）浓度；

c_3——透过液的对比（或无量纲）浓度；

c_A——溶质 A 的浓度，mol/L；

$\bar{u}_0$——组件入口处料液的平均速度，m/s；

$\bar{u}$——在组件 x 处料液的平均速度，m/s；

V_w——溶液的渗透速度，m/s；

r——工作压力（无量纲压力）；

p——操作压力，kPa；

p'_A——溶质 A 的渗透压，kPa；

x——无量纲距离；

N_A、N_B——分别为溶质 A 和溶质 B 的摩尔速度，mol/(m^2 · s)；

A——纯水透过系数，mol/(m^2·s·kPa)；

$D_{AM}/(k\delta)$——溶质渗透系数，cm/s；

D_{AM}——溶质向膜中的扩散系数，cm^2/s；

k——溶质在膜与溶液之间的分配系数；

δ——膜的有效厚度，m；

π_A——溶质 A 的渗透压，kPa；

π^0_{A1}——进料液在入口处溶质 A 的渗透压，kPa。

3. 实验设备、流程及仪器

（1）主要设备　中空纤维超滤组件，如图 77-2 所示。

组件型号：TF-003 型

主要参数：截留分子量 6000

过滤面积：2m^2

适宜流量：400～600mL/min

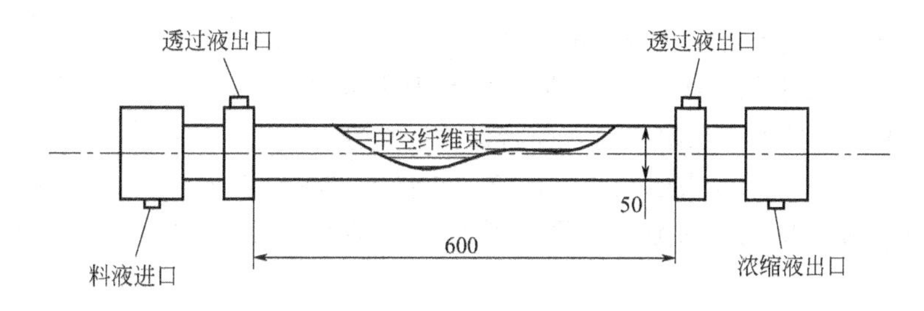

图 77-2　中空纤维超滤组件

（2）实验流程　见图 77-3。本实验将料液——聚乙烯醇水溶液（PVA）浓缩。料液经给料泵 2 输送经过滤器 3，然后从下部进入超滤组件 7。将料液分为：①透过液——透过膜的稀溶液，该液由转子流量计 9 计量后入透过液贮罐 10；②浓缩液——未透过膜的 PVA 溶液（浓度高于料液）。浓缩液经转子流量计 5 计量后回料液贮槽 1。流程中，漏斗 4 为给料泵 2 加液用；漏斗 8 为膜组件加保护液（5%甲醛溶液）用；保护液贮罐 6 为放出保护液的接收容器；过滤器 3——聚丙烯酰胺蜂房式过滤器，精度＜5μm，作用是拦截液中的不溶性杂质，以保护膜不受阻塞。

（3）主要仪器　722 型分光光度计，用于测定 PVA 的浓度。

4. 实验方法及步骤

（1）实验方法　将预先配制的 PVA 料液在 0.04MPa 压力和室温下，进行不同流量的

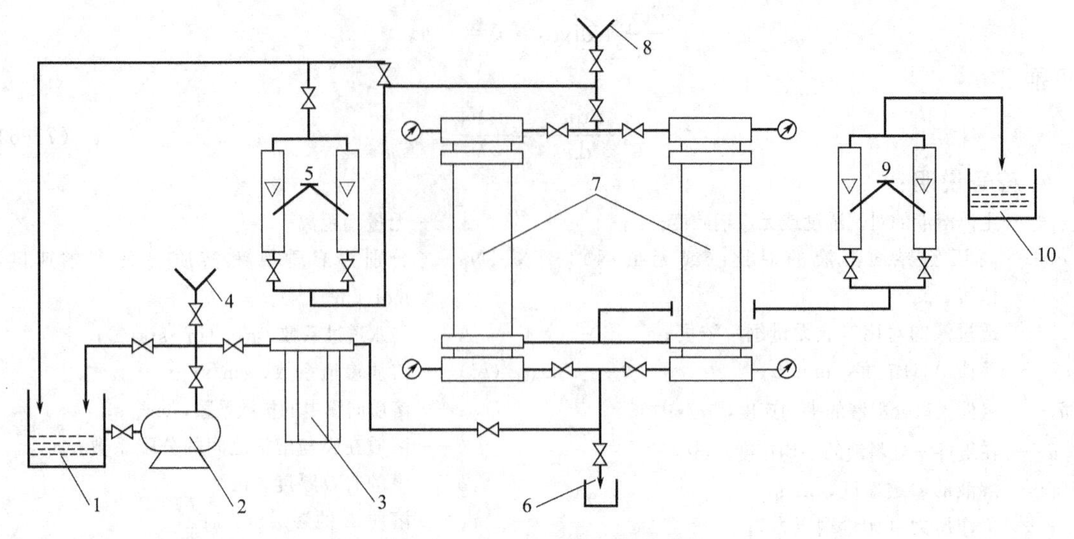

图 77-3　超过滤膜分离实验流程

1—料液贮槽；2—给料泵；3—过滤器；4,8—漏斗；5,9—转子流量计；

6—保护液贮罐；7—超滤组件；10—透过液贮罐

超过滤实验（实验点由指导教师指定）；30min 时，取分析样品。取样方法：从料液贮槽 1 中用移液管取 5mL 浓缩液入 50mL 容量瓶中，与此同时在透过液出口端用 100mL 烧杯接取透过液约 50mL，然后用移液管从烧杯中取 10mL 放入另一容量瓶中。两容量瓶的样品进行比色测定 PVA 的浓度。烧杯中剩余透过液和透过液贮罐 10 中透过液全部倾入料液贮槽 1 中，混匀。然后进行下一个流量试验。

（2）实验操作步骤

① 722 型分光光度计通电预热 20min 以上。

② 放出超滤组件中的保护液。为防止中空纤维膜被微生物侵蚀而损伤，不工作期间，在超滤组件内加入保护液。在实验前，须将保护液放净。

③ 清洗超滤组件。为洗去残余的保护液，用自来水清洗 2～3 次，然后放净清洗液。

④ 检查实验系统阀门开关状态。使系统各部位的阀门处于正常运转的“开”或“关”状态。

⑤ 将配制的 PVA 料液加入料液贮槽 1 中计量，记录 PVA 的体积。用移液管取料液 5mL 放入容量瓶（50mL）中，以测定原料液的初始浓度。

⑥ 泵内注液。在启动泵之前，须向泵内注满原料液。

⑦ 启动给料泵 2 移动运转 20min 后，按“实验方法”进行条件实验，做好记录。数据取足即可停泵。

⑧ 清洗超滤组件。待超滤组件中的 PVA 溶液放净之后，用自来水代替原料液，在较大流量下运转 20min 左右，清洗组件中残余 PVA 溶液。

⑨ 加保护液。如果 10h 以上不使用超滤组件，须加入保护液至组件的高度。然后密闭系统，避免保护液损失。

⑩ 将仪器清洗干净，放在指定位置；切断分光光度计的电源。

5. 数据处理

（1）按下表记录实验条件和数据

压力（表压）：＿＿＿＿＿ MPa，温度：＿＿＿＿＿℃，日期：　年　月　日

实验序号	起止时间	浓度/(mg/L)			流量/(L/min)	
		原料液	浓缩液	透过液	浓缩液	透过液

（2）数据处理

① PVA 的脱除率

$$f=\frac{\text{原料液初始浓度}-\text{透过液浓度}}{\text{原料液初始浓度}}\times 100\%$$

② 透过流速

$$J=\frac{\text{透过液浓度}}{\text{实验时间}\times\text{膜面积}}\quad [\mathrm{L/(m^2\cdot h)}]$$

③ PVA 回收率

$$Y=\frac{\text{浓缩液中 PVA 量}}{\text{原料液中 PVA 量}}\times 100\%$$

④ 在坐标纸上绘制 Y 与流量的关系曲线。

6. 思考题

（1）试论述超过滤膜分离的机理。

（2）超过滤组件中加保护液的意义是什么？

（3）实验中如果操作压力过高或流量过大会有什么结果？

（4）提高料液的温度进行超过滤会有什么影响？

（5）阅读参考文献，回答什么是浓差极化？有什么危害？有哪些消除的方法？

实验 78　串联流动反应器停留时间分布的测定

1. 实验目的

（1）通过实验了解停留时间分布测定的基本原理和实验方法。

（2）掌握停留时间分布的统计特征值的计算方法。

（3）学会用理想反应器的串联模型来描述实验系统的流动特性。

2. 实验原理

在连续流动反应器中进行化学反应时，反应进行的程度除了与反应系统本身的性质有关以外，还与反应物料在反应器内停留时间的长短有密切关系。停留时间越长，则反应越完全。停留时间通常是指从流体进入反应器时开始到其离开反应器为止的这一段时间。显然对流动反应器而言，停留时间不像间歇反应器那样是同一个值，而是存在着一个停留时间分布。造成这一现象的主要原因是流体在反应器内流速分布的不均匀，流体的扩散以及反应器内的死区等。

停留时间分布的测定不仅广泛应用于化学反应工程及化工分离过程，而且应用于涉及流动过程的其他领域。它也是反应器设计和实际操作所必不可少的理论依据。

停留时间分布测定所采用的方法主要是示踪响应法。它的基本思路是：在反应器入口以一定的方式加入示踪剂，然后通过测量反应器出口处示踪剂浓度的变化，间接地描述反应器内流体的停留时间。常用的示踪剂加入方式有脉冲输入、阶跃输入和周期输入等。本实验选

用的是脉冲输入法。

脉冲输入法是在极短的时间内，将示踪剂从系统的入口处注入主流体，在不影响主流体原有流动特性的情况下随之进入反应器。与此同时，在反应器出口检测示踪剂浓度 $c(t)$ 随时间的变化。整个过程可以用图 78-1 形象地描述。

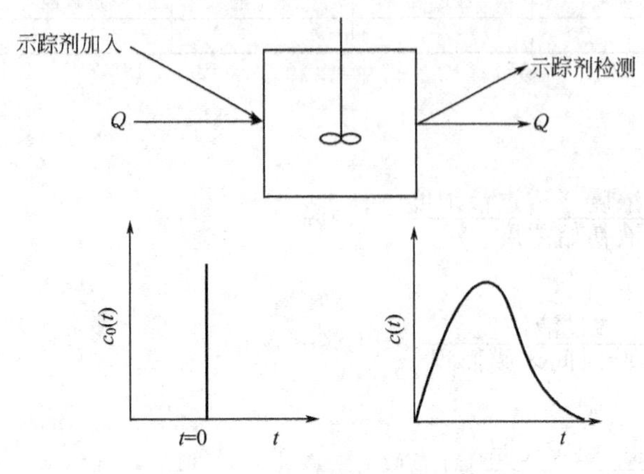

图 78-1　脉冲法测停留时间分布

由概率论知识可知，概率分布密度函数 $E(t)$ 就是系统的停留时间分布密度函数。因此，$E(t)\mathrm{d}t$ 就代表了流体粒子在反应器内停留时间介于 t 到 $t+\mathrm{d}t$ 之间的概率。

在反应器出口处测得的示踪剂浓度 $c(t)$ 与时间 t 的关系曲线叫响应曲线。由响应曲线就可以计算出 $E(t)$ 与时间 t 的关系，并绘出 $E(t)$-t 关系曲线。计算方法是对反应器作示踪剂的物料衡算，即

$$Qc(t)\mathrm{d}t = mE(t)\mathrm{d}t \tag{78-1}$$

式中　Q——主流体的流量；

m——示踪剂的加入量。

示踪剂的加入量可以用式(78-2) 计算

$$m = \int_0^\infty Qc(t)\mathrm{d}t \tag{78-2}$$

在 Q 值不变的情况下，由式(78-1) 和式(78-2) 求出：

$$E(t) = \frac{c(t)}{\int_0^\infty c(t)\mathrm{d}t} \tag{78-3}$$

关于停留时间分布的另一个统计函数是停留时间分布函数 $F(t)$，即

$$F(t) = \int_0^\infty E(t)\mathrm{d}t \tag{78-4}$$

用停留时间分布密度函数 $E(t)$ 和停留时间分布函数 $F(t)$ 来描述系统的停留时间，给出了很好的统计分布规律。但是为了比较不同停留时间分布之间的差异，还需要引入另外两个统计特征值，即数学期望和方差。

数学期望对停留时间分布而言就是平均停留时间，即

$$\bar{t} = \frac{\int_0^\infty tE(t)\mathrm{d}t}{\int_0^\infty E(t)\mathrm{d}t} = \int_0^\infty tE(t)\mathrm{d}t \tag{78-5}$$

方差是和理想反应器模型关系密切的参数。它的定义是：

$$\sigma_t^2 = \int_0^\infty t^2 E(t)\mathrm{d}t - \overline{t^2} \tag{78-6}$$

对活塞流反应器 $\sigma_t^2=0$；而对全混流反应器 $\sigma_t^2=\overline{t^2}$；对介于上述两种理想反应器之间的非理想反应器可以用多釜串联模型描述。多釜串联模型中的模型参数 N 可以由实验数据处理得到的 σ_t^2 来计算。

$$N=\frac{\overline{t^2}}{\sigma_t^2} \tag{78-7}$$

当 N 为整数时，代表该非理想流动反应器可以用 N 个等体积的全混流反应器的串联来建立模型；当 N 为非整数时，可以用四舍五入的方法近似处理，也可以用不等体积的全混流反应器串联模型。

3. 实验装置、流程及试剂

反应器为有机玻璃制成的搅拌釜。其有效体积为 300mL。搅拌方式为磁力驱动的叶轮搅拌。流程中配有三个这样的搅拌釜。实验时可以根据需要任意选择其个数和连接方式。示踪剂是通过一个旋转六通阀瞬时注入反应器中的。示踪剂的检测用一台气相色谱仪的热导检测器完成。检测器的输出信号用台式记录仪记录下来。实验流程见图 78-2。

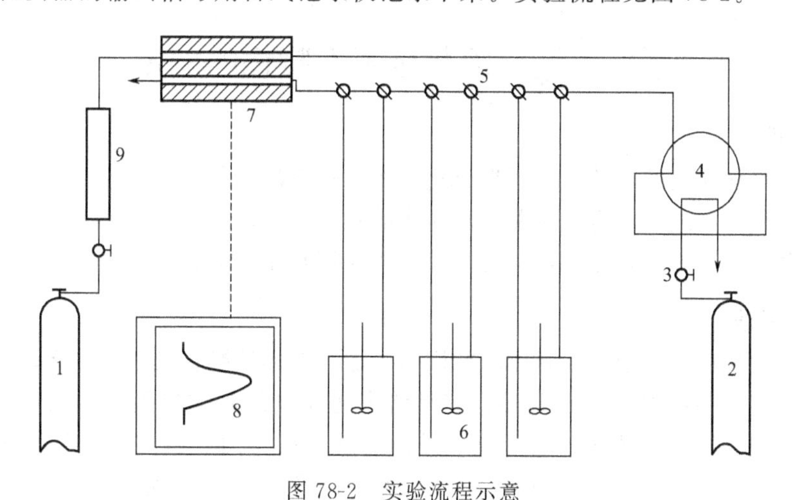

图 78-2　实验流程示意

1—氮气钢瓶；2—氢气钢瓶；3—流量调节阀；4—旋转六通阀；5—三通阀；
6—搅拌釜；7—热导池；8—记录仪；9—流量计

实验中的试剂有：H_2，作为示踪剂；N_2，作为主流气。

4. 实验步骤

(1) 将三通阀调整到三釜串联的位置。打开 N_2 调节阀，将流量调到约 300mL/min，吹扫反应器内残留的空气。

(2) 打开氢气钢瓶，调整氢气流量约 10mL/min。

(3) 打开色谱仪，调整检测室温度到 45℃左右。然后将桥电流调到 110MA。打开记录仪、固定走低速度，待记录仪的基线走直后即可进行实验测定。

(4) 调整反应器搅拌电机至某一转速，再用测速计测定转速。

(5) 将旋转六通阀由取样位置迅速转到进样位置，这时示踪剂 H_2 随主流气 N_2 进入反应器内。与此同时，记录仪上会记录下最后一个反应器的出口示踪剂浓度随时间变化曲线。

(6) 改变电机转速，按照与上面相同的步骤重新实验。

(7) 改变主流气的流速，调整好记录仪的基线位置，重复上述实验过程。

(8) 关闭色谱仪，关上 H_2 和 N_2 钢瓶，停止实验。

5. 数据处理

(1) 由记录仪上记录的 $c(t)$-t 关系曲线，首先求出不同时刻的 $E(t)$ 值，然后求出平均停留时间 $\bar{t}$ 和方差 σ_t^2，最后求出多釜串联模型参数 N。

(2) 分析不同操作条件下模型参数 N 值变化的规律。

6. 思考题

(1) 既然反应器的个数有 3 个，模型参数 N 又代表了全混流反应器的个数。那么 N 值是否就应该是 3？若不是，为什么？

(2) 全混流反应器应具有什么样的特征。如何用实验的方法判断搅拌釜是否达到全混流反应器的模型要求？如果尚未达到，如何调整实验条件使其接近这一理想模型？

(3) 本实验系统中的所有连接管路应符合怎样的条件才能忽略其对反应器停留时间分布测定准确性的影响？如何利用本实验装置进行验证？

实验 79 流化床基本特性的测定

1. 实验目的

(1) 了解流化床的基本特性，掌握流化床的操作方法。

(2) 学会用光导纤维测定技术测量流化床的颗粒密度。

(3) 了解流化床颗粒特性、流体特性及流化速度与压降关系。

2. 实验原理

流化床是利用气体或液体通过颗粒状固体床层而使固体颗粒处于悬浮运动状态，并使固体颗粒具有某些流体特征的一种床型。它是流态化现象的具体应用，已在化工、炼油、动力、冶金、能源、轻工、环保、核工业中得到广泛使用。例如煤的燃烧和转化、金属的提取、废物焚烧等。化工领域中，加氢、丙烯氨氧化、烯烃氧化、费-托合成以及石油的催化裂化等均采用了该技术。因此，它是极为重要的一种操作过程。

采用流化床的操作技术有着物料连续、温度均匀、结构紧凑、气固传质速度快和传热效率高等优点，但操作中会造成固体磨损、床层粒子返混严重、反应中转化率不高等现象。

本实验是在鼓泡床内进行流态化的基本特性测定。

将固体颗粒堆放在多孔的分布板上形成一个床层。当流体自下而上地经过颗粒物料层时，在低流速范围内，床层压降随流速的增加而增加，不超过某值时，流体只能从颗粒间隙中通过，粒子仍然相互接触并处于静止状态，属于固定床范围。当流体流速增大至某值后床层内粒子开始松动，流速再增加则床层膨胀，空隙率增大，粒子悬浮而不再相互支撑并且处于运动状态，此时容器内床层有明显的界面。床内压降在开始流化后随流速增加而减小，此后再加大流速时压降也基本上不改变。当流体速度增大至粒子能自由沉降时，粒子就会被带出。流速越大带走的越多，流速提高到一定数值则会将床内所有粒子带走形成空床，相应的流速为终端速度。其关系如图 79-1 所示。

图中，u_{mf} 是临界流化速度，空床线速超过该值后才能开始流化，亦称最小流化速度。在临界流化时，床层所受气体向上的曳力与重力相等，即

$$\Delta p A_t = m \qquad (79\text{-}1)$$

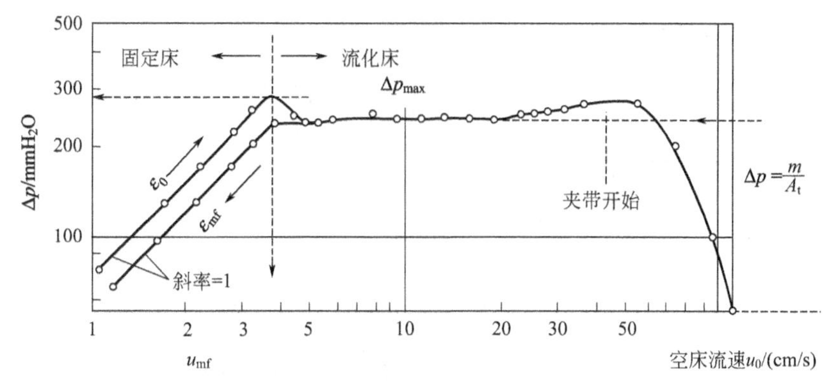

图 79-1　均匀砂粒的压降与空床流速的关系

以 L_{mf} 表示起始流化时的床高，ε_{mf} 表示床层空隙率，则式(79-1) 可写成：

$$\Delta p A_t = (A_t L_{mf})(1-\varepsilon_{mf})(\rho_s-\rho_g) \tag{79-2}$$

$$\frac{\Delta p}{L_{mf}} = (1-\varepsilon_{mf})(\rho_s-\rho_g) \tag{79-3}$$

对于不同尺寸的颗粒，临界流化速度由下式算出：

$$u_{mf} = \frac{d_p^2(\rho_s-\rho_g)g}{1650\mu} \qquad Re_p<20 \tag{79-4}$$

$$u_{mf} = \frac{d_p(\rho_s-\rho_g)g}{24.5\rho_g} \qquad Re_p>1000 \tag{79-5}$$

在流化床操作的上限，气速近似于颗粒的速度，其值可由流体力学估算：

$$u_t = \left[\frac{4gd_p(\rho_s-\rho_g)}{3\rho_g c_d}\right]^{\frac{1}{2}} \tag{79-6}$$

对于球形颗粒，曳力系数 $c_d=24/Re_p$，$Re_p<0.4$；$c_d=10/Re_p^{\frac{1}{2}}$，$0.4<Re_p<500$，代入(79-6) 式得：

$$u_t = \left[\frac{4d_p(\rho_s-\rho_g)^2 g^2}{225\rho_g\mu}\right]^{\frac{1}{2}} \qquad 0.4<Re_p<500 \tag{79-7}$$

$$u_t = \frac{g(\rho_s-\rho_g)d_p^2}{18\mu} \qquad Re_p<0.4 \tag{79-8}$$

u_t/u_{mf}之值与气固特性有关，一般在 10∶1 和 90∶1 之间，它是操作能否机动灵活的一项指标。

光导探针是由多股光导纤维整齐排列而成的传感器，尾端把光导纤维按奇偶分为两束，分别输入和接受反射光信号。无固体粒子存在时，反射光信号微弱，并定为零。光线照射到固体粒子上时，反射光经光电变换为电信号并由积分仪积分。在一定时间内的积分值反映了测量点的床层密度相对值。

3. 实验装置及流程

实验装置和流程见图 79-2。主要由流化床、空压机、稳压系统和光导纤维探针等测定系统和进料系统组成。固体物料为铜粉，其主要参数为：颗粒尺寸 $d_p=0.215$mm，堆积密度 $\rho_{堆}=5.33$g/cm^3，临界颗粒密度 $\rho_{mf}=5.05$g/cm^3，临界流化速度 $u_{mf}=0.15$m/s。

4. 实验步骤

(1) 检查实验设备，将压差计与床层连接阀断开。

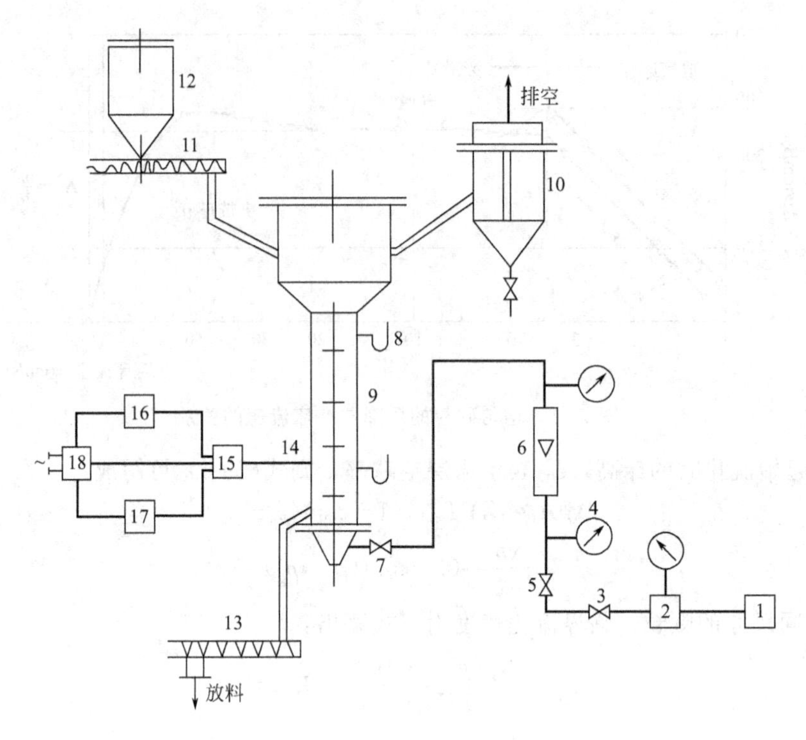

图 79-2 流化床实验流程

1—空压机；2—稳压罐；3—减压阀；4—压力表；5—调节阀；6—转子流量计；7—截止阀；8—压力计；9—流化床；10—过滤器；11—进料绞龙；12—料罐；13—出料绞龙；14—光导探针；15—光电源；16—定时数字积分仪；17—SC16 光线示波器；18—稳压电源

（2）打开压差计床层连接阀和供气减压阀，使空气缓慢流入床层。注意观察床层从固定床→流化床→流体输送阶段的变化。

（3）当流速稳定在某一值 u_0 时，用光导纤维测定床层内某点的密度。仪器使用见本书附录。

（4）将气体流速从大到小再按步骤（2）做一遍。观察床层的变化，记录 u_0 与对应的床层压降 Δp。

5. 数据处理

（1）以 $\lg u$ 为横坐标，以 $\lg\Delta p$ 为纵坐标，作图得到 $\lg u$-$\lg\Delta p$ 曲线，由曲线求出临界流化速度 u_{mf}。

（2）将测得点密度积分值按式(79-9) 算出点密度。

$$\rho=\rho_{mf}N/N_{mf} \tag{79-9}$$

符号说明：

Δp——床层压降，kPa/m；

m——固体粒子质量，kg；

A_t——床层截面积，m^2；

ρ_g——气体密度，kg/m^3；

ρ_s——固体粒子密度，kg/m^3；

L_{mf}——临界流化床层高度，m；

ε——床层空隙率；

N——操作条件下点密度相对值；

N_{mf}——起始流化条件下点密度相对值；

ε_{mf}——临界流化床层空隙率；

d_p——颗粒直径，m；

u_{mf}——床层临界流化速度，m/s；

u_t——床层带出速度，m/s。

6. 思考题

(1) 流化床有哪些基本特性?

(2) 如何利用点密度值计算床层径向及轴向的床层密度?

实验80 从可可豆粉中提取卡卡因

1. 实验目的

(1) 学习从天然产物中提取生物碱的原理及方法。

(2) 掌握旋转蒸发仪的使用与注意事项。

(3) 学习用红外光谱鉴定卡卡因的结构。

2. 实验原理

萃取是利用物质在两种互不相溶的溶剂中溶解度或分配比差异来达到分离、提取或纯化目的的产物的一种操作。根据分配定律，在一定温度下，有机物在两种溶剂中的浓度之比为一常数，即

$$\frac{c_A}{c_B}=K$$

式中 c_A，c_B——分别为物质在溶剂 A 和溶剂 B 中的溶解度；

K——分配系数。

当用一定量的溶剂从水溶液中萃取有机化合物时，根据分配定律可以计算出萃取 n 次后，水中的剩余量应为：

$$m_n=m_0\left(\frac{KV}{KV+S}\right)^n$$

式中 m_0，m_n——分别为萃取前和萃取 n 次后水中被萃取物质的量，g；

V，S——分别为水的体积和每次萃取所用溶剂的体积，mL。

由上式可以看出，把一定量的溶剂分成几份多次萃取要比用全部量的溶剂一次萃取效果更好。

卡卡因是一种嘌呤衍生物，化学名称为 3,7-二甲基-2,6-二氧嘌呤，其结构式如下：

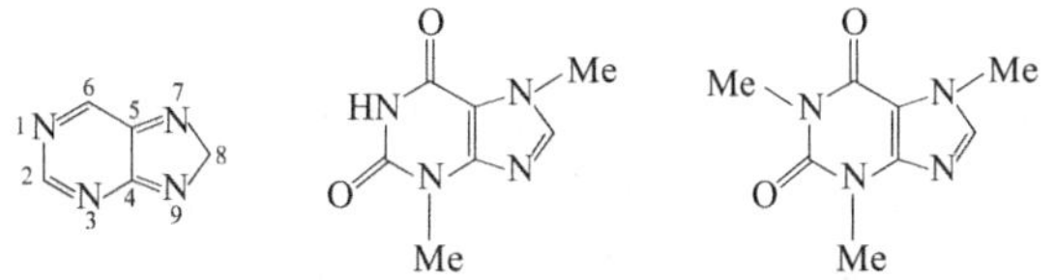

嘌呤　　卡卡因　　咖啡因

卡卡因主要存在于可可豆粉中，具有一定的毒性，为巧克力与可可豆粉加工副产品，具有弱碱性，易溶于氯仿（12.5%），微溶于乙醚（约 2%）、水（约 2%）及乙醇（约 2%）。将卡卡因甲基化，得到咖啡因（化学名为 1,3,7-三甲基-2,6-二氧嘌呤），后者具有刺激心脏、兴奋大脑神经和利尿等作用，也是复方阿司匹林（APC）等药物的组分之一。咖啡因主要存在于茶叶中，约占 1%～5%。

3. 实验仪器

旋转蒸发仪（1 台）；红外光谱仪（1 台）；回流装置（1 套）；Büchner 过滤装置（1 套）

及其相应玻璃仪器若干。

4. 实验试剂

可可豆粉；氯仿、乙醚等溶剂。

5. 实验步骤

在250mL烧杯中，加入20g可可豆粉、20mL甲醇与40mL水，手工搅拌成糊状物，不断搅拌下，将糊状物在蒸汽浴上加热约45min，直至变成松脆的半固态物质。将其转移至500mL圆底烧瓶中，加入150mL氯仿，回流30min；热过滤，用15mL热氯仿洗涤残渣，合并滤液，用旋转蒸发仪回收溶剂，直至大约剩10mL残液。冷却至20℃，加入60mL乙醚，密封、冷却并静置，析出淡黄色至白色晶体，用细孔滤纸过滤，得到卡卡因约0.5g。将产品做IR鉴定。

6. 注意事项

(1) 氯仿对人有一定的毒性和麻醉作用，使用时蒸气尽量不要外露，最好在通风柜中进行。

(2) 乙醚容易挥发，同时也容易爆炸，过滤过程应尽可能在较低温度下进行。

(3) 使用旋转蒸发仪回收溶剂时，待蒸液体不超过总容量的一半，以防暴沸。

7. 思考题

(1) 简述卡卡因红外吸收光谱的主要特征。

(2) 如果将该工艺工业化，你认为最主要的问题是什么？

(3) 画出整个过程的流程框图。

(4) 测定卡卡因熔点时，会发生什么现象，解释原因。

实验81 固体超强酸催化剂的制备

1. 实验目的

(1) 了解固体超强酸的概念及应用范围。

(2) 熟悉固体超强酸的制备方法和操作步骤。

2. 实验原理

超强酸是指酸强度超过100%硫酸的物质，其酸强度函数 $H_0 < -10.6$，化学家Olah发现，当硫酸中的—OH被氯原子或氟原子取代后，会得到比硫酸更强的酸，这是因为卤原子吸电子效应比羟基更强，从而导致另一个—OH中的氢原子更容易电离。实验表明，SbF_5、NbF_5、TaF_5 以及 SO_3 等都具有较强的接受电子的能力，当这些物质加入酸性物质后，都能够有效削弱原来酸分子中的H—Y键，使得H—Y键更容易异裂为质子，从而增强酸性。

日本学者田部浩三先后合成出十多种固体超强酸，如 SbF_5-SiO_2·TiO_2、FSO_3H-SiO_2·TiO_2、FSO_3H-SiO_2·Al_2O_3 和 SbF_5-SiO_2·ZrO_2，这些酸的酸强度均为100% H_2SO_4 的500～1000倍。将 SbF_5 等缺电子化合物加入到 SiO_2·Al_2O_3 中，会造成与Al离子相连的氧原子与 SbF_5 配位，结果加剧了Al—O键的极性，使得Al中心L-酸强度更强。因此，表81-1混合物都是比100% H_2SO_4 更强的酸。

表 81-1　一些固体超强酸的酸强度及其与 100%硫酸比较

超强酸	酸强度	超强酸	酸强度
100%H_2SO_4	-10.6	Fe_2O_3-SO_4^{2-}	$H_0 \leqslant -12.70$
SbF_5-$SiO_2 \cdot ZrO_2$	$-13.75 \geqslant H_0 > -14.52$	ZrO_2-SO_4^{2-}	$H_0 \leqslant -14.52$
SbF_5-$SiO_2 \cdot Al_2O_3$	$-13.75 \geqslant H_0 > -14.52$	SbF_5-SiO_2	$H_0 \leqslant -10.6$
SbF_5-$SiO_2 \cdot TiO_2$	$-13.16 > H_0 > -13.75$	SbF_5-TiO_2	$H_0 \leqslant -10.6$
SbF_5-$TiO_2 \cdot ZrO_2$	$-13.16 > H_0 > -13.75$	SbF_5-Al_2O_3	$H_0 \leqslant -10.6$

表 81-1 中，固体超强酸 ZrO_2-SO_4^{2-} 和 Fe_2O_3-SO_4^{2-} 不含有污染环境的卤素原子，即使在 773～873K 的高温下仍然有很好的稳定性。

分别在 $TiO_2 \cdot nH_2O$、$Zr(OH)_4$ 和 $Fe(OH)_3$ 上载以 $(NH_4)_2SO_4$ 或 H_2SO_4，然后在 773～873K 焙烧，就可方便得到固体超强酸。

3. 实验仪器

四口反应瓶（250mL）；滴液漏斗；温度计；铁架台；电动搅拌器（1 台）；调压器（1 台）；集热式磁力搅拌器 DF-101(1 台)；离心沉淀器（型号 80-2)(1 台)；马弗炉（1 台)。

4. 实验试剂

硝酸锆；碳酸铵；氨水；硫酸铵；硫酸。

5. 实验步骤

准确称取 4.5g $Zr(NO_3)_4$，将其溶解到酸性去离子水中。再分别准确称取 $(NH_4)_2CO_3$ 和 NH_4OH，将它们溶解到去离子水中，配置成碱性溶液。然在 250mL 三口烧瓶中加入适量的去离子水，恒温在 313K，将配好的两种溶液，在搅拌下同时滴加到三口烧瓶中，滴加过程应控制反应混合液 pH8～9，在这个过程中生成了一种白色的沉淀。滴加完毕后，再在 313K 的恒温条件下继续搅拌 40min，从而完成催化剂的晶化过程。然后将沉淀过滤，用去离子水洗涤至中性，将滤饼放入 373K 的恒温烘箱中烘干（过夜），制得 $Zr(OH)_4$ 约 2g（实验可以停在此处）。将 $Zr(OH)_4$ 浸入 30mL 0.25～0.5mol/L $(NH_4)_2SO_4$ 或 H_2SO_4 水溶液中，然后再将溶液蒸干。最后在空气或真空中将所得到的样品加热到 773～923K，就得到了 ZrO_2-SO_4^{2-}。

6. 注意事项

(1) 制备 ZrO_2-SO_4^{2-} 的最佳焙烧温度与选用的 SO_4^{2-} 原料 [$(NH_4)_2SO_4$ 或 H_2SO_4] 有关；也与催化的反应类型有关。例如，氯苯与苯甲酰氯的酰化反应而言，ZrO_2-H_2SO_4 和 ZrO_2-$(NH_4)_2SO_4$ 的最佳焙烧温度分别为 823K 和 873K，$w(SO_4^{2-})=1\%\sim8\%$。

(2) 固体超强酸暴露在空气中会吸附水分而失去超强酸性质，因此，最好将催化剂置于硬质玻璃管中焙烧，在焙烧后封管备用。

(3) 高温（>673K）下不能在诸如氢气、醇等还原剂的存在下使用固体超强酸。

(4) 用 $(NH_4)_2SO_4$ 处理 $Zr(OH)_4$ 所得到的 ZrO_2-SO_4^{2-} 比用 H_2SO_4 处理得到的 ZrO_2-SO_4^{2-} 具有更高的比表面。

7. 思考题

(1) 固体超强酸 ZrO_2-SO_4^{2-} 制备过程中，当中间制得的 $Zr(OH)_4$ 未洗涤至中性时，会对最终制得的催化剂的酸性产生何种影响？

(2) 100%的硫酸不能催化烷烃（如丁烷、戊烷等）的骨架异构化反应。而 ZrO_2-SO_4^{2-}

在 293～323K 就能催化丁烷的骨架异构化反应，其主要产物为异丁烷。但其活性随反应的进行而下降，分析原因，并提出可能的解决办法。

（3）ZrO_2-SO_4^{2-} 与 $AlCl_3$ 对芳烃的酰化都有催化活性，比较二者优缺点。

（4）ZrO_2-SO_4^{2-} 催化剂对对苯二甲酸与乙二醇酯化的活性要远远高于 SiO_2-Al_2O_3 催化剂的。

实验 82 沸石催化剂的制备

沸石也称分子筛，是以硅酸铝和碱土金属成分为主的结晶体。基本构造是硅氧、铝氧四面体并组成四、六、十二圆环，晶体内部有一定尺寸的孔洞，这一性质使它有广泛的用途。

沸石分子筛可做干燥剂，能脱出微量水。某些型号沸石，如 5A 型分子筛还可做气相色谱固定相，用于永久性气体分析。绝大多数分子筛能做离子交换剂，能脱除放射性和各种离子，作废水处理剂。它最大用途是作为催化剂用于各种反应，因此大大发展了沸石的有关制备技术。

由于沸石催化剂用途很多，了解它的制备方法有一定意义。本实验以制备甲苯歧化用丝光沸石催化剂为主。

丝光沸石是一种多水合结晶铝酸盐（用 M 表示），是人们熟知的一种分子筛。丝光沸石的晶体结构属于层式结构。图 82-1 表示其晶体结构中的某一层。实际上，晶体是由很多这样的层重叠在一起，通过适当方式联结而成的，这样在晶体中就形成很多隧洞形孔道。最大的孔道是由十二圆环组成的椭圆形孔道，长轴为 0.695nm、短轴为 0.581nm，这是主孔道。主孔道之间也有许多称为“侧腔”的小孔道相互沟通。由于这些小孔道孔径很小（约 0.28nm），一般分子不易进去，只能在主孔道出入。

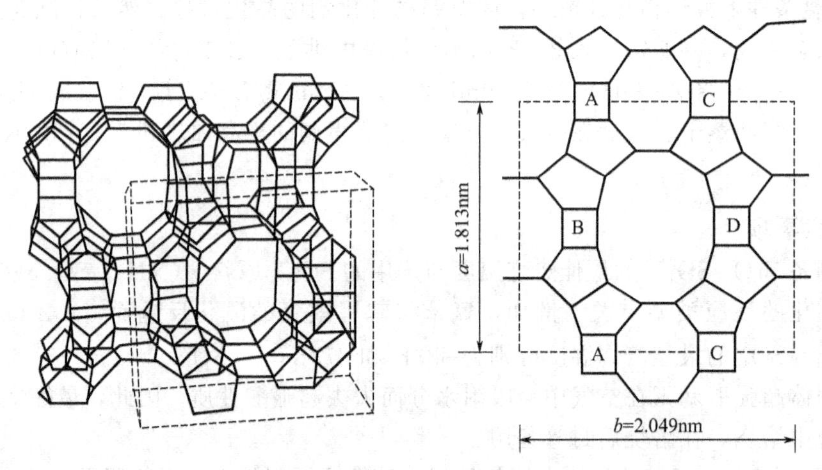

图 82-1 丝光沸石晶体断面

丝光沸石属于正交晶系，晶胞参数为：a=1.813nm，b=2.049nm，c=0.752nm；晶胞化学式为 $Na_3[(AlO_2)_3(SiO_2)_{40}]\cdot 24H_2O$。晶胞中 8 个 Na^+ 中的 4 个位于主孔道周围的小孔道内，另 4 个松散地结合在主孔道壁上，一般化学式可写成：

$$Na_2O\cdot Al_2O_3\cdot 10SiO_2\cdot 6H_2O$$

丝光沸石简称 M，它的热稳定性比 A 型、X 型和 Y 型分子筛都好，耐酸性也较强。丝光沸石可以人工合成，也可从天然沸石矿中找到。天然 M 中可交换离子除了钠之外，还有

Ca^{2+}、K^{+}、Mg^{2+}等。例如，浙江省缙云县岱石口产的天然 M，其化学组成为：

$$0.53CaO \cdot 0.40Na_2O \cdot 0.045K_2O \cdot 0.02MgO \cdot Al_2O_3 \cdot 10SiO_2 \cdot 7.09H_2O$$

1. 实验目的

通过离子交换制备丝光沸石催化剂，熟悉一般分子筛催化剂的制备原理和方法。

2. 实验原理

甲苯歧化催化剂的制备过程主要由以下几步组成：

Ca-Na-M→离子交换→洗涤过滤→干燥→浸渍→成形→焙烧→成品

其中，离子交换浸渍和焙烧是整个制备过程的关键步骤。

（1）离子交换　实验用的合成丝光沸石，一般都是钠型丝光沸石（Na-M）。Na-M 如同其他分子筛，其基本结构是由一定比例的硅氧四面体构成。一般来讲，两个铝氧四面体不直接相连，而是由一个或几个硅氧四面体分隔开。由于 Si^{4+} 是正四价，Al^{3+} 是正三价，所以硅氧四面体保持电中性；而铝氧四面体带一个负电荷，其附近可容纳一个钠离子，以保持电中性，如下所示：

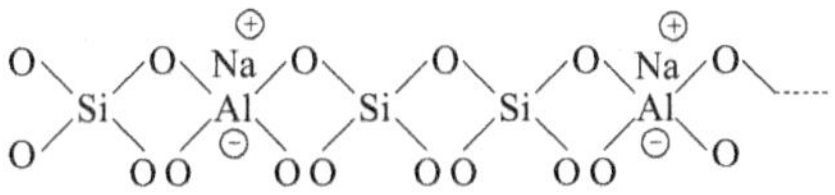

在丝光沸石晶格内，位于铝氧四面体附近的 Na^{+} 属于可交换离子。

Na-M 对甲苯歧化反应无催化作用，只有将它变成氢型丝光沸石（HM）才具有催化活性，因此进行离子交换是必不可少的。离子交换常用的是酸交换或铵交换。酸交换通常可用无机酸 HCl、H_2SO_4、HNO_3 或有机酸（醋酸、酒石酸等）。下式表示以 HCl 进行交换的反应式。

$$NaM + HCl \rightleftharpoons HM + NaCl$$

离子交换反应是可逆的，故必须进行多次酸交换，才能达到 Na^{+} 的交换率在 90%以上。酸浓度、酸用量、交换次数、交换时间、交换温度等因素对钠交换率都有影响。酸交换时，丝光沸石晶格上的铝也能被 H^{+} 取代。4 个 H^{+} 取代 1 个 Al^{3+}，成为脱铝 HM。X 射线衍射分析表明，脱铝 HM 的晶体结构和 NaM 完全相同，即铝脱掉后晶体结构未遭破坏。然而脱铝 HM 的吸附和催化特性却发生了较大变化。

铵交换就是用铵盐溶液对 NaM 进行离子交换，交换时不会脱铝。用 NH_4Cl 溶液交换时，其反应式如下：

$$NaM + NH_4Cl \rightleftharpoons NH_4M + NaCl$$

NaM 经铵交换后变成铵型丝光沸石 NH_4M，而 NH_4M 在 550～600℃焙烧，即变成氢型。

$$NH_4M \xrightarrow{550\sim600℃} HM + NH_3$$

（2）浸渍　为了更进一步提高催化剂的活性和稳定性，可在 HM 内载上某些活性金属组分（本实验采用 Ni）。工业上常采用浸渍法来添加活性组分。

（3）焙烧　焙烧是催化剂具有一定活性的不可缺少的步骤。把干燥过的催化剂在不低于反应温度下进行焙烧，进一步提高催化剂的活性，保持催化剂结构的稳定性和增强催化剂的机械强度。

用铵盐交换得到铵型丝光沸石，当加热处理时，焙烧温度对反应活性有明显影响。在 200～600℃时有 NH_3 放出，铵型变氢型，在丝光沸石结构中形成了质子酸中心，这些质子酸中心就是对甲苯歧化起催化作用的活性中心。

(a) $-O-Si(O)(O)-O-Al^{-}(Na^{+})(O)(O)-O-Si(O)(O)-O-Si(O)(O)-O-Al^{-}(Na^{+})(O)(O)-O-Si-$ $+ 2NH_4^+$ $\xrightleftharpoons[\text{离子交换}]{50\sim95℃}$

(b) $-O-Si(O)(O)-O-Al^{-}(NH_4^+)(O)(O)-O-Si(O)(O)-O-Si(O)(O)-O-Al^{-}(NH_4^+)(O)(O)-O-Si-$ $\xrightleftharpoons[<300℃]{>300℃}$

B酸中心

(c) $-O-Si(O)(O)-O-Al^{-}(H^+)(O)(O)-O-Si(O)(O)-O-Si(O)(O)-O-Al^{-}(H^+)(O)(O)-O-Si-$ $+ 2NH_3$ $\xrightleftharpoons{\text{室温}}$

(d) H ... H $-O-Si(O)(O)-O-Al^{-}(O)(O)-O-Si(O)(O)-O-Si(O)(O)-O-Al^{-}(O)(O)-O(H)-Si-$ $\xrightleftharpoons[<300℃]{>450℃}$

碱中心　L酸中心

(e) $-O-Si(O)(O)-O-Al^{-}(O)(O)-O-Si(O)(O)-O-Si^{\oplus}(O)(O)\ \ {}^{\oplus}Al(O)(O)-O-Si-$ $+ H_2O$

实验表明，焙烧温度高于 600℃，甲苯歧化反应活性下降，见图 82-2。这说明超过 600℃生成无水酸中心不是甲苯歧化反应的活性中心，因此要控制焙烧温度。

3. 实验装置及试剂

(1) 实验装置　离子交换装置如图 82-3 所示；过滤装置及流程如图 82-4 所示。

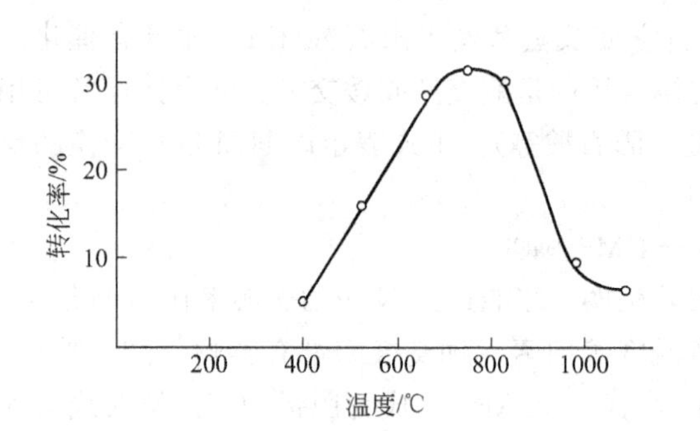

图 82-2　焙烧温度对活性的影响

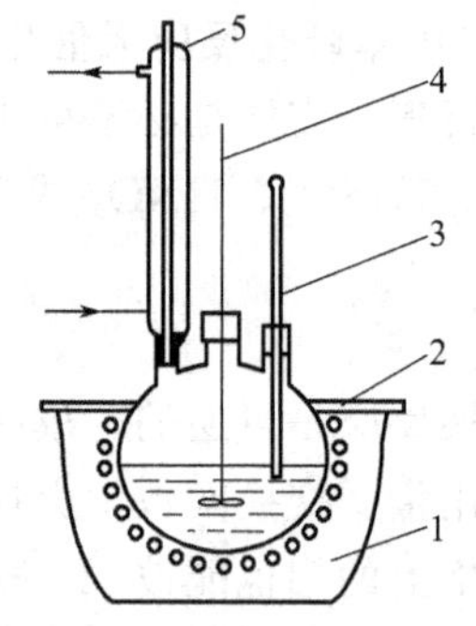

图 82-3　离子交换装置

1—电热包；2—四口烧瓶；3—温度计；4—电动搅拌；5—回流冷凝器

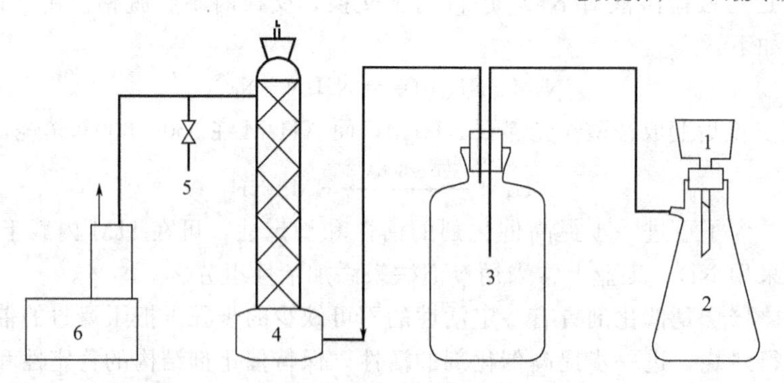

图 82-4　过滤装置及流程

1—布氏漏斗；2—抽滤瓶；3—缓冲瓶；4—干燥瓶；5—调节阀；6—真空泵

(2) 试剂　$AlCl_3$(分析纯) 和 NH_4Cl(分析纯) 配成含 3% $AlCl_3$ 和 10% NH_4Cl 的水溶液；$Ni(NO_3)_2$(分析纯)；25%氨水 (化学纯)；精密 pH 试纸。

4. 实验步骤

本实验采用铝盐-铵盐混合溶液进行离子交换，即采用3% $AlCl_3$ 和10% NH_4Cl 的混合液交换。该法可认为是酸交换和铵交换的混合形式。因为 $AlCl_3$ 的水溶液是酸性的，在铝盐、铵盐混合液交换之后，再加氨水与剩余铝盐作用生成 $Al(OH)_3$ 凝胶沉淀。这样既可以减小洗涤时丝光沸石微粒的损失，又可以增强催化剂的机械强度。

用3% $AlCl_3$ 和10% NH_4Cl 混合液在100℃下交换NaM，交换两次，每次1h，其固液比为1∶10。然后40℃下加氨水沉淀。40～45℃下老化1h，过滤、洗涤至无氯离子，烘干细磨、成型、烘干，在550℃下活化3～4h。

（1）离子交换　在粗天平上称取合成天然NaM 50g装入四口瓶中，用量筒量取500mL混合液倒入四口瓶中。然后将四口瓶放入电热包加热器，装上回流冷凝器、搅拌器、接触温度计、水银温度计，并打开冷却水。启动搅拌器，通过调压器控制电热包加热器的输入电压，以控制加热器升温速度。开始输入电压低些以避免突然电流大而烧断电热丝，加热5～10min后可将电压逐步提高。通过接触温度计和继电器控制温度，待温度升至100℃，在100℃下搅拌1min，然后停止搅拌并降温。卸下回流冷凝器、搅拌器和温度计，待丝光沸石沉至瓶底后，将上层清液滗出去，然后重新加入500mL混合溶液，开始第二次交换，步骤同上。第二次交换完成后，待交换液温度降至40～45℃时，在不断搅拌下加适量25%氨水进行沉淀，料液pH达9～9.5时（精密pH试纸测定），停止加氨水，在40～45℃下搅拌10min，停止搅拌后在此温度下老化1h。

（2）过滤和洗涤　将滤纸铺在布氏漏斗内，倒入沉淀液体，抽真空过滤。接近滤干时，用100mL蒸馏水均匀淋入，继续滤干，关闭真空泵。将滤饼取出，放入500mL烧杯内，加蒸馏水300mL，用玻璃棒将滤饼捣碎。重复上述操作，取滤液少许于试管中，加0.1mol/L的 $AgNO_3$ 溶液几滴。此时无白色沉淀出现即表示滤液中无氯离子。洗涤完毕，取出滤饼放在蒸发皿内置于烘箱中，在120℃下烘干。

（3）浸渍和成型　将烘干的物料研细，采用等体积浸渍法载镍。方法如下：称取10g物料，测定全部润湿所需的用水量。用万分之一的光电天平减量法称取 $Ni(NO_3)_2$ 数克（根据载Ni 1%算出），置于小烧杯中，加所需水量溶解。另取10g物料于蒸发皿中，将 $Ni(NO_3)_2$ 溶液倒入蒸发皿后置于烘箱中烘干磨细成粉状物。再加入少量水调制，在成型机上成型，成型后的催化剂经烘干并粉碎成20～40目的颗粒，以备活化。催化剂的干燥成型亦可使用喷雾干燥法。

（4）焙烧　将粒度20～40目催化剂放在瓷坩埚内，置于高温炉的炉膛中心。控制升温速度55℃/h，用热电偶测量炉内温度，直至550℃±5℃。在此温度下保持3h，自然降温至120～140℃时取出坩埚存入干燥器中，以备反应用。

5. 实验记录及讨论

（1）写出本实验的实验条件和实验数据。

（2）参考本实验设计ZSM-5分子筛进行钾离子交换的实验程序和操作方法。

实验83　四氯化碳法测定催化剂的比孔容

1. 实验目的

（1）用四氯化碳法测定催化剂的比孔容。

(2) 掌握测定比孔容的实验技术，了解其测定原理。

2. 实验原理

催化剂的孔结构特性对其物理化学性能及其在表面进行的物理化学过程都有很大影响。例如，在多相催化反应过程中所用的固体催化剂，由于孔结构不同，不仅影响催化反应动力学参数，而且还影响催化剂的寿命、机械强度及耐热性等。因此，研究催化剂的孔结构特性，在实用上有其重要意义。

多孔物质的比孔容是表征孔结构的重要指标之一。物质的比孔容可以用氦-氯置换法求其真密度和颗粒密度后进行计算，也可以利用水滴法测定。四氯化碳法测定催化剂的比孔容，由于方法简单、操作方便，所以应用较广泛。

多孔物质的比孔容是指单位质量物质颗粒内部的总孔容积，以 V_g 表示。

当气体和蒸气在多孔物质上被吸附时，相对压力较高下，会在孔中产生毛细管凝聚现象。被凝聚孔的大小与相对压力间的关系，可以用凯尔文公式表示：

$$r=\frac{-2\gamma\bar{V}\cos\theta}{RT\ln(p/p_0)} \tag{83-1}$$

式中 r——可被凝聚孔的最大半径，nm；

γ——凝聚液的表面张力，N/cm；

$\bar{V}$——凝聚液的摩尔体积，mL/mol；

θ——凝聚液与多孔物质的接触角；

T——测定时的温度，K；

p——吸附质的实际压力，Pa；

p_0——温度 T 时吸附质的饱和蒸气压，Pa。

由凯尔文公式可知，在一定温度下，吸附质在不同孔半径的毛细管中凝聚时，吸附质的相对压力 p/p_0 愈大，可被凝聚的孔也愈大。实验表明，当 $p/p_0>0.95$ 时，在颗粒间的孔隙中也将发生凝聚，这就使 V_g 值偏高，所以通常采用 $p/p_0=0.95$ 为宜。因此只要准确地测定四氯化碳在一定温度下和 $p/p_0=0.95$ 时的平衡吸附量，就可用式(83-2) 计算多孔物质的比孔容。

$$V_g=\frac{m_{样(CCl_4)}-m_{空(CCl_4)}}{m_{样}\ \rho} \tag{83-2}$$

式中 $m_{样(CCl_4)}$——样品吸附四氯化碳的量，g；

$m_{空(CCl_4)}$——空瓶吸附四氯化碳的量，g；

$m_{样}$——样品的量，g；

ρ——在吸附平衡温度下四氯化碳的密度，g/mL。

3. 实验装置及试剂

(1) 实验装置流程如图 83-1 所示。

(2) 实验用试剂：四氯化碳（分析纯）；正十六烷（化学纯）。

4. 实验步骤

(1) 将仪器按流程图装好，检查系统的气密性。

(2) 配制 CCl_4-$C_{16}H_{36}$混合液：取分析纯 CCl_4 86.9 份(体积)，加入化学纯十六烷 13.1 份（体积），即取 174mL 的 CCl_4 加 26.2mL 的十六烷，再加 10mL 的 CCl_4，混合均匀后，

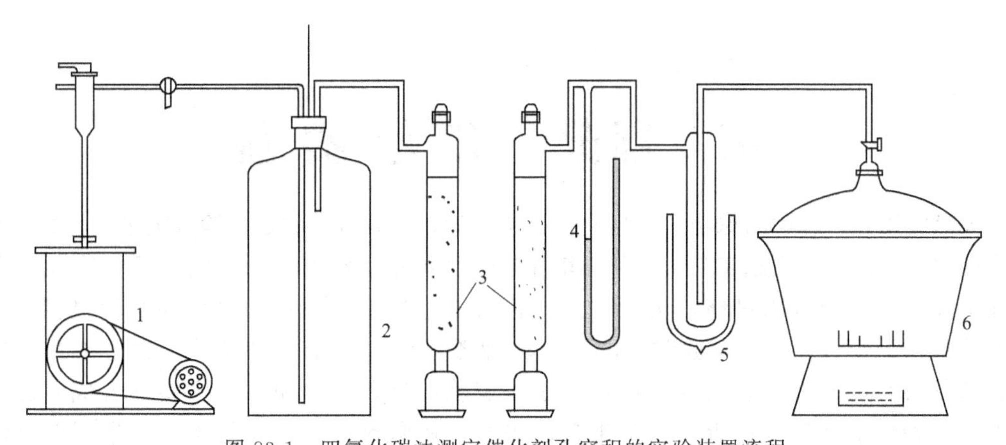

图 83-1　四氯化碳法测定催化剂孔容积的实验装置流程

1—真空泵；2—缓冲瓶；3—干燥塔；4—真空压力计；5—冷阱；6—真空干燥

测其折射率。折射率 $n_D^{20}=1.457\sim1.458$ 为合格，否则需进行调整，以保证 CCl_4 的分压分率为 0.95。

(3) 测定时，取 200mL 上述混合液，放入 CCl_4 贮瓶中。再加 10mL 的 CCl_4 以补偿抽真空时冷阱冷凝的 10mL CCl_4。加入 2～3 粒沸石，将贮瓶放到真空干燥器的底部。

(4) 样品处理。将样品粉碎过筛，取粒度 20～40 目，在 450℃下焙烧 1h，取出放在干燥器中冷却至室温。

(5) 样品称量。在三个已知质量的称量瓶中，分别准确称取 1～2g 上述处理好的样品。称好后放到真空干燥器的托盘上，同时放入一个已知质量的同样大小的称量瓶，以校正吸附的四氯化碳的质量。打开称量瓶的盖子，盖好干燥器的盖子，然后接到系统上。

(6) 把冰水和食盐放到保温瓶中，将冷阱置于保温瓶中。启动真空泵开始抽真空，直到混液沸腾、并在冷阱中冷凝约 10mL CCl_4 时，关闭冷阱与干燥器之间的活塞，打开三通活塞通入空气，然后停止抽真空。在室温下放置 4～16h，以达吸附平衡。同时记下吸附温度。

(7) 吸附平衡后，慢慢打开真空干燥器上的活塞，让空气缓缓进入干燥器中，打开干燥器盖子，尽快盖好称量瓶，随即进行称量。

5. 数据处理

将实验数据列成表格，按式(83-2) 求出样品的比孔容 V_g。

6. 思考题

(1) 本实验中四氯化碳为吸附质，但还需加入一定比例的十六烷，为什么？

(2) 为什么样品要预先充分焙烧，而且已焙烧好的样品不能放置过久？

第6部分　文献实验

文献实验是由教师出课题，学生通过查阅文献，然后自己制定实验方案来进行的。在专业实验中安排做几个文献实验，有利于培养学生独立进行实验和初步的科学研究能力，是提高实验质量的一个有力措施。由于化学工程与工艺的范围很广，可做的实验很多，教材中不可能一一编入，在做实验时可由指导教师考虑做哪几个文献实验。这里举几个例子表明文献实验的格式，它只告诉学生关于该实验的题目、用途以及主要的合成方法，其余原理、物性数据和实验步骤由学生自己去找，在原料许可的前提下，学生可以自由选择任一种方法，然后对各种方法进行比较，以确定哪种方法较为合理。这样既培养学生理论联系实际，又提高了学生分析问题和解决问题的能力，为加强素质教育、培养合格人才起到推动作用。

实验84　磷酸酯盐的合成

磷酸酯盐表面活性剂具有良好的抗静电性、乳化、防锈和分散等性能。除适于作纤维工业的助剂外，在金属润滑剂、合成树脂、造纸、农药、化妆品、洗净剂等领域也得到广泛的应用。

它的制备方法是由含羟基的化合物（如脂肪醇、脂肪醇聚氧乙烯醚、烷基酚聚氧乙烯醚等）和磷酸化试剂（如五氧化二磷、焦磷酸、三氯化磷、三氯氧磷等）经磷酸化反应，再经中和而得。产物为磷酸单酯和磷酸双酯的混合物，选择不同的磷酸化试剂并采用适宜的工艺可控制单双酯的相对量，制得不同性能和用途的磷酸酯盐类表面活性剂。通过查阅文献资料，选择磷酸化试剂，根据其反应原理制定操作规程，制备目的产物，并采用电位滴定法对产物单双酯含量进行分析。

实验85　双酚A的合成

双酚A是一个用途很广的化工原料。它是双酚A型环氧树脂、聚碳酸酯、聚酚氧及聚砜的原料，亦可作为聚氯乙烯的热稳定剂、电线防老剂、塑料油漆、油墨等的抗氧剂和增塑剂。

它的合成方法主要是通过苯酚和丙酮的缩合：

$$C_6H_5OH + CH_3COCH_3 \xrightarrow{H^+} HO-C_6H_4-C(CH_3)_2-C_6H_4-OH$$

反应在 CCl_4、$CHCl_3$、CH_2Cl_2、C_6H_5Cl 等有机溶剂中进行，采用 HCl、H_2SO_4 等质子酸作为催化剂。当然还有其他方法，这里不一一介绍。

通过查阅文献资料、选择反应溶剂和反应催化剂，根据其反应原理制定操作规程，制备目标产物，并选择适宜的分析方法对产物进行定性和定量分析。

实验 86 洗面奶的制备

洗面奶又称清洁乳液，它的去污原理与清洁霜类似。其一是以所含的表面活性剂的润湿、渗透、乳化作用而除去皮肤上的污垢，这种去污方式类似于香皂的去污作用，但洗面奶中的表面活性剂含量比香皂中的要低得多，且一般都选用低刺激性的表面活性剂，所以刺激性要低得多；其二是洗面奶中所含的油性组分作为溶剂，溶解皮肤上的油污及化妆料等，但洗面奶中油性组分含量要比清洁霜中的少得多，洗面奶中油性组分一般占 10%～35%。20 世纪 80 年代洗面奶一般是乳化型乳液，20 世纪 90 年代以来，泡沫型洗面奶问世，其油性成分含量更少，一般以低刺激性表面活性剂为主，可配成透明型、珠光型、凝胶型等，洗涤感觉更为清爽舒适。

油相组分有：白油、肉豆蔻酸异丙酯、棕榈酸异丙酯、辛酸/癸酸甘油酯及羊毛酯、十六醇、十八醇。

表面活性剂：十二烷基硫酸三乙醇胺、脂肪酸聚氧乙烯醚硫酸盐、月桂醇醚琥珀酸酯磺酸盐、椰油酰胺丙基甜菜碱、磺基甜菜碱、椰油酸单乙醇酰胺、月桂酸肌氨酸钠、月桂醇（醚）磷酸盐、Tween-80、Span-80 等。

水相组分：水、甘油、丙二醇、水溶性高分子化合物（如卡波树脂、汉生胶、黄原胶等）。

其他：防腐剂、香精、珠光剂、营养剂、药剂等。

选择适宜原料、拟定可行配方、制订操作规程、制备产品。

附　　录

附录1　指示剂的配制

（1）1%酚酞指示剂

溶解1g酚酞于60mL乙醇中，用水稀释至100mL，并用0.01mol/L氢氧化钠溶液滴至微红色，变色范围为pH8.2～10.0，由无色变红色。

（2）0.1%甲基橙指示剂

溶解0.1g甲基橙于100mL水中，变色范围pH3.0～4.4，由红色变黄色。

（3）0.2%甲基红指示剂

溶解0.2g甲基红于100mL乙醇中，变色范围为pH4.4～6.2，由红色变黄色。

（4）5%铬酸钾指示剂

溶解5g铬酸钾于95mL水中，滴加硝酸银溶液至刚出现沉淀，过滤，取滤液备用。

（5）1%淀粉指示剂

称取1g可溶性淀粉，加少量冷水，搅成糊状，加入100mL沸水中，继续煮沸2min；为防止变质，可加入微量的防腐剂，如氯仿、碘化汞、氯化汞、氯化锌和水杨酸等均可。

（6）0.04%溴酚蓝指示剂

溶解0.1g溴酚蓝于1.5mL 0.1mol/L氢氧化钠溶液中，用水稀释至250mL。变色范围为pH3.0～4.6，由黄色变蓝紫色。

（7）0.1%甲基紫指示剂（冰醋酸）

称取0.1g甲基紫溶于100mL冰醋酸中。

（8）0.04%间甲酚紫指示剂

溶解0.10g间甲酚紫于13.6mL 0.02mol/L氢氧化钠溶液中，用水稀释至250mL，变色范围为pH0.5～2.5，由红色变黄色。

（9）0.04%溴甲酚绿指示剂

溶解0.10g溴甲酚绿于7.15mL 0.02mol/L氢氧化钠溶液中，用水稀释至250mL，变色范围为pH3.8～5.4，由黄色变蓝色。

（10）0.04%溴甲酚紫指示剂

溶解0.10g溴甲酚紫于9.25mL 0.02mol/L氢氧化钠溶液中，用水稀释至250mL，变色范围为pH5.2～6.8，由黄色变紫色。

（11）0.04%溴百里酚蓝（溴麝香草酚蓝）指示剂

溶解0.10g溴百里酚蓝于9.75mL 0.02mol/L氢氧化钠溶液中，采用水稀释至250mL。变色范围为pH6.0～7.6，由黄色变蓝色。

（12）1%磺基水杨酸指示剂

溶解1g磺基水杨酸于100mL水中。

（13）1%茜素红（又称茜素红S、茜素磺酸钠）指示剂

溶解1g茜素红于100mL水中。变色范围为pH3.7～5.2，由黄色变红色。

(14) 0.5%荧光红指示剂

溶解 0.50g 荧光红于 100mL 乙醇中。

(15) 0.1%玫瑰红酸钠指示剂

溶解 0.10g 玫瑰红酸钠于 100mL 水中。

(16) 1∶100 铬黑 T 指示剂

称取 10g 预先经 120℃烘干的氯化钠于研钵中研碎，然后加 0.1g 铬黑 T，混匀。贮于具塞小广口瓶中备用。

(17) 0.1%二甲酚橙指示剂

溶解 0.1g 二甲酚橙于 100mL 水中。

(18) 0.2%二苯胺磺酸钠指示剂

溶解 0.2g 二苯胺磺酸钠于 100mL 水中，加 2 滴硫酸，混匀。

(19) 0.2% PAN 指示剂

溶解 0.2g PAN 于 100mL 乙醇中。

(20) 1%铁氯化钾指示剂

溶解 1.0g 铁氯化钾于 100mL 水中。

(21) 0.1%打萨腙指示剂

溶解 0.10g 打萨腙于 100mL 丙酮中。

(22) 0.05%双硫腙指示剂

溶解 0.50g 双硫腙于 1L 丙酮中，保存在棕色瓶中，使用期最多为一周。

(23) 10%铁铵矾指示剂

溶解 10g 硫酸铁铵 [$Fe_2(SO_4)_3(NH_4)_2SO_4 \cdot 24H_2O$] 于 50mL 水中，加入约 5mL 硝酸使溶液呈酸性，再用水稀释至 100mL。

(24) 0.04%甲酚红指示剂

溶解 0.10g 甲酚红于 13.1mL 0.02mol/L 氢氧化钠溶液中。变色范围 pH7.2～8.8，由黄色变红色。

附录 2 常用化学元素国际相对原子质量表

元素	符号	相对原子质量	元素	符号	相对原子质量	元素	符号	相对原子质量
银	Ag	107.868	氟	F	18.998403	磷	P	30.97376
铝	Al	26.98154	铁	Fe	55.847	铅	Pb	207.2
砷	As	74.9216	镓	Ga	69.72	钯	Pd	106.4
金	Au	196.9665	锗	Ge	72.59	铂	Pt	195.09
硼	B	10.81	氢	H	1.0079	硫	S	32.06
钡	Ba	137.33	汞	Hg	200.59	锑	Sb	121.75
铍	Be	9.01218	碘	I	126.9045	硒	Se	78.96
铋	Bi	208.9804	铟	In	114.82	硅	Si	28.0855
溴	Br	79.904	钾	K	39.0983	锡	Sn	118.69
碳	C	12.011	镧	La	138.9055	锶	Sr	87.62
钙	Ca	40.08	锂	Li	6.941	钍	Th	232.0381
镉	Cd	112.41	镁	Mg	24.305	钛	Ti	47.90
铈	Ce	140.12	锰	Mn	54.9380	铊	Tl	204.37
氯	Cl	35.453	钼	Mo	95.94	铀	U	238.029
钴	Co	58.9332	氮	N	14.0067	钒	V	50.9414
铬	Cr	51.996	钠	Na	22.98977	钨	W	183.85
铜	Cu	63.546	镍	Ni	58.70	锌	Zn	65.38
铯	Cs	132.9054	氧	O	15.9994	锆	Zr	91.22

附录3　与空气接触的水的表面张力

温度/℃	表面张力/(dyn/cm)	温度/℃	表面张力/(dyn/cm)	温度/℃	表面张力/(dyn/cm)	温度/℃	表面张力/(dyn/cm)
−10	77.10	15	73.48	24	72.12	50	67.90
−5	76.40	16	73.34	25	71.96	60	66.17
0	75.62	17	73.20	26	71.82	70	64.41
+5	74.90	18	73.50	27	71.64	80	62.60
10	74.20	19	72.89	28	71.47	90	60.74
11	74.07	20	72.75	29	71.31	100	58.84
12	73.92	21	72.60	30	71.15		
13	73.78	22	72.44	35	70.35		
14	73.64	23	72.28	40	69.55		

注：1dyn=10^{-5}N。

附录4　纯有机液体与空气的表面张力

液　体	表面张力(20℃)/(10^{-6}N/cm)	密度(20℃)/(g/mL)	沸点/℃
甘油	63.4	1.260	290
二碘甲烷	50.76	3.325	180
喹啉	45.0	1.095	237
苯甲醛	40.04	1.050	179
溴代苯	36.5	1.499	155
乙酰乙酸乙酯	32.51	1.025	180
邻二甲苯	30.10	0.880	144
正辛醇	27.53	0.825	195
正丁醇	24.6	0.810	117
异丙醇	21.7	0.785	82.3

附录5　滴体积法测表面张力校正系数（*F*）值

V/R^3	F	V/R^3	F	V/R^3	F	V/R^3	F	V/R^3	F
37.04	0.2198	26.60	0.2242	19.74	0.2287	15.05	0.2333	11.74	0.2377
36.32	0.2200	26.13	0.2244	19.43	0.2290	14.83	0.2336	11.58	0.2379
35.25	0.2203	25.44	0.2248	18.96	0.2294	14.51	0.2339	11.35	0.2383
34.56	0.2206	25.00	0.2250	18.66	0.2296	14.30	0.2342	11.20	0.2385
33.57	0.2210	24.35	0.2254	18.22	0.2300	13.99	0.2346	10.97	0.2389
32.93	0.2212	23.93	0.2257	17.94	0.2303	13.79	0.2348	10.83	0.2391
31.99	0.2216	23.32	0.2261	17.52	0.2307	13.50	0.2352	10.62	0.2395
31.39	0.2218	22.93	0.2263	17.25	0.2309	13.31	0.2354	10.48	0.2398
30.53	0.2222	22.35	0.2267	16.86	0.2313	13.03	0.2358	10.27	0.2401
29.95	0.2225	21.98	0.2270	16.60	0.2316	12.84	0.2361	10.14	0.2403
29.13	0.2229	21.43	0.2274	16.23	0.2320	12.58	0.2364	9.95	0.2407
28.60	0.2231	21.08	0.2276	15.98	0.2323	12.40	0.2367	9.82	0.2410
27.83	0.2236	20.56	0.2280	15.63	0.2326	12.15	0.2371	9.63	0.2413
27.33	0.2238	20.23	0.2283	15.39	0.2329	11.98	0.2373	9.51	0.2415

续表

V/R^3	F	V/R^3	F	V/R^3	F	V/R^3	F	V/R^3	F
9.33	0.2419	4.363	0.2554	2.370	0.2637	1.177	0.2638	0.7575	0.2532
9.21	0.2422	4.299	0.2556	2.352	0.2638	1.167	0.2637	0.7513	0.2529
9.04	0.2425	4.257	0.2557	2.324	0.2639	1.148	0.2635	0.7472	0.2527
8.93	0.2427	4.196	0.2560	2.305	0.2640	1.13	0.2632	0.7412	0.2525
8.77	0.2431	4.156	0.2561	2.278	0.2641	1.113	0.2629	0.7372	0.2523
8.66	0.2433	4.096	0.2564	2.260	0.2642	1.096	0.2625	0.7311	0.2520
8.50	0.2436	4.057	0.2566	2.234	0.2643	1.079	0.2622	0.7273	0.2518
8.40	0.2439	4.000	0.2568	2.216	0.2644	1.072	0.2621	0.7214	0.2516
8.25	0.2442	3.961	0.2569	2.190	0.2645	1.062	0.2619	0.7175	0.2514
8.15	0.2444	3.906	0.2571	2.173	0.2645	1.056	0.2618	0.7116	0.2511
8.00	0.2447	3.869	0.2573	2.143	0.2646	1.046	0.2616	0.7080	0.2509
7.905	0.2449	3.805	0.2575	2.132	0.2647	1.040	0.2614	0.7020	0.2506
7.765	0.2453	3.779	0.2576	2.107	0.2648	1.036	0.2613	0.6986	0.2504
7.673	0.2455	3.727	0.2578	2.091	0.2648	1.024	0.2611	0.6931	0.2501
7.539	0.2458	3.692	0.2579	2.067	0.2649	1.015	0.2609	0.6894	0.2499
7.451	0.2460	3.641	0.2581	2.052	0.2649	1.009	0.2608	0.6842	0.2496
7.330	0.2464	3.608	0.2583	2.028	0.265	1.000	0.2606	0.6803	0.2495
7.236	0.2466	3.559	0.2585	2.013	0.2651	0.994	0.2604	0.6750	0.2491
7.112	0.2469	3.526	0.2586	1.990	0.2652	0.9852	0.2602	0.6714	0.2489
7.031	0.2471	3.478	0.2588	1.975	0.2652	0.9793	0.2601	0.6662	0.2486
6.911	0.2474	3.447	0.2589	1.953	0.2652	0.9706	0.2599	0.6627	0.2484
6.832	0.2476	3.400	0.2591	1.939	0.2652	0.9648	0.2597	0.6575	0.2481
6.717	0.2480	3.370	0.2592	1.917	0.2654	0.9564	0.2595	0.6541	0.2479
6.641	0.2482	3.325	0.2594	1.903	0.2654	0.9507	0.2594	0.6488	0.2476
6.530	0.2485	3.295	0.2595	1.882	0.2655	0.9423	0.2592	0.6457	0.2474
6.458	0.2487	3.252	0.2597	1.868	0.2655	0.9368	0.2591	0.6401	0.2470
6.351	0.2490	3.223	0.2598	1.847	0.2655	0.9286	0.2589	0.6374	0.2468
6.281	0.2492	3.180	0.2600	1.834	0.2656	0.9232	0.2587	0.6336	0.2465
6.177	0.2495	3.152	0.2601	1.813	0.2656	0.9151	0.2585	0.6292	0.2463
6.110	0.2497	3.111	0.2603	1.800	0.2656	0.9098	0.2584	0.6244	0.2460
6.010	0.2500	3.084	0.2604	1.781	0.2657	0.9019	0.2582	0.6212	0.2457
5.945	0.2502	3.044	0.2606	1.768	0.2657	0.8967	0.2580	0.6165	0.2454
5.850	0.2505	3.018	0.2607	1.758	0.2657	0.8890	0.2578	0.6133	0.2453
5.787	0.2507	2.979	0.2609	1.749	0.2657	0.8839	0.2577	0.6086	0.2449
5.694	0.2510	2.953	0.2611	1.705	0.2657	0.8763	0.2575	0.6055	0.2446
5.634	0.2512	2.915	0.2612	1.687	0.2658	0.8713	0.2573	0.6016	0.2443
5.544	0.2515	2.891	0.2613	1.534	0.2658	0.8638	0.2571	0.5979	0.2440
5.486	0.2517	2.854	0.2615	1.519	0.2657	0.8589	0.2569	0.5934	0.2437
5.400	0.2519	2.830	0.2616	1.457	0.2657	0.8516	0.2567	0.5904	0.2435
5.343	0.2521	2.794	0.2618	1.443	0.2656	0.8468	0.2565	0.5864	0.2431
5.260	0.2524	2.771	0.2619	1.433	0.2656	0.8395	0.2563	0.5831	0.2429
5.206	0.2526	2.736	0.2621	1.418	0.2655	0.8349	0.2562	0.5787	0.2426
5.125	0.2529	2.713	0.2622	1.395	0.2654	0.8275	0.2559	0.5440	0.2428
5.073	0.2530	2.680	0.2623	1.380	0.2652	0.8232	0.2557	0.5120	0.2440
4.995	0.2533	2.657	0.2624	1.372	0.2649	0.8163	0.2555	0.4552	0.2486
4.944	0.2535	2.624	0.2626	1.349	0.2648	0.8117	0.2553	0.4064	0.2555
4.869	0.2538	2.603	0.2627	1.327	0.2647	0.8056	0.2551	0.3644	0.2638
4.820	0.2539	2.571	0.2628	1.305	0.2646	0.8005	0.2549	0.3280	0.2722
4.747	0.2541	2.550	0.2629	1.284	0.2645	0.7940	0.2547	0.2963	0.2806
4.700	0.2542	2.518	0.2631	1.255	0.2644	0.7894	0.2545	0.2685	0.2888
4.630	0.2545	2.498	0.2632	1.243	0.2643	0.7836	0.2543	0.2441	0.2974
4.584	0.2546	2.468	0.2633	1.223	0.2642	0.7786	0.2541		
4.516	0.2549	2.448	0.2634	1.216	0.2641	0.7720	0.2538		
4.471	0.2550	2.418	0.2635	1.204	0.2640	0.7679	0.2536		
4.406	0.2553	2.399	0.2636	1.180	0.2639	0.7611	0.2534		

参 考 文 献

［1］ 王培义，徐宝财，王军等．表面活性剂——合成·性能·应用．北京：化学工业出版社，2007．

［2］ 王培义．化妆品——原理·配方·生产工艺．第二版．北京：化学工业出版社，2006．

［3］ 李光永．化工开发实验技术．天津：天津大学出版社，1994．

［4］ 蔡干等．有机精细化学品实验．北京：化学工业出版社，1997．

［5］ 毛培坤．合成洗涤剂工业分析．北京：中国轻工业出版社，1998．

［6］ 李立．日用化工分析．北京：中国轻工业出版社，1999．

［7］ 王培义．乙醇胺衍生表面活性剂的制备、性能及应用．日用化学工业，1996（2）：33-38．

［8］ 王培义等．天然油脂脂肪酸甲酯及其酰胺衍生物的合成．河南化工，1993（2）：18-21．

［9］ 王培义．以棕榈油为原料合成脂肪酸二乙醇酰胺．日用化学工业，1993（4）：44．